XINXING HAN PINGMIAN SHENGYUAN YU JIAJIN DE SHUANGCENG YOUYUAN GESHENG JIEGOU LILUN YU SHIXIAN

新型含平面声源与加筋的双层有源隔声结构理论与实现

马玺越　陈克安　著

西北工業大學出版社

西　安

【内容简介】 本书系统地总结和阐述了新型含平面声源与加筋的双层有源隔声结构的设计理论与实现，具体从隔声结构的模型建立、有源隔声性能分析与系统优化、有源隔声物理机理分析及误差传感策略构建等关键方面对新型有源隔声结构的相关理论和技术进行了详尽论述。

本书可作为从事结构振动及辐射噪声控制、有源噪声控制等相关方向的科学研究人员、工程技术人员以及高等院校教师和研究生的阅读参考书。

图书在版编目(CIP)数据

新型含平面声源与加筋的双层有源隔声结构理论与实现/马玺越，陈克安著.—西安：西北工业大学出版社，2018.8

ISBN 978-7-5612-6197-2

Ⅰ.①新… Ⅱ.①马… ②陈… Ⅲ.①隔声—研究 Ⅳ.①TB535

中国版本图书馆CIP数据核字(2018)第183843号

策划编辑：梁 卫
责任编辑：胡莉巾

出版发行：西北工业大学出版社
通信地址：西安市友谊西路127号 邮编：710072
电　　话：(029)88493844 88491757
网　　址：www.nwpup.com
印 刷 者：陕西向阳印务有限公司
开　　本：727 mm×960 mm 1/16
印　　张：11.625
字　　数：203千字
版　　次：2018年8月第1版 2018年8月第1次印刷
定　　价：68.00元

前　　言

传统的被动噪声控制技术主要包括吸声、隔声及使用消声器等，它们仅对中、高频的噪声控制有效。在低频段，这些技术的控制效果很差，且设计的降噪措施体积庞大、不便于安装和维修。有源噪声控制(active noise control)技术的提出，为这一难题的破解带来了希望。由于其自身的技术特点，该方法对于控制低频噪声非常有效。自 1933 年德国波恩大学 Leug 提出“有源消声”的概念后，该技术经历了 80 余年持续不断的发展，迄今已经具备了完整的基础理论体系。在工程应用方面，有源噪声控制的作用虽然不像研究初期预期的那样随处可用，但经过多年的攻关与突破，也取得了令人鼓舞的长足进步，并出现了部分典型的成功应用实例。而且，其工程应用的范围还在逐步扩大，并逐渐走向成熟。

为了将有源控制技术发展成为标准化、通用化的技术，有源噪声控制的一个重要研究分支——有源声学结构(Active Acoustic Structure, AAS)，成为目前有源控制技术探讨的热点。其中以隔声为目的的双层有源隔声结构，具有良好的低频隔声性能，在噪声控制领域有广泛的应用前景。结合飞机、船舶和地面交通工具等的舱壁双层结构模型，双层有源隔声结构可作为嵌入式舱壁结构来控制向封闭舱内辐射的低频噪声。针对该技术的理论研究，每年在国际期刊和会议上均有大量的高质量论文发表，其理论体系也日渐完善。现有诸多专著(C. H. Hansen 著 *Active Contrd of Sound and Vibration*，第 2 版，CRC Press，2012；陈克安著《有源噪声控制》，第 2 版，国防工业出版社，2014)也已经详细介绍了现有的理论体系。针对该有源隔声结构的可实现性，笔者近几年来提出用平面声源作为控制源构成新的有源隔声结构，简化了系统实现且提高了有源隔声性能，同时对更具工程实际意义的双层加筋结构的有源隔声问题进行了研究，取得了一定的突破。本书不再赘述现有的理论系统，而是重点归纳和总结笔者近年来提出的新型含平面声源与加筋的双层有源隔声结构的研究进展与获得的一些突破性研究成果，为双层有源隔声结构的工程应用提供一些思路并奠定一定的理论基础，同时也希望这些“抛砖”性的思想能使专业同行、读者产出“引玉”性的丰硕新果。

本书共分7章。第1章概述有源隔声结构的提出、单层与双层有源隔声结构的研究进展。第2章介绍基于平面声源的双层有源隔声结构的理论模型。第3章介绍基于平面声源的双层有源隔声结构的物理机制。第4章研究有源隔声结构的误差传感策略。第5章介绍双层加筋有源隔声结构研究。第6章为双层加筋结构有源隔声的实验研究。第7章对本书的主要工作进行总结，提炼出主要贡献与创新之处，最后对后续研究做出展望。

在此感谢西北工业大学环境工程系的各位同事和老师多年来对笔者工作和生活的帮扶与支持，正是这些帮助，才促进了本书的撰写及出版。写作本书曾参阅了相关文献、资料，对相关文献、资料的作者深表谢忱。

由于水平有限，书中难免存在不妥之处，衷心希望广大读者批评指正。

著　者

2018年5月于西安

主要符号说明表

$w_i(x,y,t)(i=\mathrm{a,b,c})$	各平板的振动位移
$E_i(i=\mathrm{a,b,c})$	平板的杨氏模量
$D_i(i=\mathrm{a,b,c})$	平板的弯曲刚度
$p_i(r,t)(i=1,2)$	两空腔内的声压
$q_{i,m}(t)(i=\mathrm{a,b,c})$	各平板第 m 阶模态的模态幅值
$P_{i,n}(t)(i=1,2)$	空腔第 n 阶声模态的模态幅值
$\boldsymbol{q}_\mathrm{a}$,$\boldsymbol{q}_\mathrm{b}$ 与 $\boldsymbol{q}_\mathrm{c}$	各平板的模态幅值列矢量
P_1 与 P_2	两空腔的声模态幅值列矢量
$\varphi_m(x,y)$	结构第 m 阶模态的振型函数
$\varphi_n(x,y,z)$	空腔第 n 阶声模态函数
$M_{i,m}$	各平板第 m 阶模态的广义模态质量
$M_{1,n}$ 与 $M_{2,n}$	两空腔第 n 阶声模态的广义模态质量
L_{nm}	模态耦合系数
$\omega_{i,m}$	模态的固有频率
$\xi_{i,m}$	模态阻尼
W_c	辐射板 c 的辐射功率
v_c	辐射板 c 的表面振速
$\boldsymbol{R}$	结构的辐射阻抗矩阵
$\boldsymbol{\Phi}$	模态函数在各面元点的值所组成的 $N_\mathrm{e}\times M_\mathrm{e}$ 阶矩阵
f_s	次级控制点力幅值
Q_s	次级声源强度幅值
ρ_0 与 c_0	空气的密度与声速
ρ_i 与 $h_i(i=\mathrm{a,b,c})$	各平板的密度与厚度
$\boldsymbol{Z}_i(i=\mathrm{a,b,c})$	结构的传输阻抗矩阵
(θ,α)	平面波的入射角度

续表

p_0	入射波幅值
T_i 与 U_i	平板的动能与势能
$E_{p,i}$ 与 $E_{k,i}$	空腔的动能与势能
$\boldsymbol{y}$	辐射模态幅值矢量
$\boldsymbol{Q}$	特征向量矩阵
$\boldsymbol{q}_k$	第 k 阶辐射模态的形状矢量
y_k	第 k 阶辐射模态的幅值
q	条形 PVDF 薄膜输出电荷
$I(t)$	矩形小块 PVDF 薄膜输出电流
$Q(x,y)$	矩形小块 PVDF 薄膜输出电荷
$\widetilde{A}(k_x,k_y)$	加速度的波数变换值
$\widetilde{Q}(k_x,k_y)$	PVDF 薄膜输出电荷的波数变换值
$\widetilde{\varphi}_m(k_x,k_y)$	结构模态函数的波数变换值
(U,θ_w)	筋的弯曲与扭转振动位移
$u_n(t)$与 $\theta_n(t)$	弯曲与扭转位移的模态幅值
F 与 M	平板与筋相互作用的线力与线力矩
$\boldsymbol{K}$	刚度矩阵
$\boldsymbol{M}$	质量矩阵
TL	隔声量(或称传声损失)
$Q_{pm}(t)$与 $Q_{sm}(t)$	广义初级与次级模态力
E_b 与 I_b	筋的杨氏模量与截面惯性矩
ρ_b 与 A_b	筋的密度和截面积
G_b 与 J_b	筋的剪切模量与圣维南(Saint - Venant)扭转常数
I_w 与 I_0	筋的翘曲惯性矩与极惯性距

目　录

第1章 绪　　论

1.1 引　　言

噪声污染作为一种重要的环境问题越来越受到人们的重视。一般性的噪声干扰会影响人们的正常工作和生活，过量的环境噪声对人的生理和心理都有影响，长期暴露在高噪声环境下人的听力和身体健康将受到严重危害。强烈的噪声会导致机器、设备和某些工业结构的声疲劳，将会缩短其寿命甚至导致事故隐患的产生。在军事领域，噪声问题将会影响某些技术兵器的作战性能。因此，噪声控制在军事和民用领域都是一项非常重要的工作。

从技术途径上讲，噪声控制方法可分为“无源”控制和“有源”控制两大类[1-2]。其中无源控制技术（又称被动控制）包括吸声、隔声、使用消声器、隔振和阻尼减振等。这些噪声控制方法的机理在于，通过噪声声波与声学材料或声学结构的相互作用消耗声能，从而达到降低噪声的目的。因此，无源噪声控制方法仅对中高频噪声的控制有效[1-2]，对低频噪声的控制效果不大。有源控制技术由于自身的技术特点，起作用的频段正好在低频段[3-4]，成为与无源噪声控制互补的一项新技术。

从实现方式上讲，有源噪声控制技术先后出现了两种控制方式，即有源声控制（Active Noise Control，ANC）和结构声有源控制（Active Structure Acoustic Control，ASAC）。ANC 利用声源（如扬声器）作为次级控制源产生反声场（次级声场）抵消不需要的噪声[5]，因此又被称为有源消声。ASAC 则是利用力源（如激振器）控制结构振动来抑制声辐射，从而控制原声场[6]。无论是 ANC 还是 ASAC 系统，实现时均会遇到系统复杂、通用性差等固有缺陷，极大阻碍了有源控制技术的工程应用。近年来有源声学结构[7-10]应运而生，具体可分为有源隔声结构[11]与有源吸声结构[12]。将这些结构作为基本单元，通过模块化组装构建的大面积有源声学结构，具有系统难易程度适中、便于安装和维护、适合各种噪声场合等优点，更适合工程应用。

众所周知，由结构振动引起的辐射声是飞机、船舶及地面交通工具舱内噪声的重要来源。长期以来，人们在用被动措施治理舱内噪声的工程实践中发现，过多地添加吸声与隔声材料不但对低频噪声的控制收效甚微，且会大幅增加结构质量。因此，有源隔声结构成为一种低频降噪的有效措施，在航空、船舶及地面交通工具的声学结构设计中将获得广泛应用。深入分析有源隔声结构的隔声性能，设计隔声量高、系统稳定及通用性强的有源隔声结构就显得格外重要。尽管多年来对它的研究取得了一系列进展和令人鼓舞的成果，但实现此项技术工程实用化尚有诸多问题待解决。

1.2 研究背景与现状

1.2.1 有源隔声结构的提出

有源噪声控制的概念早在 1933 年就由德国物理学家 Paul Leug 提出。他随后申请了专利《消除声音振荡的过程》(Process of Silencing Sound Oscillation)[13-14]，继而开创了有源控制技术研究的先河[15]。其基本原理是利用人工产生的次级声场，根据两列频率相同、相差恒定的声波相消干涉而进行噪声控制。从 20 世纪 50 年代开始，人们就对此技术的研究进行了初步尝试[16-21]。无论在理论分析还是在系统实现上，当时的条件并不成熟，因而此阶段有源控制技术的发展相对缓慢。

直到 20 世纪 80 年代，随着 B.Widrow 等提出和发展了自适应滤波理论，并将其应用到有源噪声控制中[22]，真正意义上的自适应有源控制技术才被提出并得到发展[23-26]。且针对不同的噪声场合形成了两个不同的发展方向，即有源声控制(Active Noise Control)和结构声有源控制(Active Structure Acoustic Control)。

ANC 系统中的次级源为声源(一般为扬声器)，它通过人为引入次级声源对初级噪声场进行干涉相消。ANC 技术的应用场合一般包括管道声场[27]、自由声场[28-31](如旷野中的变压器噪声、电站噪声、交通噪声、抽风机、鼓风机等机械设备向空中辐射的噪声)、封闭空间声场[32-35](如飞机、船舶舱室、车厢、办公室的噪声场)及有源抗噪声耳罩和送话器[36-38]。有源噪声控制的研究在 20 世纪 80 年代中期到 90 年代中期达到高潮，其中英国南安普顿大学声与振动研究所(ISVR)的 P. A. Nelson 和 S. J. Elliott 等的研究是此项技术的代表。他们将有源噪声控制技术应用到螺旋桨飞机控制舱室内的低频噪声[39-41],这是有源噪声控制技术在应用领域取得成功的典范。

实际环境中大部分辐射噪声是由结构振动引起的。Deffaye 与 Nelson 的研究[42]表明,用有源声控制的方法只有在极低的频率下,用少量的点声源才能取得良好的降噪效果。如果初级结构变得复杂或激励频率较高,为了扩大消声空间并提高控制效果,所需的次级声源与误差传感器数目庞大,系统的构成总是大规模且多通道的。多通道有源控制系统在实现方面存在许多固有弊端,如系统复杂、稳定性差[43]等。且这种系统是分布参数系统,次级源与误差传感器配置严重依赖于外界环境,从而极大阻碍了此项技术的工程应用。

为了克服有源噪声控制技术在实现上的弊端与不足,20 世纪 80 年代中期,美国弗吉尼亚理工与州立大学的 C. R. Fuller 等提出了用次级力源控制结构声辐射的方法,也就是所谓的“结构声有源控制”。ASAC 技术可以有效抑制结构振动引起的声辐射[44-52],开创了有源控制的新途径。经过多年的发展,人们从 ASAC 技术的控制机理[49,53-57]、误差传感策略[58-60]、系统优化[61-62]、传感器与作动器设计[58-59,63]等方面进行了大量研究,为该技术的工程应用奠定了基础。特别是人们提出用检测结构振动信息参量(振动加速度、速度及位移、结构应力等)的分布式智能传感器[58-59]代替检测声场参量的声传感器,使得控制系统更加简单紧凑,从而将该技术逐步推向了实际应用。

为了进一步将有源控制技术标准化、通用化,近年来人们提出有源声学结构(Active Acoustic Structure, AAS)的概念,它成为目前有源控制技术探讨的热点。AAS 将次级声源、检测振动与声场信息的误差传感装置、嵌入式的智能微控制器集于一体。微控制器中具有智能特性的算法将自动调节次级源输出强度,使整个声学结构获得最佳的声学性能。这种有源控制系统不依赖于外界环境、可模块化组装且便于安装和维护。单个声学单元的通道数少、系统简单,用于复杂环境只需增加声学单元个数即可获得满意的降噪要求,使有源控制技术走向商业化成为可能。

在有源声学结构中,如果控制目标为使结构的隔声量获得最大,就称该结构为有源隔声结构[11],有效的作用频段主要在低频段。自 Fuller 等提出 ASAC 技术后,从广义上讲关于有源隔声结构的研究就已经开始,有关 ASAC 技术的研究可认为是单层有源隔声结构的研究。经过多年的发展,从最初的理论与实验研究发展到现在解决各种实际问题,使得单层有源隔声结构的研究取得了许多突破。与单层结构相比,后来出现的双层有源隔声结构具有更优越的隔声性能,因而它是目前有源隔声结构的主要发展方向。研究虽然取得了一定成果,但距此项技术实际应用还有很多问题有待解决,因而它是本书将要开展的主要研究内容。典型的双层有源隔声结构如图 1-1 所示[11],其工作原理为将采集到的参考信号与误差信号输入自适应控制器,通过自适应滤波获得控制输出信号驱动次级力源控制结构振动或次级声源控制腔内声场,进而提高系统的低频隔声性能。

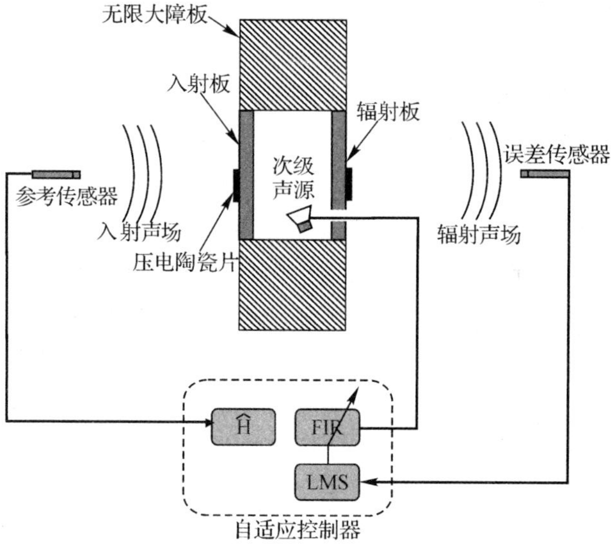

图 1-1　双层有源隔声结构系统示意图

1.2.2　单层有源隔声结构研究进展

根据结构所处的不同声场环境,单层有源隔声结构的研究出现了向自由空间辐射声和向封闭空间辐射声两个方向。以下详细介绍各自的技术发展历程及最新的进展。

1.2.2.1　降低自由空间中的辐射声

在控制激励选取及控制性能研究方面,1990 年,Fuller 等开展了采用次级力源控制结构声辐射的理论与实验研究[46-49]。在简支矩形板上施加压电陶瓷激励(piezoceramic actuators, 一般简称为"PZT 激励")抑制结构振动而控制声辐射，如果将此结构用于隔声就形成了单层有源隔声结构。实验证实了 PZT 作动器控制结构共振频点声辐射的潜能巨大[49]。随后，Wang 与 Fuller 等比较了多 PZT 与多点力的控制效果，由于 PZT 激励只在边缘位置对结构产生线力矩作用，它与结构模态的耦合程度较弱，因而其控制效果要差于多点力[50]。但 PZT 激励成本低、质量轻且易于安装，因而更具实用价值。1991 年，Clark 等对多 PZT 激励对结构振动响应及模态分布的影响做了研究，解决了多 PZT 激励用于有源隔声结构时的优化配置问题[51]。1992 年，Clark 等实验验证了多 PZT 激励控制结构声辐射的有效性及控制权度[52]。同期，Pan[53] 与 Naghsineh[54] 也分别对结构声辐射有源控制的模型建立、控制性能及控制的物理本质进行了理论研究。上述研究均在频域稳态谐波激励下展开，继而 Baumann 开展了时域脉冲激励[55] 与宽带激励下[56] 的结构声有源控制研究，为稳态、窄带与宽带激励下的瞬时结构声辐射的有源控制研究建立了基本理论框架。

为了有效解决系统优化、误差传感策略构建等系统实现碰到的关键问题，Burdisso，Fuller，Clark 与 Wang 先后对结构声辐射有源控制的物理机理进行了研究，同时优化了系统配置。Burdisso 对控制过程中结构-声的耦合动力特性进行了分析[57]。Fuller[49] 与 Wang[50] 从模态的角度进行分析，得出了“模态抑制”与“模态重构”机理。Clark 在波数域分析了控制机理，得出向远场辐射声的超声速区的结构振动受到抑制是其机理所在[58]。Wang 结合模态分析与波数域分析两种方法对控制机理做了进一步研究，并详细分析了控制后结构表面径向声压、声强的变化，为次级激励优化布置与近场误差传感策略的构建奠定了基础[59]。随后，Clark 用梯度搜索算法对控制系统中 PZT 激励及 PVDF 传感器数目、位置进行了优化设计[60]。1994 年，Wang 用梯度搜索算法对多 PZT 激励进行了优化设计，且从物理本质上解释了最优配置下获得最好隔声性能的原因[61]。

在误差传感方面，早期实验用单个或多个传声器采集远场的声压信息来获取误差信号，此种传感方式难以实现，因而提出了用结构传感器（如加速度计、PVDF 薄膜）来代替传声器而构建误差传感策略。1992 年，Clark 提出“模型参考”(model reference)方法，控制后使加速度计检测位置的结构振动响应逼近结构声辐射达到最小时设定的参考振动响应，从而构建传感策略[62]。Clark 同时提出用聚偏氟乙烯(Polyvinylidene fluoride，PVDF)分布式传感器检测辐射效率较高的奇-奇模态的振动响应来构建传感策略，两条形PVDF薄膜具有空间波数滤波作用，只检测了向远场辐射声能力较强的结构振动信息[63-64]。1993年，Clark进一步提出设计特定形状的PVDF薄膜来检测特定方向的结构声辐射的传感策略，由于PVDF极化函数的局限性此方法仅适用于一维结构[65]。1994年，Burdisso提出“特征属性分配”(eigenproperty assignment)方法，控制后使系统的振动响应变为一组辐射能力最弱的模态的振动响应形式，从而降低结构声辐射[66]。此方法不仅有利于对复杂结构ASAC系统中PZT激励及PVDF传感器进行优化配置，且对具有实际意义的窄带与宽带控制均有效。1997年，Li进一步提出“非容积的特征属性分配”(nonvolumetric eigenproperty assignment)方法，使得控制后结构具有非容积模态的振动响应形式，有效简化了Burdisso的传感策略[67]。

随着研究的深入，人们认识到引入结构传感器来单纯检测与控制结构振动的传感方式，控制效率并不高且有时结构振动的抑制并未能获得远场声辐射的降低[56-57]。更有效的传感方式应将结构与流体的耦合考虑在内，即只传感和控制向远场辐射声的结构振动信息，这样不仅使控制权度和控制系统的通道数降低，而且能提高控制效率。1994年，Maillard在波数域构建了误差传感策略，通过检测超声速区域的结构振动而获得了远场声辐射信息[68]。随后，Maillard以简支梁为例，通过加速度计采集有限点的结构振动响应，获得了表征特定方向声辐射的超声速区域的结构振动信息，且此传感策略在时域内构建因而具有较好的实时性[69]。1995年，Maillard将此传感策略应用到二维简支板，实验验证了此方法可有效传感及控制特定方向的声辐射[70]。1996年，Gou发现结构的容积速度也与垂直结构表面的特定方向的声辐射有关[71]。Maillard将波数域内的传感方法与容积加速度法相比，发现容积加速度法的传感精度更高且控制效果更好[72]。1997年，Scott在波数域内设计了特定形状的PVDF薄膜，将检测的误差信号拓宽到了全空间的辐射信息[73]。1998年，Wang用PVDF阵列在波数域构建了与结构辐射功率非常相关的误差信号，它不仅包含了全空间的声辐射信息且量值更接近总的辐射功率，因而降噪效果更好且更具实用价值[74]。

在波数域构建传感策略，虽然是一种考虑了结构-流体耦合的高效的传感方式，但构建出的误差信号只和特定方向的声辐射相关。虽然文献[74]将构建的误差信号拓展到包含全空间的声辐射信息，但系统庞杂难以实现。因而如何通过采集的结构振动信息构建出表征结构辐射声功率的误差信号，是ASAC系统实现的关键所在。检测“声辐射模态”传感策略的提出有效解决了上述问题，它也是考虑了结构-流体耦合后更高效的传感方式。早在1990与1993年，Borgiotti提出通过SVD(Singular Value Decomposition，又称奇异值分解)分解将结构表面振速分解为一组独立的辐射形式，用辐射效率高的辐射形态重构远场的辐射信息，这就是声辐射模态概念的雏形[75-76]。Naghshineh将这一概念用于有源控制，通过将结构辐射阻抗矩阵进行正交分解而获得一组基函数，用这组基函数对表面振速滤波获得了表征远场辐射信息的误差信号[77]。1993年，Elliott对已有工作进行总结后提出了声辐射模态的概念，并将其应用于结构声辐射的有源控制，发现各阶辐射模态的声辐射相互独立，控制有限阶辐射效率高的辐射模态的声功率就能获得良好的低频降噪效果[78]。Cunefare[79]与Currey[80]对辐射模态的特性、特别是结构辐射器自由度的改变对辐射模态特性的影响做了研究。Borgiotti对结构辐射阻抗矩阵进行SVD分解后获得了辐射空间滤波器(radiation spatial filters，又称“辐射模态形状”)，并对其频率独立特性进行了研究，这对误差传感的实现具有指导意义[81]。1995年，Johnson研究发现低频段内辐射效率最高的第一阶辐射模态的声功率占总辐射功率的绝大部分，进而提出了传感与第一阶辐射模态幅值成正比的结构容积速度来构建传感策略[82]。1998年，Charette设计了特定形状的PVDF容积位移传感器，检测结构的容积位移而获得误差信号[83]。PVDF薄膜不需覆盖整个结构表面，简化了此类误差传感策略的实现。随后，Francois与Sors分别对容积位移传感系统的硬件实现[84]与容积速度传感系统中的传感器配置[85]进行了研究。

仅检测并控制第一阶辐射模态的声功率只能在极低频段获得良好的控制效果，为了拓宽降噪频段，需同时检测并控制多阶辐射模态的声功率信息。2000年，Gibbs提出“辐射模态拓展”(radiation modal expansion)方法对辐射滤波器进行降阶简化设计，并用成对多输入多输出的传感与激励进行辐射模态的检测与自适应控制[86]。同年，Berkhoff用辐射滤波器对结构振速与近场声压进行滤波而获得多阶辐射模态的声辐射信息[87]。同时用模拟前端与数字控制器分别实现辐射滤波器函数，并对传感器布置、辐射滤波器数目、激励数目及控制器维度选取提出优化准则。随后，Berkhoff又构建了用压电传感器阵列检测高阶辐射模态幅值的传感系统[88]。同时设计宽带辐射滤波器(又称辐射模态形状），对传感器阵列检测的振动信息进行滤波而获得了辐射声功率的宽带估计[89]。

2007年，李双研究了结构振动模态与声辐射模态的对应关系并将其应用到结构声辐射的有源控制[90-91]。2009年，靳国永设计了新型分布式压电传感的容积速度传感器[92]。2012年，Fisher提出“伪统一结构量”（pseudo-uniform structural quantity），用布置于结构任意位置的单点加速度计采集振动信息即可构建出近似的前4阶辐射模态声功率信息，显著简化了系统[93]。2013年，Sanada根据第一阶辐射模态与结构奇-奇模态的对应关系，提出单通道多激励控制单个结构模态而抑制第一阶辐射模态声功率的方法，精简了传感系统且获得了宽频带降噪效果[94]。上述新的技术与方法均简化了系统设计。此外，Masson提出应变传感[95-96]（strain sensing）、Berry提出近场声强传感[97]均为传感系统实现提供了新的技术途径。Sung[98]，Vippermam[99-100]，Kris[101-102]，Clark[103]与Gardonio[104]对控制系统中传感器与作动器性能进行了研究，为此项技术的工程应用奠定了基础。

由于实际的噪声源大多为分布式复杂声源，为扩大降噪空间并提高降噪量效果，控制系统必须是大规模、多通道系统。为克服系统复杂、稳定性差及不便于安装与维护等这些多通道系统的固有缺陷，近年来提出了分散式控制与集群控制的方式，有关它们的研究就成为探讨的最新焦点。

分散式控制方式将集中式控制中的多输入多输出系统（MIMO）拆分成了很多个单输入单输出（SISO）系统，对于复杂的声场只需增加单元的个数而分散单元本身的通道数并未拓展，有效避免了系统庞杂及难以实现的问题[105]。对于此种控制方式，系统稳定性是需解决的关键问题，此项研究先后提出了用一般的稳定性准则[106]及无条件稳定性准则进行系统设计[107-110]。分散单元中激励与作动器选型对系统的稳定性及控制性能影响较大，研究分别提出用惯性激励[111-112]、三角形压电激励[113]和小尺寸质量矫正激励[114-116]（proof mass actuator）代替压电激励与加速度计构成速度反馈环路，也可用PVDF传感器和PZT激励组成嵌入式的控制单元[117]，提高了分散单元及分散式系统的稳定性和控制性能，同时拓宽了分散式系统的应用场合。由于分散单元之间的耦合影响，实际应用中制定恰当的稳定性准则及选取合适的作动与传感器构成分散单元至关重要，同时对于此种系统的应用需慎之又慎。

集群式控制（cluster control）也能有效避免系统多通道特性，它属于中度授权控制(middle authority control)。传感系统不仅具有类似结构模态控制(属于低度授权控制)系统实现较简单的特性,同时也具有类似辐射模态控制(属于高度授权控制)较高的控制性能及可变控制增益的特性[118]。通过引入集群激励对各集群单元单独控制,集群单元之间互不影响因而不会产生控制溢出,使原来的 MIMO 系统变成有限个 SISO 系统[119-120]。且集群控制系统构建误差信号时无须知道结构的自由振动特性(如模态振型函数等),因而更适合应用于复杂噪声源。虽然集群系统的稳定性较分散式系统有所提高,但系统的稳定性问题仍需重视。

此外,针对大型复杂的分布式噪声源,近年来提出了基于声信息的模态滤波技术[121-124](acoustic - based modal filtering approach),它无须具备结构振动的先验信息(如模态振型、传输阻抗等),且简化了传感系统,也属于此技术的最新进展。

1.2.2.2 降低封闭空间内的辐射声

通过弹性边界向封闭空间入射而产生的舱内噪声,普遍存在于航空、船舶及地面交通工具中。为了降低舱内低频噪声进而提高舱室的舒适性,有源隔声技术成为其主要的技术手段。

在系统模型建立及隔声机理分析方面,1985 年,Fuller 等开展了在机壳壁板施加次级力源进行有源隔声的实验研究。1990 年,Pan 对封闭空间与弹性边界之间的结构-流体耦合特性进行了理论研究[125],并实验验证了理论的正确性[126]。随后,Pan 提出在弹性板上施加点力控制其向封闭空间的声辐射,并对隔声的物理机理做了理论[127]及实验研究[128],并给出了点力的最优布放准则[129]。获得的结论为,系统响应受平板控制模态(panel - controlled modes)主导时,抑制平板模态达到对空腔声能量的抑制;系统响应受空腔控制模态(cavity - controlled modes)主导时,通过改变平板的振速分布达到对空腔声能量的抑制。1994 年,Snyder 针对复杂的结构-空腔耦合系统,用模态耦合法建立了通用理论框架,并对物理控制系统(physical control system)进行了深入研究,为实际的电控制系统(electronic control system)的优化配置提供了指导[130]。随后,Snyder 分别以带弹性边界的矩形腔、圆柱腔及添加纵向铺板的复杂圆柱腔为例,对有源隔声的物理机理及电声器件的优化配置进行了研究[131]。1998 年,Pierre 将此技术用于小型涡桨飞机与直升机,通过控制结构的容积速度而降低其向舱内的辐射噪声[132]。

在误差传感方面，为了避免多传声器检测腔内声压信息构建传感策略的复杂性，人们同样提出用结构传感器代替传声器而构建传感策略。1993 年，Snyder 用结构传感器检测向封闭空间辐射声时的辐射模态幅值来获取误差信号，使得传感系统更紧凑[133]。1998 年，Cazzolato 也提出了与封闭空间声势能相关且正交的结构辐射模态的概念，通过结构传感器拾取辐射模态幅值信息来获取误差信号，并以带纵向铺板的圆柱壳为例进行了传感系统设计[134]。随后，Cazzolato 针对简单圆柱壳结构，提出一种无须正交分解即可获得近似正交的辐射模态的方法，简化了传感系统[135-136]。Griffin 将此技术应用于发射系统的舱内噪声控制，同时设计出反馈式系统使得此技术更具实用价值[137]。

在控制策略选取方面，1999 年，Sampath 用状态-空间法建模，在时域内完成了声控制策略对传入封闭空间的多线谱噪声的控制研究[138]。同年，Kim 提出了用阻抗与导纳的方法建立结构-空腔耦合模型，用简捷的矩阵方程描述了结构-声腔的稳态耦合振动响应[139]。同时用维纳滤波理论对有源控制进行建模，并在时域内对比了声激励与力激励对随机入射噪声的控制效果[140]。2000 年，Kim 进一步比较了力控制与声控制策略对简谐入射声的有源隔声效果，由于结构-声腔耦合系统的振动响应同时受空腔控制模态与结构控制模态的主导，混合激励方式的效果更好[141]。

随着研究的深入，近年来的工作逐步集中在系统实现碰到的实际问题上，从而推动了此技术的应用。2003 年，Lau 将结构设定为具有一般的弹性边界条件，分析了边界弯曲与扭转对有源隔声性能的影响[142-143]。同年，Geng 提出新的建模方法对不规则结构-声腔耦合系统进行建模，深入分析了有源隔声的物理机理[144]。2007 年，靳国永等对结构-空腔系统的耦合机制与耦合特性做了研究[145]。随后他们用结构传感器获取向封闭空间辐射声的结构辐射模态幅值，并进行了有源控制实验研究[146]。2008 年，Remington 用有源阻抗控制法对由湍流边界层激励引起的结构声传入进行了控制[147]，逐步将此技术推向实际应用。

对于飞机、船舶及汽车等交通工具的舱壁壳体均为大面积结构，要在舱内全空间获得满意的降噪效果，需布置大量的结构传感器及次级激励，其控制系统也成为了大规模多通道系统。同样，分散式与集群式控制方式能有效解决系统庞杂的问题，因而也成为此技术最新的探讨焦点。有关分散式控制，2002

年 Elliott 与 Gardonio 提出此概念后[105]，继而 Gardonio 对结构向矩形封闭空间辐射声的分散式有源控制系统进行了理论与实验研究[107-109]。有关集群式控制，2002 年 Tanaka 提出此概念[118-119]后，将其应用于向封闭空间辐射声的情况[148]。2007 年，Kaizuka 进一步研究了向对称封闭空间入射声时集群控制所具有的特殊规律及集群系统的性能[149]。

此外，2009 年，Hill 将基于声信息的模态滤波传感技术用到了向封闭空间辐射声的结构声有源控制系统[150]。2011 年，Halim 提出了一种稳健的虚拟传感方法，即通过结构传感器提取振动信息预测封闭空间内特定区域的宽频带声压信息[151-152]。这些研究针对实际工程中特定的问题展开，也是此项技术的最新进展。

1.2.3 双层有源隔声结构研究进展

与单层结构相比，双层有源隔声结构具有更好的隔声性能，且将作动与传感设备布置于空腔内或结构上使得系统更紧凑，更适合应用于飞机、船舶等交通工具的舱内噪声控制，因此也就成为近年来有源隔声结构研究的主要方向。

在模型建立及隔声性能与隔声机理分析方面，1995 年，Carneal 首先提出了在辐射板施加次级力源的双层有源隔声结构，分析了系统配置、辐射板刚度及初级激励对隔声性能的影响[153]。同年，Sas 提出了用次级声源控制空腔声场的双层有源隔声结构，并对有源隔声性能进行了理论、数值及实验研究[154]。1997 年，Bao 通过实验对声控制策略(引入次级声源控制腔内声场)和力控制策略(引入次级力源控制入射板或辐射板振动)下的双层结构有源隔声性能进行了对比研究，并分析了这两种策略的有源隔声机理[155]。1998 年，Pan 用声传递阻抗与导纳矩阵对双层有源隔声结构建模，从理论上进一步验证了两种控制策略的隔声机理[156]。随后，Bao 实验研究了双层结构中机械连接对空腔控制策略下有源隔声性能的影响[157]。同年，Wang 提出了在双层圆柱壳上施加由多个 SISO 速度反馈环路构成的分散式系统进行有源隔声，并研究了随机激励下双层结构对传入舱内噪声的有源隔声性能[158]。Pan 提出用分布式压电传感材料检测并控制辐射板容积速度的传感策略，并在低频段获得较好的隔声性能[159]。1999 年，Gardonio 对具有肋条加固的复杂双层有源隔声结构建模，分别引入次级声源与次级力源进行控制，并对比了两者的控制效果[160]。由于理论模型更接近飞机壁板结构，因而研究成果更具实际意义。

随着理论研究的逐步深入及完善，人们逐渐将研究的焦点转移到系统实现时需解决的一些具体问题上。2003 年，Kaiser 对基于滤波 x－LMS 算法的自适应内模反馈控制系统和基于 H_∞ 优化的鲁棒控制系统的隔声性能进行了实验研究[161]，由于系统无须采集参考信号，因而更利于工程应用。同年，Jakob 实验研究了声控制策略下不同的次级声源与误差传感器配置的有源隔声性能[162-163]。2004 年，Carneal 在文献[153]的基础上，将空腔内的空气介质等效为分布式的连续线性弹簧，对力控制策略下的双层有源隔声结构建模并对有源隔声性能进行了分析[164]。2005 年，Cheng 对含机械连接的双层结构建模，分析了机械连接对双层结构低频隔声性能的影响[165]。2006 年，Li 进一步对机械连接的扭转效应对双层结构隔声性能的影响进行了分析[166]。随后，Li 对含机械连接的双层有源隔声结构建模，分析了机械连接对有源控制策略选取的影响，并研究了不同控制策略下的有源隔声机理[167-168]。2008 年，Pietrzko 总结了不同控制策略及不同的传感器与次级激励（包括压电传感器与激励组合及扬声器和传声器组合）配置下的有源隔声性能，为工程中选取合适的控制策略及系统配置提供了指导[169]。2010 年，Gardonio 将多个速度反馈环路构成的分散式系统引入双层结构进行有源隔声，并进行了实验研究，有效避免了多通道系统的复杂性[170]。

在国内，2003 年陈克安提出用平面声源作为次级源构建有源声学结构来控制初级结构的辐射噪声[171]，这也属于有源隔声结构的一种。它以分布式声源作为次级作动器产生次级声场，同时利用近场误差传感策略构成控制系统。其作动及传感系统自成体系且不与初级噪声源直接相连，因而更易于实现。随后他们对有源隔声的物理机理[172]、误差传感策略[173-174]及次级源配置[175]进行了详细研究，获得的创新性成果为复杂噪声源的有源隔声提供了新的途径。此外，靳国永[176-178]也对不同控制策略下的双层有源隔声结构的隔声性能、物理机理及误差传感策略等关键问题进行了研究，为此项技术的工程实现奠定了基础。

1.2.4 存在的问题

现有研究已对双层有源隔声结构的理论建模与隔声性能分析、控制策略选取、有源隔声机理、误差传感策略构建及传感器与作动器的优化配置等一系列关键问题进行了深入研究，获得的成果为此项技术的工程应用奠定了基础。然而随着技术由理论逐步走向工程应用，人们发现依然有诸多实际问题制约着其广泛的工程实用化。

声控制策略与力控制策略相比，能获得更好的隔声性能[155]，且对于控制线谱频率漂移的非平稳噪声及宽带噪声更有效，因而更适合飞机、船舶及汽车在随机激励负载下的舱内噪声控制。但对用于这些领域的双层结构，入射板通常为飞机等的机壳，辐射板则为舱内的装饰板。将体积庞大的次级声源布置于机身和内饰板之间狭小的空间非常困难，导致声控制策略难以实现。

对于力控制策略，虽然分布式压电激励易于安装、构成的系统更加紧凑，而且对控制由湍流边界层激励引起的噪声更有效[179]，但也存在很多弊端：如果次级力直接作用于机壳，对这些刚度较大的厚重材料需大功率次级力源进行控制，不仅控制效率低而且长期的外力作用会导致结构疲劳而引发事故隐患[153]。再者，这些机身结构一般均不可移动，因而不利于传感器及次级激励的安装与维护。如果次级力作用于内饰板，由于"模态重构"机理的存在，虽然舱内噪声得到有效抑制但内饰板的结构振动却可能增强，因而会出现内饰板附近区域声压增强的"控制溢出"现象[127-155]，最终导致飞机或船舶内这些区域的舒适性下降，这不利于此技术的广泛应用。

陈克安等用分布式次级声源构建的有源隔声结构，其次级激励与传感系统自成体系，将其布置于初级噪声源表面但并未与其直接相连，利用声场中能量的抑制及吸收机制达到降噪的目的[171-175]。虽然这种控制系统具有次级激励与传感设备自成一体的优势，且通过近场传感策略使得控制系统更紧凑，避免了力控制策略的种种弊端，但在具体应用时这种系统仍难以实现。因而选取恰当的控制策略、构建易于实现的双层有源隔声系统是有待进一步研究的问题。

再则，现有研究中双层有源隔声结构的理论模型过于简化，其研究成果对于系统实施的指导意义非常有限。已有研究中大多数模型均由规则的矩形平板组成，且边界也只涉及简支边界条件。实际中，为了加强结构刚度，通常利用梁对薄板进行加固，由此构成的双层加筋结构成为飞机、舰船壳体结构中的典型形式，且这些结构的边界条件或为固支边界或为更一般性的弹性边界。目前对这些更具实际意义的双层加筋结构有源隔声性能的研究却很少触及，理论研究的不足严重阻碍了此项技术的工程应用。因而深入探讨双层加筋结构的低频隔声及有源隔声性能也是有待研究的问题。

上述系统实现时碰到的问题极大地限制了双层有源隔声结构的工程应

用,因而有效解决这些问题对于此项技术的推广意义重大。

1.3 研究内容与章节安排

针对现有研究中存在的弊端,本书在陈克安等的基于平面声源的单层有源隔声结构[171-175]研究基础上,提出将平面声源置于双层结构中形成新式的有源隔声结构。其不仅具有良好的隔声性能同时系统更易于实现,且能有效避免控制溢出。围绕这种特殊的双层有源隔声结构,本书从理论建模与隔声性能分析、有源隔声机理分析、误差传感策略的构建及次级源的优化配置等方面进行研究。另外,本书对双层加筋有源隔声结构的隔声性能与隔声机理也进行研究,同时进行实验验证,为此项技术的工程应用奠定基础。

结合上述各项研究内容,本书后续章节中,阐述了各项研究的成果。

第 2 章为基于平面声源的双层有源隔声结构性能研究。将平面声源等效为点力驱动的平板,用声-振耦合理论对等效后的三层有源隔声结构建模。然后通过具体算例对有源隔声性能进行分析。最后用遗传算法对次级平面声源的布置位置进行优化,获得最佳的宽频带有源隔声性能。

第 3 章为有源隔声结构物理机制研究。先对控制前三层结构中声能量的特殊传输规律进行研究,获得四通道的能量传输具有带通特性。然后通过控制前、后声能量传输规律的变化解释有源隔声的物理机理。从能量的角度清晰直观阐述控制过程的物理本质,为后续误差传感策略的构建奠定基础。

第 4 章为有源隔声结构误差传感策略研究。根据三层结构中声能量的特殊传输规律,提出了采用条形 PVDF 薄膜与矩形 PVDF 薄膜阵列检测前三阶幅值模态辐射功率的传感策略。对条形 PVDF 薄膜的形状采用分频段设计,对用 PVDF 薄膜阵列的检测方法在精选辐射板结构模态的基础上进行优化设计。同时提出在波数域内构建误差传感策略,用有限点的结构振动信息构建出与辐射功率相关的误差信号,为误差传感策略的实现提供新途径。

第 5 章为双层加筋有源隔声结构研究。首先对单层加筋有源隔声结构建模,对有源隔声性能与隔声的物理机理进行研究。然后对双层加筋有源隔声结构建模,详细分析加筋对双层结构低频隔声及有源隔声性能的影响。最后结合筋的耦合影响,从模态分析的角度对有源隔声的物理机理进行研究。

第 6 章为双层加筋结构隔声实验研究。先通过共振频率测试实验获得平板与加筋板的共振频率,随后对双层平板及双层加筋板的低频隔声及有源隔声性能进行对比实验研究。

第 7 章为全书总结。对本书的主要工作进行总结，提炼出本书的主要贡献与创新之处，并对后续研究做出展望。

参 考 文 献

[1] 陈克安. 有源噪声控制 [M]. 2 版. 北京：国防工业出版社，2003.

[2] 马大猷. 噪声与振动控制工程手册 [M]. 北京：机械工业出版社，2002.

[3] Eriksson L J. A brief social history of active sound control [J]. Sound Vib., 1999, 33(7): 14 - 17.

[4] Warnaka G E. Active attenuation of noise - the state of the art [J]. Noise Control Eng. J., 1982, 18: 100 - 110.

[5] Nelson P A, Elliott S J. Active control of sound [M]. London: Academic Press, 1992.

[6] Fuller C R, Elliott S J, Nelson P A. Active control of vibration [M]. San Diego: Academic Press, 1996.

[7] Fuller C R, Rogers C A, Robertshaw H H. Control of sound radiation with active/adaptive structure [J]. J. Sound Vib., 1992, 157(1): 19 - 39.

[8] Clark R L, Saunders W R. Adaptive structures: dynamics and control [M]. New York:John Wiley and Sons, INC, 1998.

[9] Chen K A, Koopmann G H. Active control of low - frequency sound radiation from vibrating panel using planar sound sources [J]. J. Vib. Acoust., 2002, 124(1): 2 - 9.

[10] 尹雪飞，陈克安. 有源声学结构：概念、实现及应用 [J]. 振动工程学报，2003，16(3)：261 - 268.

[11] Carneal J P, Fuller C R. An analytical and experimental investigation of active structural acoustic control of noise transmission through double panel systems [J]. J. Sound Vib., 2004, 272(4): 749 - 771.

[12] Zhu H, Rajamani R, Stelson K A. Active control of acoustic reflection, absorption, and transmission using thin panel speakers [J]. J. Acoust. Soc. Am., 2003, 113(2): 852 - 870.

[13] Leug P. Process of silencing sound oscillations: US, No. 2043416[P].

1936 - 01 - 01.
[14] Guicking D. On the invention of active noise control by Paul Lueg [J]. J. Acoust. Soc. Am., 1990, 87(5): 2251 - 2254.
[15] Olson H F. Electronic sound absorber [J]. J. Acoust. Soc. Am., 1953, 25(6): 1130 - 1136.
[16] Olson H F. Electronic control of noise, vibration and reverberation [J]. J. Acoust.Soc. Am., 1956, 28(5): 966 - 972.
[17] Conover W B. Fighting noise with noise [J]. Noise Control Eng. J., 1956, 2(2): 78 - 82.
[18] Eghtesadi K. Active attenuation of noise - the monopole system [J]. J. Acoust. Soc. Am., 1982, 71(3): 608 - 611.
[19] 沙加正. 管道有源消声器 [J]. 声学学报, 1982, 7(3): 137 - 147.
[20] Swinbanks M A.The active control of sound propagation in long ducts [J]. J. Sound Vib., 1973, 27(3): 411 - 436.
[21] Widrow B, Glover J R, Mccool J M. Adaptive noise cancellation: principle and applications [J]. Proceedings of the IEEE, 1975, 63(12): 1692 - 1716.
[22] Burgress J C. Active adaptive sound control in a duct: a computer simulation [J]. J. Acoust. Soc. Am., 1981, 70(3): 715 - 726.
[23] Kuo S M, Morgan D R. Active noise control systems: algorithms and DSP implementations [M]. New York: John Wiley and Sons, INC,1996.
[24] Douglas S C. Fast implementations of the filtered - X LMS and LMS algorithms for multichannel active noise control [J]. IEEE T. Speech Audi. P., 1999, 7(4): 454 - 465.
[25] Elliott S J, Sthothers I M, Nelson P A. A multiple error LMS algorithm and its application to the active control of sound [J]. IEEE Trans. Acoust. Speech Signal Process., 1987, 35(10): 1423 - 1434.
[26] Kim H S, Hong J S, Sohn D G, et al. Development of an active muffler system for reducing exhaust noise and flow restriction in a heavy vehicles [J]. Noise Control Eng. J., 1999, 47(2): 57 - 63.
[27] Elliott S J, Joseph P, Nelson P A, et al. Power output minimization

and power absorption in the active control of sound [J]. J. Acoust. Soc. Am., 1991, 90(5): 1501-1512.

[28] Guo J N, Pan J, Bao C Y. Actively created quiet zones by multiple control sources in free space [J]. J. Acoust. Soc. Am., 1997, 101(3): 1492-1501.

[29] Guo J N, Pan J. Actively created quite zones for broadband noise using multiple control sources and error microphones [J]. J. Acoust. Soc. Am., 1999, 105(4): 2294-2303.

[30] Qiu X, Hansen C H. Secondary acoustic source types for active noise control in free fields: monopoles or multipoles [J]. J. Sound Vib., 2000, 232(5): 1005-1009.

[31] Nelson P A, Curtis A R D, Elliott S J, et al. The active minimization of harmonic enclosed sound fields, Part Ⅰ: Theory [J]. J. Sound Vib., 1987, 117(1): 1-13.

[32] Bullmore A J, Nelson P A, Curtis A R D, et al. The active minimization of harmonic enclosed sound fields, Part Ⅱ: A computer simulation [J]. J. Sound Vib., 1987, 117(1): 15-33.

[33] Elliott S J, Curtis A R D, Bullmore A J, et al. The active minimization of harmonic enclosed sound fields, Part Ⅲ: Experimental verification [J]. J. Sound Vib., 1987, 117(1): 35-58.

[34] Parkins J W, Sommerfeldt S D, Tichy J. Narrowband and broadband active control in an enclosure using the acoustic energy density [J]. J. Acoust. Soc. Am., 2000, 108(1): 192-203.

[35] Casali J G, Robinson G S. Narrow band digital active noise reduction in a siren-canceling headset: real-ear and acoustical manikin insertion loss [J]. Noise Control Eng. J., 1994, 42(3): 101-115.

[36] Zeta J, Brammer A J, Pan G J. Comparison between subjective and objective measures of active hearing protector and communication headset attenuation [J]. J. Acoust. Soc. Am., 1997, 101(6): 3486-3497.

[37] Bonito J G, Elliott S J, Boucher C C. Generation of zones of quit using a virtual microphone arrangement [J]. J. Acoust. Soc. Am., 1997, 101(6): 3498-3516.

[38] Elliott S J, Nelson P A, Stothers I M, et al. Preliminary results of in-flight experiments on the active control of propeller-induced cabin noise [J]. J. Sound Vib., 1989, 128(2): 355-357.

[39] Elliott S J, Nelson P A, Stothers I M, et al. In-flight experiments on the active control of propeller-induced cabin noise [J]. J. Sound Vib., 1990, 140(2): 219-238.

[40] Bullmore A J, Nelson P A, Elliott S J. Theoretical studies of the active control of propeller-induced cabin noise [J]. J. Sound Vib., 1990, 140(2): 191-217.

[41] Deffayet C, Nelson P A. Active control of low-frequency harmonic sound radiated by a finite panel [J]. J. Acoust. Soc. Am., 1988, 84(6): 2192-2199.

[42] Elliott S J, Boucher C C. Interaction between multiple feedforward active control systems [J]. IEEE T. Speech Audi. P., 1994, 2(4): 521-530.

[43] Fuller C R. Experiments on reduction of aircraft interior noise using of active control of fuselage vibration [J]. J. Acoust. Soc. Am., 1985, 78(1): S79.

[44] Lester H C, Fuller C R. Active control of propeller-induced noise fields inside a flexible cylinder [J]. AIAA Journal, 1990, 28(8): 1374-1380.

[45] Fuller C R. Active control of sound transmission/radiation from elastic plates by vibration inputs, Ⅰ: Analysis [J]. J. Sound Vib., 1990, 136(1): 1-15.

[46] Fuller C R, Hansen C H, Snyder S D. Active control of sound radiation from a vibration rectangular panel by sound sources and vibration inputs: an experimental comparison [J]. J. Sound Vib., 1991, 145(2): 195-215.

[47] Metcalf V L, Fuller C F, Silcox R J, et al. Active control of sound transmission/radiation from elastic plates by vibration inputs, Ⅱ: Experiments [J]. J. Sound Vib., 1992, 153(3): 387-402.

[48] Fuller C R, Hansen C H, Snyder S D. Experiments on active control of sound radiated from a panel using a piezoelectric actuator [J]. J. Sound Vib., 1991, 150(2): 179-190.

[49] Wang B T, Fuller C R, Dimitriadis E K. Active control of noise transmission through rectangular plates using multiple piezoelectric or point force actuators [J]. J. Acoust. Soc. Am., 1991, 90(5): 2820 - 2830.

[50] Clark R L, Fuller C R, Wicks A L. Characterization of multiple piezoelectric actuators for structural excitation [J]. J. Acoust. Soc. Am., 1991, 90(1): 346 - 357.

[51] Clark R L, Fuller C R. Experiments on active control of structurally radiated sound using multiple piezoceramic actuators [J]. J. Acoust. Soc. Am., 1992, 91(6): 3313 - 3320.

[52] Pan J, Snyder S D, Hansen C H, et al. Active control of far - field sound radiated by a rectangular panel — a general analysis [J]. J. Acoust. Soc. Am., 1992, 91(4): 2056 - 2066.

[53] Naghshineh K, Koopmann G H. A design method for achieving weak radiator structures using active vibration control [J]. J. Acoust. Soc. Am., 1992, 92(2): 856 - 870.

[54] Baumann W T, Saunders W R, Robertshaw H H. Active suppression of acoustic radiation from impulsively excited structures [J]. J. Acoust. Soc. Am., 1991, 90(6): 3202 - 3208.

[55] Baumann W T, Ho F S, Robertshaw H H. Active structural acoustic control of broadband disturbances [J]. J. Acoust. Soc. Am., 1992, 1998 - 2005.

[56] Burdisso R A, Fuller C R. Dynamic behavior of structural - acoustic systems in feedforward control of sound radiation [J]. J. Acoust. Soc. Am., 1992, 92(1): 277 - 286.

[57] Clark R L, Fuller C R. Active structural acoustic control with adaptive structuresincluding wavenumber considerations [J]. J. Intel. Mat. Syst. Str., 1992, 3(2): 296 - 315.

[58] Wang B T, Fuller C R. Near - field pressure, intensity, and wave - number distributions for active structural acoustic control of plate radiation: theoretical analysis [J]. J. Acoust. Soc. Am., 1992, 92(3): 1489 - 1498.

[59] Clark R L, Fuller C R. Optimal placement of piezoelectric actuators

and polyvinylidene fluoride error sensors in active structural acoustic control approaches [J]. J. Acoust. Soc. Am., 1992, 92(3): 1521-1533.

[60] Wang B T, Burdisso R A, Fuller C R. Optimal placement of piezoelectric actuators for active structural acoustic control [J]. J. Intel. Mat. Syst. Str., 1994, 5(1): 67-77.

[61] Clark R L, Fuller C R. A model reference approach for implementing active structure acoustic control [J]. J. Acoust. Soc. Am., 1992, 92(3): 1534-1544.

[62] Clark R L, Fuller C R. Control of sound radiation with adaptive structures [J]. J. Intel. Mat. Syst. Str., 1991, 2(3): 431-452.

[63] Clark R L, Fuller C R. Modal sensing of efficient acoustic radiators with polyvinylidene fluoride distributed sensors in active structural acoustic control approaches [J]. J. Acoust. Soc. Am., 1992, 91(6): 3321-3329.

[64] Clark R L, Burdisso R A, Fuller C R. Design approaches for shaping polyvinylidene fluoride sensors in active structural acoustic control [J]. J. Intel. Mat. Syst. Str., 1993, 4(3): 354-365.

[65] Burdisso R A, Fuller C R. Design of active structural acoustic control systems by eigenproperty assignment [J]. J. Acoust. Soc. Am., 1994, 96(3): 1582-1591.

[66] Li Z, Gou C G, Fuller C R, et al. Design of active structural acoustic control systems using a nonvolumetric eigenproperty assignment approach [J]. J. Acoust. Soc. Am., 1997, 101(4): 2088-2096.

[67] Maillard J P, Fuller C R. Advanced time domain wave-number sensing for structural acoustic systems. Ⅰ. Theory and design [J]. J. Acoust. Soc. Am., 1994, 95(6): 3252-3261.

[68] Maillard J P, Fuller C R. Advanced time domain wave-number sensing for structural acoustic systems. Ⅱ. Active radiation control of a simply supported beam [J]. J. Acoust. Soc. Am., 1994, 95(6): 3262-3272.

[69] Maillard J P, Fuller C R. Advanced time domain wave-number sensing for structural acoustic systems. Part Ⅲ. Experiments on active broadband radiation control of a simply supported plate [J]. J. Acoust.

Soc. Am., 1995, 98(5): 2613 - 2621.

[70] Gou C G, Li Z, Fuller C R. The relationship between volume velocity and far - field radiated pressure of a planar structure [J]. J. Sound Vib., 1996, 197(2): 252 - 254.

[71] Maillard J P, Fuller C R. Comparison of two structural sensing approaches for active structural acoustic control [J]. J. Acoust. Soc. Am., 1998, 103(1): 396 - 400.

[72] Scott B L, Sommerfeldt S D. Estimating acoustic radiation from a Bernoulli - Euler beam using shaped polyvinylidenefluoride film [J]. J. Acoust. Soc. Am., 1997, 101(6): 3475 - 3485.

[73] Wang B T. The PVDF - based wave number domain sensing techniques for active sound radiation control from a simply supported beam [J]. J. Acoust. Soc. Am., 1998, 103(4): 1904 - 1915.

[74] Borgiotti G V. The power radiated by a vibrating body in an acoustic fluid and its determination from boundary measurements [J]. J. Acoust. Soc. Am., 1990, 88(4): 1884 - 1893.

[75] Borgiotti G V, Jones K E. The determination of the acoustic far field of a radiating body in an acoustic fluid from boundary measurements [J]. J. Acoust. Soc. Am., 1993, 93(5): 2788 - 2797.

[76] Naghshineh K, Koopmann G H. Active control of sound power using acoustic basis functions as surface velocity filters [J]. J. Acoust. Soc. Am., 1993, 93(5): 2740 - 2752.

[77] Elliott S J, Johnson M E. Radiation modes and the active control of sound power [J]. J. Acoust. Soc. Am., 1993, 94(4): 2194 - 2204.

[78] Cunefare K A, Currey M N. On the exterior acoustic radiation modes of structures [J]. J. Acoust. Soc. Am., 1994, 96(4): 2302 - 2312.

[79] Currey M N, Cunefare K A. The radiation modes of baffled finite plates [J]. J. Acoust. Soc. Am., 1995, 98(3): 1570 - 1580.

[80] Borgiotti G V, Jones K E. Frequency independence property of radiation spatial filters [J]. J. Acoust. Soc. Am., 1994, 96(6): 3516 - 3524.

[81] Johnson M E, Elliott S J. Active control of sound radiation using volume velocity cancellation [J]. J. Acoust. Soc. Am., 1995, 98(4):

2174－2186.

[82] Charette F, Berry A, Gou C G. Active control of sound radiation from a plate using a polyvinylidene fluoride volume displacement sensor [J]. J. Acoust. Soc. Am., 1998, 103(3): 1493－1503.

[83] Francois A, Man P D, Preumont A. Piezoelectric array sensing of volumedisplacement: a hardware demonstration [J]. J. Sound Vib., 2001, 244(3): 395－405.

[84] Sors T C, Elliott S J. Volume velocity estimation with accelerometer arrays for active structural acoustic control [J]. J. Sound Vib., 2002, 258(5): 867－883.

[85] Gibbs G P, Clark R L, Cox D E, et al. Radiation modal expansion: application to active structural acoustic control [J]. J. Acoust. Soc. Am., 2000, 107(1): 332－339.

[86] Berkhoff A P. Sensor scheme design for active structural acoustic control [J]. J. Acoust. Soc. Am., 2000, 108(3): 1037－1045.

[87] Berkhoff A P. Piezoelectric sensor configuration for active structural acousticcontrol [J]. J. Sound Vib., 2001, 246(1): 175－183.

[88] Berkhoff A P. Broadband radiation modes: estimation and active control [J]. J Acoust Soc Am, 2002, 111(3): 1295－1305.

[89] 李双，陈克安. 结构振动模态和声辐射模态之间的对应关系及其应用 [J]. 声学学报，2007，32(2)：171－177.

[90] 李双，陈克安，潘浩然. 基于模态理论的有源声学结构控制机理研究 [J]. 振动工程学报，2007，20(2)：140－144.

[91] 靳国永，刘志刚，杜敬涛，等. 基于分布式体积速度传感的结构声辐射有源控制实验研究 [J]. 声学学报，2009，34(4)：342－349.

[92] Fisher J M, Blotter J D, Sommerfeldt S D, et al. Development of a pseudo－uniform structural quantity for use in active structural acoustic control of simply supported plates: an analytical comparison [J]. J. Acoust. Soc. Am., 2012, 131(5): 3833－3840.

[93] Sanada A, Tanaka N. Theoretical and experimental study on active sound transmission control based on single structural mode actuation using point force actuators [J]. J. Acoust. Soc. Am., 2012, 132(2):

767 - 778.

[94] Masson P, Berry A, Nicolas J. Active structural acoustic control using strain sensing [J]. J. Acoust. Soc. Am., 1997, 102(3): 1588 - 1599.

[95] Masson P, Berry A. Comparison of several strategies in the active structural acoustic control using structural strain measurements [J]. J. Sound Vib., 2000, 233(4): 707 - 726.

[96] Berry A, Qiu X, Hansen C H. Near - field sensing strategies for the active control of the sound radiated from a plate [J]. J. Acoust. Soc. Am., 1999, 106(6): 3394 - 3406.

[97] Sung C C, Jan C T. Active control of structurally radiated sound from plates [J]. J.Acoust. Soc. Am., 1997, 102(1): 370 - 381.

[98] Vipperman J S, Clark R L. Implications of usingcollocated strain - based transducers for output active structural acoustic control [J]. J. Acoust. Soc. Am., 1999, 106(3): 1392 - 1399.

[99] Vipperman J S, Clark R L. Multivariable feedback active structural acoustic control using adaptive piezoelectric sensoriactuators [J]. J. Acoust. Soc. Am., 1999, 105(1): 219 - 225.

[100] Kris H, Wouter D, Paul S. Active control of sound transmission loss through a single panel partition using distributed actuators, Part Ⅰ: Simulations [C]. //Leuven,Belgium:Proceedings of the international Conference on Noise and Vibration Engineering:1998, 797 - 804.

[101] Kris H, Wouter D, Paul S. Active control of sound transmission loss through a single panel partition using distributed actuators, Part Ⅱ: Experiments [C]. // Leuven, Belgium: Proceedings of the international Conference on Noise and Vibration Engineering: 1998, 805 - 814.

[102] Clark R L, Cox D E. Experimental demonstration of a band - limited actuator/sensor selection strategy for structural acoustic control [J]. J. Acoust. Soc. Am., 1999, 106(6): 3407 - 3414.

[103] Gardonio P, Lee Y S, Elliott S J,et al. Analysis and measurement of a matched volume velocity sensor and uniform force actuator for active structural acoustic control [J]. J. Acoust. Soc. Am., 2001, 110

(6): 3025 - 3031.

[104] Elliott S J, Gardonio P, Sors T C, et al. Active vibroacoustic control with multiple local feedback loops [J]. J. Acoust. Soc. Am., 2002, 111(2): 908 - 915.

[105] Leboucher E, Micheau P, Berry A, et al. A stability analysis of a decentralized adaptive feedback active control system of sinusoidal sound in free space [J]. J. Acoust. Soc. Am., 2002, 111(1): 189 - 199.

[106] Gardonio P, Bianchi E, Elliott S J. Smart panel with multiple decentralized units for the control of sound transmission. Part Ⅰ: Theoretical predictions [J]. J. Sound Vib., 2004, 274(1 - 2): 163 - 192.

[107] Gardonio P, Bianchi E, Elliott S J. Smart panel with multiple decentralized units for the control of sound transmission. Part Ⅱ: Design of the decentralized control units [J]. J. Sound Vib., 2004, 274(1 - 2): 193 - 213.

[108] Bianchi E, Gardonio P, Elliott S J. Smart panel with multiple decentralized units for the control of sound transmission. Part Ⅲ: Control system implementation [J]. J. Sound Vib., 2004, 274(1 - 2): 215 - 232.

[109] Engels W P, Baumann O N, Elliott S J, et al. Centralized and decentralized control of structural vibration and sound radiation [J]. J. Acoust. Soc. Am., 2006, 119(3): 1487 - 1495.

[110] Baumann O N, Elliott S J. The stability of decentralized multichannel velocity feedback controllers using inertial actuators [J]. J. Acoust. Soc. Am., 2007, 121(1): 188 - 196.

[111] Baumann O N, Elliott S J. Global optimization of distributed output feedback controllers [J]. J. Acoust. Soc. Am., 2007, 122(3): 1587 - 1594.

[112] Aoki Y, Gardonio P G, Elliott S J. Rectangular plate with velocity feedback loops using triangularly shaped piezoceramic actuators: experimental control performance [J]. J. Acoust. Soc. Am., 2008, 123(3): 1421 - 1426.

[113] Díaz C G, Paulitsch C, Gardonio P. Active damping control unit using a small scale proof mass electrodynamic actuator [J]. J. Acoust. Soc.

Am., 2008, 124(2): 886 - 897.

[114] Díaz C G, Paulitsch C, Gardonio P. Smart panel with active damping units. Implementation of decentralized control [J]. J. Acoust. Soc. Am., 2008, 124(2): 898 - 910.

[115] Rohlfing J, Gardonio P. Homogeneous and sandwich active panels under deterministic and stochastic excitation [J]. J. Acoust. Soc. Am., 2009, 125(6): 3696 - 3706.

[116] Quaegebeur N, Micheau P, Berry A. Decentralized harmonic control of sound radiation and transmission by a plate using a virtual impedance approach [J]. J. Acoust. Soc. Am., 2009, 125(5): 2978 - 2986.

[117] Tanaka N, Snyder S D. Cluster control of a distributed - parameter planar structure - middle authority control [J]. J. Acoust. Soc. Am., 2002, 112(6): 2798 - 2807.

[118] Tanaka N, Fukuda R, Hansen C H. Acoustic cluster control of noise radiated from a planar structure [J]. J. Acoust. Soc. Am., 2005, 117 (6): 3686 - 3694.

[119] Kaizuka T, Tanaka N. Radiation clusters and the active control of sound transmission through symmetric structures into free space [J]. J. Sound Vib., 2008, 311(1 - 2): 160 - 183.

[120] Snyder S D, Burgan N C. An acoustic - based modal filtering approach to sensing system design for active control of structural acoustic radiation: theoretical development [J]. Mech. Syst. Signal Pr., 2002, 16(1): 123 - 139.

[121] Hill S G, Snyder S D. Acoustic - based modal filtering of orthogonal radiating functions for global error sensing. Part Ⅰ: Theory and simulation [J]. Mech. Syst. Signal Pr., 2007, 21(5): 1815 - 1838.

[122] Hill S G, Tanaka N, Snyder S D. Acoustic based modal filtering of orthogonal radiating functions for global error sensing. Part Ⅱ: Implementation [J]. Mech. Syst. Signal Pr., 2007, 21(5): 1937 - 1952.

[123] Hill S G, Snyder S D, Tanaka N. Acoustic based sensing of orthogonal radiating functions for three - dimensional noise sources: background and experiments [J]. J. Sound Vib., 2008, 318(4 - 5): 1050 - 1076.

[124] Pan J, Bies D A. The effect of fluid - structural coupling on sound waves in an enclosure - theoretical part [J]. J. Acoust. Soc. Am., 1990, 87(2): 691 - 707.

[125] Pan J, Bies D A. The effect of fluid - structural coupling on sound waves in an enclosure - experimental part [J]. J. Acoust. Soc. Am., 1990, 87(2): 708 - 717.

[126] Pan J, Hansen C H, Bies D A. Active control of noise transmission through a panel into a cavity: Ⅰ. Analytical study [J]. J. Acoust. Soc. Am., 1990, 87(5): 2098 - 2108.

[127] Pan J, Hansen C H. Active control of noise transmission through a panel into a cavity. Ⅱ: Experimental study [J]. J. Acoust. Soc. Am., 1991, 90(3): 1488 - 1492.

[128] Pan J, Hansen C H. Active control of noise transmission through a panel into a cavity. Ⅲ: Effect of the actuator location [J]. J. Acoust. Soc. Am., 1991, 90(3): 1493 - 1501.

[129] Snyder S D, Hansen C H. The design of systems to control actively periodic sound transmission into enclosed spaces, Part Ⅰ: Analytical models [J]. J. Sound Vib., 1994, 170(4): 433 - 449.

[130] Snyder S D, Hansen C H. The design of systems to control actively periodic sound transmission into enclosed spaces, Part Ⅱ: Mechanisms and trends [J]. J. Sound Vib., 1994, 170(4): 451 - 472.

[131] Pierre R, Koopmann H, Chen W. Volume velocity control of sound transmission through composite panels [J]. J. Sound Vib., 1998, 210(4): 441 - 460.

[132] Snyder S D, Tanaka N. On feedforward active control of sound and vibration using vibration error signals [J]. J. Acoust. Soc. Am., 1993, 94(4): 2181 - 2193.

[133] Cazzolato B S, Hansen C H. Active control of sound transmission using structural error sensing [J]. J. Acoust. Soc. Am., 1998, 104(5): 2878 - 2889.

[134] Cazzolato B S, Hansen C H. Structural radiation mode sensing for active control of sound radiation into enclosed spaces [J]. J. Acoust.

Soc. Am., 1999, 106(6): 3732 - 3735.

[135] Cazzolato B S. Sensing systems for active control of sound transmission into cavities [D]. Adelaide, Australia: The University of Adelaide, 1999.

[136] Griffin S, Hansen C H, Cazzolato B S. Feedback control of structurally radiated sound into enclosed spaces using structural sensing [J]. J. Acoust. Soc. Am., 1999, 106(5): 2621 - 2628.

[137] Sampath A, Balachandran B. Active control of multiple tones in an enclosure [J]. J. Acoust. Soc. Am., 1999, 106(1): 211 - 225.

[138] Kim S K, Brennan M J. A compact matrix formulation using the impedance and mobility approach for the analysis of structural - acoustic systems [J]. J. Sound Vib., 1999, 223(1): 97 - 113.

[139] Kim S M, Brennan M J. A comparative study of feedforward control of harmonic and random sound transmission into an acoustic enclosure [J]. J. Sound Vib., 1999, 226(3): 549 - 571.

[140] Kim S M, Brennan M J. Active control of harmonic sound transmission into an acoustic enclosure using both structural and acoustic actuators [J]. J. Acoust. Soc. Am., 2000, 107(5): 2523 - 2534.

[141] Lau S K, Tang S K. Active control on sound transmission into an enclosure through a flexible boundary with edges elastically restrained against translation and rotation [J]. J. Sound Vib., 2003, 259(3): 701 - 710.

[142] Lau S K. Active control of sound transmission into enclosure through a panel [D]. Hong Kong, China: The Hong Kong Polytechnic University, 2002.

[143] Geng H C, Rao Z S, Han Z S. New modeling method and mechanism analyses for active control of interior noise in an irregular enclosure using piezoelectric actuators [J]. J. Acoust. Soc. Am., 2003, 113(3): 1439 - 1447.

[144] 靳国永，杨铁军，刘志刚，等. 弹性板结构封闭声腔的结构-声耦合特性分析 [J]. 声学学报，2007，32(2)：178 - 188.

[145]靳国永，杨铁军，刘志刚. 基于声辐射模态的有源结构声传入及其辐射

控制 [J]. 声学学报，2009，34(3)：256 - 265.

[146] Remington P J, Curtis A R D, Coleman R B, et al. Reduction of turbulent boundary layer induced interior noise through active impedance control [J]. J. Acoust. Soc. Am., 2008, 123(3): 1427 - 1438.

[147] Tanaka N, Kobayashi K. Cluster control of acoustic potential energy in a structural/acoustic cavity [J]. J. Acoust. Soc. Am., 2006, 119(5): 2758 - 2771.

[148] Kaizuka T, Tanaka N. Radiation clusters and the active control of sound transmission into a symmetric enclosure [J]. J. Acoust. Soc. Am., 2007, 121(2): 922 - 937.

[149] Hill S G, Tanaka N, Snyder S D. A generalized approach for active control of structural - interior global noise [J]. J. Sound Vib., 2009, 326(3 - 5): 456 - 475.

[150] Halim D, Cheng L, Su Z. Virtual sensors for active noise control in acoustic - structural coupled enclosures using structural sensing: robust virtual sensor design [J]. J. Acoust. Soc. Am., 2011, 129(3): 1390 - 1399.

[151] Halim D, Cheng L, Su Z. Virtual sensors for active noise control in acoustic - structural coupled enclosures using structural sensing. Part Ⅱ: Optimization of structural sensor placement [J]. J. Acoust. Soc. Am., 2011, 129(4): 1991 - 2004.

[152] Carneal J P, Fuller C R. Active structural acoustic control of noise transmission through double panel systems [J]. J. AIAA, 1995, 33(4): 618 - 623.

[153] Sas P, Bao C, Augusztinovicz F, et al. Active control of sound transmission through a double panel partition [J]. J. Sound Vib., 1995, 180(4): 609 - 625.

[154] Bao C, Pan J. Experimental study ofdifferent approaches for active control of sound transmission through double walls [J]. J. Acoust. Soc. Am., 1997, 102(3): 1664 - 1670.

[155] Pan J, Bao C. Analytical study of different approaches for active control of sound transmission through double walls [J]. J. Acoust.

Soc. Am., 1998, 103(4): 1916 - 1922.

[156] Bao C, Pan J. Active acoustic control of noise transmission through double walls: effect of mechanical paths [J]. J. Sound Vib., 1998, 215(2): 395 - 398.

[157] Wang C Y, Vaicaitis R. Active control of vibrations and noise of double wall cylindrical shells [J]. J. Sound Vib., 1998, 216(5): 865 - 888.

[158] Pan X, Sutton T J, Elliott S J. Active control of sound transmission through a double - leaf partition by volume velocity cancellation [J]. J. Acoust. Soc. Am., 1998, 104(5): 2828 - 2835.

[159] Gardonio P, Elliott S J. Active control of structure - borne and airborne sound transmission through double panel [J]. J. Aircraft, 1999, 36(6): 1023 - 1032.

[160] Kaiser O E, Pietrzko S J, Morari M. Feedback control of sound transmissionthrough a double glazed window [J]. J. Sound Vib., 2003, 263(4): 775 - 795.

[161] Jakob A, Moser M. Active control of double - glazed windows. Part Ⅰ: Feedfordward control [M]. Appl. Acoust., 2003, 64(2): 163 - 182.

[162] Jakob A, Moser M. Active control of double - glazed windows. Part Ⅱ: Feedback control [J]. Appl. Acoust., 2003, 64(2): 183 - 196.

[163] Carneal J P, Fuller C R. An analytical and experimental investigation of active structural acoustic control of noise transmission through double panel systems [J]. J. Sound Vib., 2004, 272(4): 749 - 771.

[164] Cheng L, Li Y Y, Gao J X. Energy transmission in a mechanically - linked double - wall structure coupled to an acoustic enclosure [J]. J. Acoust. Soc. Am., 2005, 117(5): 2742 - 2751.

[165] Li Y Y, Cheng L. Energy transmission through a double - wall structure with an acoustic enclosure: Rotational effect of mechanical links [J]. Appl. Acoust., 2006, 67(3): 185 - 200.

[166] Li Y Y, Cheng L. Active noise control of a mechanically linked double panel system coupled with an acoustic enclosure [J]. J. Sound Vib., 2006, 297(3 - 5): 1068 - 1074.

[167] Li Y Y, Cheng L. Mechanisms of active control of sound transmission

through a linked double - wall system into an acoustic cavity [J]. Appl. Acoust., 2008, 69(7): 614 - 623.

[168] Pietrzko S J, Mao Q. New results in active and passive control of sound transmission through double wall structures [J]. Aerosp. Sci. Technol., 2008, 12(1): 42 - 53.

[169] Gardonio P, Alujević N. Double panel with skyhook active damping control units for control of sound radiation [J]. J. Acoust. Soc. Am., 2010, 128(3): 1108 - 1117.

[170] 陈克安，柯谱曼. 基于平面声源实施结构声辐射有源控制的理论研究 [J]. 声学学报，2003，28(4)：289 - 293.

[171] Chen K A, Li S, Hu H, et al. Some physical insights for active acoustic structure [J]. Appl Acoust, 2009, 70(6): 875 - 883.

[172] 陈克安，尹雪飞. 基于近场声压传感的结构声辐射有源控制 [J]. 声学学报，2005，30(1)：63 - 68.

[173] 陈克安，陈国跃，李双，等. 分布式位移传感下的有源声学结构误差传感策略 [J]. 声学学报，2007，32(1)：42 - 48.

[174] Chen K A, Chen G Y, Pan H R, et al. Secondary actuation and error sensing for active acoustic structure [J]. J. Sound Vib., 2008, 309(1 - 2): 40 - 51.

[175] 靳国永. 结构声辐射与声传输有源控制理论与控制技术研究 [D]. 哈尔滨：哈尔滨工程大学，2007.

[176] 靳国永，刘志刚，杨铁军. 双层板腔结构声传输及其有源控制研究 [J]. 声学学报，2010，35(6)：665 - 677.

[177] 靳国永，张洪田，刘志刚，等. 基于声辐射模态的双层板声传输有源控制数值仿真和分析研究 [J]. 振动工程学报，2011，24(4)：435 - 443.

[178] Maury C, Gardonio P, Elliott S J. Model for active control of flow - induced noise transmitted through double partitions [J]. J. AIAA, 2002, 40(6): 1113 - 1121.

第2章 基于平面声源的双层有源隔声结构性能研究

双层隔声结构在中、高频段具有良好的隔声性能，在低频段，由于板腔耦合共振的影响隔声性能急剧下降。为提高其低频隔声性能，人们引入有源控制技术从而形成了双层有源隔声结构[1-27]。正如第1章所提到的，为了克服采用集中参数扬声器作为次级源的声控制策略及力控制策略在实现时存在种种弊端，本书采用分布参数式平面扬声器来构建有源隔声结构。由平面声源的工作原理，理论上可将其等效为点力驱动的平板，进而双层结构就变为三层结构。本章仍将其称为双层结构，它特指未加控制源时的双层结构框架，而中间点力驱动的平板则特指平面声源(后续章节直接将此系统统称为三层结构)。本章对此种有源隔声结构进行建模，并分析有源隔声性能，最后用遗传算法优化平面声源的布放位置。

2.1 平板与空腔的振动响应

在对有源隔声结构建模之前，先对系统涉及的单层平板及空腔的振动响应进行求解，为后续耦合系统模型的建立作铺垫。

2.1.1 平板结构

图2-1为平板结构模型。首先建立平板的振动方程，然后在给定的初级激励与边界条件下对振动响应(表面位移、振速等)进行求解，最后给出结构的辐射声压与声功率及隔声量的计算公式。

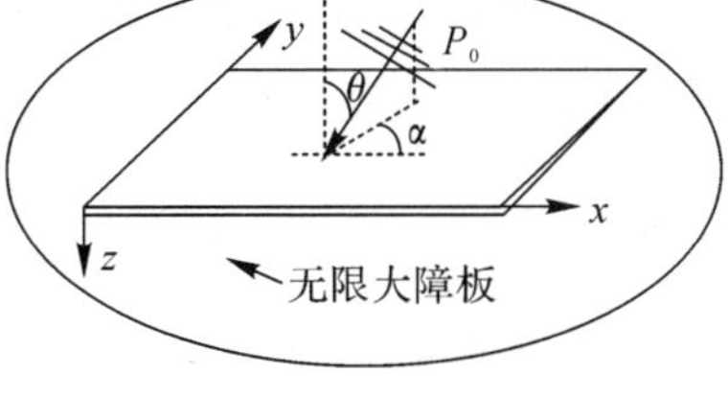

图2-1 平板结构模型

2.1.1.1 平板位移方程

当各向均匀的矩形平板受到单位面积强度为 $f(r,t)$ 的初级激励作用时，其弯曲振动位移 $w(x,y,t)$ 满足如下方程：

$$ED\left(\frac{\partial^4 w}{\partial x^4}+2\frac{\partial^4 w}{\partial x^2\partial y^2}+\frac{\partial^4 w}{\partial y^4}\right)+\rho h\frac{\partial^2 w}{\partial t^2}=f(r,t) \tag{2-1}$$

式中，x，y 表示平板任意点位置；t 为时间；E 为平板的弹性模量；ρ 和 h 分别为平板的密度与厚度；D 为平板的弯曲刚度，可表示为 $D=h^3/12(1-\sigma^2)$，其中 υ 为平板的泊松比；$r=(x,y)$ 为初级激励在平板上的作用位置。

2.1.1.2 振动响应求解

根据模态叠加原理，平板的振动位移可表示为一系列固有模态的叠加，即

$$w(x,y,t)=\sum_{i=1}^{N}q_i(t)\varphi_i(x,y) \tag{2-2}$$

式中，N 为所取的模态个数上限；$q_i(t)$ 为第 i 阶模态的模态幅值；$\varphi_i(x,y)$ 为相应的模态振型函数。$\varphi_i(x,y)$ $(i=1,2,\cdots,N)$ 为一组相互正交的基函数，具体表达式依赖于平板边界条件的选取。由于本书后续研究将涉及简支与固支边界，此处仅对这两边界下的平板振动响应进行求解。

对于简支边界，根据四边位移满足的条件：$w(x=0,l_x)=0$ 与 $w(y=0,l_y)=0$ 及位移的二阶偏导数满足的条件：$\partial^2 w/\partial x^2(x=0,l_x)=0$ 与 $\partial^2 w/\partial y^2(y=0,l_y)=0$，求解平板的自由振动方程，可得模态振型与固有频率为

$$\varphi_{mn}(x,y)=\sin\left(\frac{m\pi x}{l_x}\right)\sin\left(\frac{n\pi y}{l_y}\right) \tag{2-3}$$

$$f_{mn}=\frac{\pi}{2}\sqrt{\frac{ED}{\rho h}}\left(\left(\frac{m}{l_x}\right)^2+\left(\frac{n}{l_y}\right)^2\right) \tag{2-4}$$

式中，l_x 与 l_y 为矩形平板的长和宽；(m,n) 为沿平板长和宽边方向的模态序数。将式(2-2)与式(2-3)带入式(2-1)，根据模态函数的正交性并考虑模态阻尼，经一系列推导可得 (m,n) 阶模态的位移幅值为

$$q_{mn}(\omega)=\frac{Q_{mn}}{\rho h(\omega_{mn}^2-\omega^2+2\mathrm{j}\xi_{mn}\omega\omega_{mn})} \tag{2-5}$$

式中，$\omega_{mn}=2\pi f_{mn}$ 为模态的固有角频率；ξ_{mn} 为 (m,n) 阶模态的阻尼；Q_{mn} 为初级激励的第 (m,n) 阶广义模态力，具体表达式为

$$Q_{mn}=\frac{4}{l_x l_y}\int_S f(x,y)\varphi_{mn}(x,y)\mathrm{d}s \tag{2-6}$$

式中，s 为代表平板上任意位置点的变量。当初级激励为简谐点力 $f(r_0,t)=F\delta(x-x_0,y-y_0)\mathrm{e}^{\mathrm{j}\omega t}$ 作用时（ω 为频率），Q_{mn} 的表达式为

$$Q_{mn}=\frac{4F}{l_x l_y}\sin\left(\frac{m\pi x_0}{l_x}\right)\sin\left(\frac{n\pi y_0}{l_y}\right) \tag{2-7}$$

式中，$r_0=(x_0,y_0)$ 为初级点力的作用位置。

初级激励为斜入射平面波时，设入射波的幅值为 p_0、入射角度为 (θ,α)，则入射声压的表达式[12]为

$$p(x,y,t)=p_0\mathrm{e}^{-\mathrm{j}(\omega t-kx\sin\theta\cos\alpha-ky\sin\theta\sin\alpha)} \tag{2-8}$$

式中，$k=\omega/c_0$ 为波数；c_0 为空气介质中的声速。此时广义模态力 Q_{mn} 可表示为

$$Q_{mn}=8p_0\gamma_m\gamma_n \tag{2-9}$$

其中，γ_m 与 γ_n 的具体表达式为

$$\gamma_m=\begin{cases}-\dfrac{\mathrm{j}}{2}\mathrm{sgn}(\sin\theta\cos\alpha), & (m\pi)^2=\alpha_x^2\\ \dfrac{m\pi[1-(-1)^m\mathrm{e}^{-\mathrm{j}\alpha_x}]}{(m\pi)^2-\alpha_x^2}, & (m\pi)^2\neq\alpha_x^2\end{cases} \tag{2-10}$$

$$\gamma_n=\begin{cases}-\dfrac{\mathrm{j}}{2}\mathrm{sgn}(\sin\theta\cos\alpha), & (n\pi)^2=\alpha_y^2\\ \dfrac{n\pi[1-(-1)^n\mathrm{e}^{-\mathrm{j}\alpha_y}]}{(n\pi)^2-\alpha_y^2}, & (n\pi)^2\neq\alpha_y^2\end{cases} \tag{2-11}$$

式中，$\alpha_x=(\omega l_x/c_0)\sin\theta\cos\alpha$，$\alpha_y=(\omega l_y/c_0)\sin\theta\sin\alpha$。

对于固支边界，根据四边位移满足的条件：$w(x=0,l_x)=0$ 与 $w(y=0,l_y)=0$ 及位移偏导数满足的条件：$\partial w/\partial x(x=0,l_x)=0$ 与 $\partial w/\partial y(y=0,l_y)=0$，求解平板的自由振动方程可得模态振型与固有频率[28]为

$$\varphi_{mn}(x,y)=\varphi_m(x)\varphi_n(y) \tag{2-12}$$

$$f_{mn}=\frac{1}{2\pi}\sqrt{\frac{ED}{\rho h}\frac{I_{1,m}I_{2,n}+2I_{3,m}I_{4,n}+I_{5,m}I_{6,n}}{I_{5,m}I_{2,n}}} \tag{2-13}$$

式(2-12)中，$\varphi_m(x)$ 与 $\varphi_n(y)$ 为沿 x 与 y 方向一维固支梁的模态振型函数，可表示为

$$\varphi_m(x)=\cosh(\beta_m x)-\cos(\beta_m x)+H_m\sinh(\beta_m x)+J_m\sin(\beta_m x) \tag{2-14}$$

其中 H_m 与 J_m 的表达式为

$$H_m = -\frac{\cosh(\beta_m l_x) - \cos(\beta_m l_x)}{\sinh(\beta_m l_x) - \sin(\beta_m l_x)} \tag{2-15}$$

$$J_m = \frac{\cosh(\beta_m l_x) - \cos(\beta_m l_x)}{\sinh(\beta_m l_x) - \sin(\beta_m l_x)} \tag{2-16}$$

式中，β_m 为特征方程 $\cos(\beta l_x)\cosh(\beta l_x)=1$ 的一系列解，为便于计算也可取 β_m 的近似值 $\beta_m \approx (2m+1)\pi/2l_x$ 。振型函数 $\varphi_n(y)$ 的表达式与 $\varphi_m(x)$ 类似，只需将式(2-14)～式(2-16)中沿 x 轴方向的变量改为沿 y 轴方向的变量即可。式(2-13)中 $I_{1,m}$ ，$I_{2,n}$ ，$I_{3,m}$ ，$I_{4,n}$ ，$I_{5,m}$ 与 $I_{6,n}$ 的表达式为

$$\left.\begin{aligned} I_{1m} &= \int_0^{l_x} [\varphi_m(x)]''''\varphi_m(x)\mathrm{d}x \\ I_{3m} &= \int_0^{l_x} [\varphi_m(x)]''\varphi_m(x)\mathrm{d}x \\ I_{5m} &= \int_0^{l_x} [\varphi_m(x)]^2\mathrm{d}x \end{aligned}\right\} \tag{2-17}$$

$$\left.\begin{aligned} I_{2n} &= \int_0^{l_y} [\varphi_n(y)]^2\mathrm{d}y \\ I_{4n} &= \int_0^{l_y} [\varphi_n(y)]''\varphi_n(y)\mathrm{d}y \\ I_{6n} &= \int_0^{l_y} [\varphi_n(y)]''''\varphi_n(y)\mathrm{d}y \end{aligned}\right\} \tag{2-18}$$

式中，$[\varphi_m(x)]''''$ 表示对函数 $\varphi_m(x)$ 求四阶导数；$[\varphi_m(x)]''$ 为对 $\varphi_m(x)$ 求二阶导数；其余表示式的含义类似。

同样，将式(2-12)带入式(2-1)中进行模态展开，经一系列推导可得 (m,n) 阶模态的位移幅值为

$$q_{mn}(\omega) = \frac{Q_{mn}}{ED(I_{1,m}I_{2,n} + 2I_{3,m}I_{4,n} + I_{5,m}I_{6,n}) - \omega^2\rho h I_{5,m}I_{2,n}} \tag{2-19}$$

式中，第 (m,n) 阶广义模态力 $Q_{mn} = \int_S f(x,y)\varphi_{mn}(x,y)\mathrm{d}s$ ，由于固支边界下的模态函数较复杂，因而较难获得 Q_{mn} 的具体表示式。

将式(2-5)或式(2-19)计算获得的模态幅值代入式(2-2)即可获得平板在频域内的振动位移。

2.1.1.3　辐射声压与声功率计算

将平板振动位移 $w(x,y,t)$ 对时间变量 t 求导，可得结构表面法向振

速为

$$v(x,y,t)=\mathrm{j}\omega w(x,y,t)=\mathrm{j}\omega\sum_{i=1}^{N}q_i(t)\varphi_i(x,y) \tag{2-20}$$

求得结构表面法向振速后，由瑞利公式可获得自由声场中任意点的辐射声压表达式为

$$p(r,t)=\int_S \frac{\mathrm{j}\omega\rho_0 c_0 v(s)\mathrm{e}^{-\mathrm{j}r(s)}}{2\pi r(s)}\mathrm{d}s \tag{2-21}$$

式中，$r(s)$ 为空间观测点 r 到结构表面任意点 s 的距离；ρ_0 与 c_0 分别为空气介质的密度与声速。根据理想媒质中声压与质点振速的关系求出质点振速，然后计算获得任意点声强并沿包围辐射体的封闭曲面对声强积分可得其辐射功率为

$$W=\int_0^{2\pi}\int_0^{\pi/2}\frac{|p|^2}{2\rho_0 c_0}r^2\sin\theta\,\mathrm{d}\theta\,\mathrm{d}\alpha \tag{2-22}$$

用式(2-22)计算结构辐射功率较繁琐，在有源控制研究中广泛采用的是所谓的离散元方法。将位于无限大障板中的平板均匀划分为 N_e 个面元(划分应保证面元的尺寸远小于感兴趣的频率上限对应的声波波长)，各面元的声辐射可等效为点源辐射，则 N_e 个面元的总辐射功率为

$$W=\frac{\Delta S}{2}\mathrm{Re}(\boldsymbol{V}^{\mathrm{H}}\boldsymbol{P}) \tag{2-23}$$

式中，$\boldsymbol{V}$ 为各面元法向振速组成的 N_e 阶列矢量；$\boldsymbol{P}$ 为由面元附近的声场声压值构成的 N_e 阶列矢量；ΔS 为面元面积。$\boldsymbol{P}$ 与 $\boldsymbol{V}$ 之间通过传输阻抗矩阵 $\boldsymbol{Z}$ 建立联系 $\boldsymbol{P}=\boldsymbol{ZV}$，将其代入式(2-23)可得声功率的如下表示式：

$$\boldsymbol{W}=\boldsymbol{V}^{\mathrm{H}}\boldsymbol{RV} \tag{2-24}$$

式中，$\boldsymbol{R}=\Delta S\mathrm{Re}(\boldsymbol{Z})/2$，$\boldsymbol{Z}$ 为 $N_e\times N_e$ 阶传输阻抗矩阵，第 (i,j) 元素可表示为[22]

$$Z(i,j)=\begin{cases}-\dfrac{\mathrm{j}\rho_0 c_0 k\Delta S\mathrm{e}^{\mathrm{j}kr_{ij}}}{2\pi r_{ij}} & (i\neq j)\\ \rho_0 c_0(1-\mathrm{e}^{\mathrm{j}k\sqrt{\Delta S/\pi}}) & (i=j)\end{cases} \tag{2-25}$$

式中，r_{ij} 为第 i 个面元与第 j 个面元之间的距离。

2.1.1.4 隔声量计算

幅值为 p_0 且入射角度为 (θ,α) 的平面波入射到平板结构的声功率为

$$W_{\mathrm{i}}=\frac{|p_0|^2 l_x l_y\cos\theta}{2\rho_0 c_0} \tag{2-26}$$

平板的辐射声功率 W_{r} 可由式(2－24)计算获得，则隔声量 TL(又称传声损失)为

$$\mathrm{TL(dB)}=10\lg\frac{W_{\mathrm{i}}}{W_{\mathrm{r}}} \tag{2-27}$$

2.1.2 空腔声场

空腔声场的响应求解主要包括声场波动方程的建立与腔内声压的求解两部分。结合后续应用，此处仅介绍矩形封闭空间的相关声场波动理论。

2.1.2.1 波动方程的建立

忽略腔内流体阻尼，对于矩形封闭空间内的任意点声压 $p(r,t)$，在腔内 r_0 处强度为 $Q(r_0,t)$ 声源激励下满足的波动方程和边界条件为

$$\nabla^2 p(r,t)-\frac{1}{c_0^2}\frac{\partial^2 p(r,t)}{\partial t^2}=-\rho_0\frac{\partial Q(r_0,t)}{\partial t} \tag{2-28}$$

$$\frac{\partial p(r,t)}{\partial n}=-\rho_0\frac{\partial^2 w}{\partial t^2} \tag{2-29}$$

式(2－28)中，∇^2 为拉普拉斯算子；ρ_0 与 c_0 为空气介质的密度与声速。在式(2－29)中，n 代表腔壁外法线方向；w 为弹性壁表面的法向位移。如果矩形封闭空腔具有刚性的内壁，则 $\partial p(r,t)/\partial n=0$。

2.1.2.2 腔内声压求解

根据模态叠加原理，矩形封闭空腔内任意点的声压可分解为一系列声模态的叠加，即

$$p(r,t)=\rho_0 c_0^2\sum_{n=1}^{N}\frac{P_n(t)}{M_n}\varphi_n(x,y,z) \tag{2-30}$$

式中，$P_n(t)$ 为第 n 阶声模态的模态幅值；$\varphi_n(x,y,z)$ 为第 n 阶声模态的模态函数；M_n 为广义声模态质量，表达式为 $M_n=\int_V\varphi_n(x,y,z)^2\mathrm{d}V$。矩形封闭空腔内第 n 阶声模态的模态函数及特征频率为

$$\varphi_n(x,y,z)=\cos\left(\frac{n_1\pi x}{l_x}\right)\cos\left(\frac{n_2\pi y}{l_y}\right)\cos\left(\frac{n_3\pi z}{l_z}\right) \tag{2-31}$$

$$f_n=\frac{c_0}{2}\sqrt{\left(\frac{n_1}{l_x}\right)^2+\left(\frac{n_2}{l_y}\right)^2+\left(\frac{n_3}{l_z}\right)^2} \tag{2-32}$$

式中，(n_1, n_2, n_3) 为第 n 阶声模态的模态序数；l_x，l_y 与 l_z 为矩形空腔的长、宽和高。当空腔内壁为刚性壁时，$\varphi_n(x,y,z)\mathrm{e}^{\mathrm{j}\omega t}$ 为方程(2-28)的齐次解，由此可推出模态振型 $\varphi_n(x,y,z)$ 满足的方程为

$$\nabla^2\varphi_n(x,y,z) = -\left(\frac{\omega_n}{c_0}\right)^2\varphi_n(x,y,z) \tag{2-33}$$

$$\frac{\partial\varphi_n(x,y,z)}{\partial n} = 0 \tag{2-34}$$

其中，$\omega_n = 2\pi f_n$ 为第 n 阶声模态的固有角频率。

同时，声模态函数 $\varphi_n(x,y,z)$ 满足格林第二公式[13]，即

$$\int_V (p\,\nabla^2\varphi_n - \varphi_n\,\nabla^2 p)\mathrm{d}V = \int_S \left(p\frac{\partial\varphi_n}{\partial n} - \varphi_n\frac{\partial p}{\partial n}\right)\mathrm{d}s \tag{2-35}$$

将式(2-28)、式(2-29)、式(2-33)与式(2-34)代入式(2-35)进行化解，用式(2-30)对腔内声压进行模态展开，同时结合声模态函数的正交性，可得空腔声模态幅值为

$$P_n(\omega) = \frac{\mathrm{j}\omega\int_V \varphi_n(x,y,z)Q(r_0,\omega)\mathrm{d}V}{\omega_n^2 - \omega^2 + 2\mathrm{j}\xi_n\omega_n\omega} \tag{2-36}$$

式中，ξ_n 为空腔声模态阻尼；V 为矩形空腔的体积。获得各声模态幅值后就可由式(2-30)求出封闭空腔内任意点的声压。对全空间的声压幅值平方积分可获得腔内的时间平均声势能为

$$E = \frac{1}{2\rho_0 c_0^2}\int_V |p(r,\omega)|^2\mathrm{d}V \tag{2-37}$$

2.2 基于平面声源的双层有源隔声结构建模

平面声源发声本质上是平板的弯曲振动产生声辐射，驱动平板的激励力可能是点力、环形作用力或分布式作用力。理论上完全对其建模较复杂，但无论哪种作用形式均可将它们看做点力作用的叠加。为简化研究，本书类似陈克安等的研究[19-23]，将平面声源等效为单点力驱动的平板，虽然模型简单但能反映出有源隔声的本质。等效后的系统含三层结构及两个空腔。未驱动平面声源发声时，系统相当于三层隔声结构。给平面声源施加次级驱动信号进行控制，可有效提高三层结构的低频隔声性能。

三层隔声结构示意图如图 2-2(a)所示，模型侧面图如图 2-2(b)所示。

从上至下分别定义板 a 为入射板，板 b 为中间板，板 c 为辐射板。三块板的边界均为简支且镶嵌于无限大障板中，平板的长和宽为 l_x 与 l_y ，厚度分别为 h_a ，h_b 与 h_c ，面积为 A 。空腔 1 与空腔 2 的厚度分别为 h_1 与 h_2，体积为 V_1 与 V_2。两腔内介质均为空气，其密度和声速分别为 ρ_0 与 c_0，腔中除上下两面为弹性壁面外，其余四面均为刚性壁面。

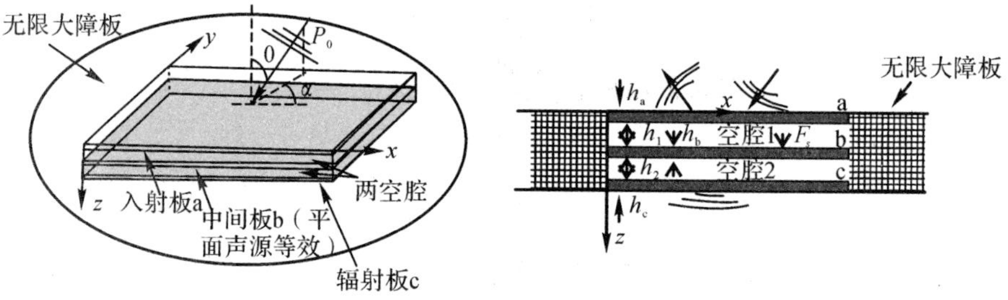

图 2－2　三层有源隔声结构模型

(a)有源隔声结构示意图；(b)模型侧面图

2.2.1　耦合方程组的建立

在斜入射平面波激励下，系统产生耦合振动响应。入射板 a 受到初级平面波 $f(r,t)$ 及空腔 1 内声压 $p_1(r,t)$ 的作用，中间板 b 受空腔 1 与空腔 2 内的声压 $p_1(r,t)$ 与 $p_2(r,t)$ 及次级控制点力 $F_s(r,t)$ 的作用，辐射板 c 受空腔 2 内的声压 $p_2(r,t)$ 的作用。在上述激励作用下，各平板振动位移满足如下方程：

$$E_aD_a\left(\frac{\partial^4 w_a}{\partial x^4}+2\frac{\partial^4 w_a}{\partial x^2\partial y^2}+\frac{\partial^4 w_a}{\partial y^4}\right)+\rho_a h_a\frac{\partial^2 w_a}{\partial t^2}=f(r,t)-p_1(r,t) \tag{2-38}$$

$$E_bD_b\left(\frac{\partial^4 w_b}{\partial x^4}+2\frac{\partial^4 w_b}{\partial x^2\partial y^2}+\frac{\partial^4 w_b}{\partial y^4}\right)+\rho_b h_b\frac{\partial^2 w_b}{\partial t^2}= p_1(r,t)-p_2(r,t)+F_s(r_s,t) \tag{2-39}$$

$$E_cD_c\left(\frac{\partial^4 w_c}{\partial x^4}+2\frac{\partial^4 w_c}{\partial x^2\partial y^2}+\frac{\partial^4 w_c}{\partial y^4}\right)+\rho_c h_c\frac{\partial^2 w_c}{\partial t^2}=p_2(r,t) \tag{2-40}$$

式中，w_i $(i=\mathrm{a,b,c})$ 为各平板的振动位移；E_i 与 D_i $(i=\mathrm{a,b,c})$ 为平板的弹性模量与弯曲刚度；ρ_i 与 h_i $(i=\mathrm{a,b,c})$ 为密度与厚度。初级激励 $f(r,t)$ 为

斜入射平面波的表达式见式(2-8),假设次级控制力为幅度为 f_s 且作用于 $r_s=(x_s,y_s)$ 位置的简谐点力,其表达式为

$$F_s=f_s\delta(x-x_s,y-y_s)e^{j\omega t} \tag{2-41}$$

对于空腔1与空腔2,腔内声压满足的波动方程及边界条件分别[17]为

$$\nabla^2 p_1(r,t)-\frac{1}{c_0^2}\frac{\partial^2 p_1(r,t)}{\partial t^2}=0 \tag{2-42}$$

$$\frac{\partial p_1(r,t)}{\partial n}=\begin{cases}\rho_0\dfrac{\partial^2 w_a}{\partial t^2} & (\text{板 a 界面上})\\ -\rho_0\dfrac{\partial^2 w_b}{\partial t^2} & (\text{板 b 界面上})\\ 0 & (\text{其余壁面})\end{cases} \tag{2-43}$$

$$\nabla^2 p_2(r,t)-\frac{1}{c_0^2}\frac{\partial^2 p_2(r,t)}{\partial t^2}=0 \tag{2-44}$$

$$\frac{\partial p_2(r,t)}{\partial n}=\begin{cases}\rho_0\dfrac{\partial^2 w_b}{\partial t^2} & (\text{板 b 界面上})\\ -\rho_0\dfrac{\partial^2 w_c}{\partial t^2} & (\text{板 c 界面上})\\ 0 & (\text{其余壁面})\end{cases} \tag{2-45}$$

式中,n 表示腔壁向外的法线方向。

根据模态叠加原理,各平板振动位移及两腔内的声场声压可表示为一系列振动模态及声模态函数的叠加,即

$$w_i(x,y,t)=\sum_m q_{i,m}(t)\varphi_m(x,y) \quad (i=a,b,c) \tag{2-46}$$

$$p_i(r,t)=\rho_0 c_0^2\sum_n \frac{P_{i,n}(t)}{M_{i,n}}\varphi_n(x,y,z) \quad (i=1,2) \tag{2-47}$$

对于各平板,将式(2-46)代入式(2-38)~式(2-40)中进行模态展开,考虑结构模态阻尼同时利用结构模态函数的正交性化解振动方程,经一系列数学操作可得各平板的位移模态幅值满足的方程为

$$M_{a,m}[\ddot{q}_{a,m}(t)+2\xi_{a,m}\omega_{a,m}\dot{q}_{a,m}(t)+\omega_{a,m}^2 q_{a,m}(t)]=$$

$$Q_{pm}(t)-\rho_0 c_0^2 A\sum_{n=1}^{N_1}\frac{P_{1,n}(t)}{M_{1,n}}L_{1,nm} \tag{2-48}$$

$$M_{b,m}[\ddot{q}_{b,m}(t)+2\xi_{b,m}\omega_{b,m}\dot{q}_{b,m}(t)+\omega_{b,m}^2 q_{b,m}(t)]=$$

$$\rho_0 c_0^2 A \sum_{n=1}^{N_1} \frac{P_{1,n}(t)}{M_{1,n}} L_{2,nm} -$$

$$\rho_0 c_0^2 A \sum_{n=1}^{N_2} \frac{P_{2,n}(t)}{M_{2,n}} L_{3,nm} - Q_{sm}(t) \tag{2-49}$$

$$M_{c,m}[\ddot{q}_{c,m}(t) + 2\xi_{c,m}\omega_{c,m}\dot{q}_{c,m}(t) + \omega_{c,m}^2 q_{c,m}(t)] =$$

$$\rho_0 c_0^2 A \sum_{n=1}^{N_2} \frac{P_{2,n}(t)}{M_{2,n}} L_{4,nm} \tag{2-50}$$

式(2-48)～式(2-50)中，$q_{i,m}(t)$ $(i = \mathrm{a,b,c})$ 为各平板第 m 阶模态的模态幅值；$M_{i,m}$ $(i=\mathrm{a,b,c})$ 为各平板第 m 阶模态的广义模态质量，$M_{i,m} = \rho_i h_i \times \int_A (\varphi_{i,m})^2 \mathrm{d}s$ ；$\omega_{i,m}$ 与 $\xi_{i,m}$ $(i = \mathrm{a,b,c})$ 为各平板第 m 阶模态的固有频率与模态阻尼；$M_{1,n}$ 与 $M_{2,n}$ 为两空腔第 n 阶声模态的广义模态质量，$M_{i,n} = 1/V_i \times \int_{V_i} (\varphi_{i,n})^2 \mathrm{d}V$ ；$L_{1,nm}$ 与 $L_{2,nm}$ 为空腔 1 与平板 a 和平板 b 的模态耦合系数，$L_{3,nm}$ 与 $L_{4,nm}$ 为空腔 2 与平板 b 和平板 c 的模态耦合系数，上述模态耦合系数的表达式为 $L_{nm} = 1/A\int_A \varphi_m(x,y)\varphi_n(x,y,z)\mathrm{d}s$ ；$Q_{pm}(t)$ 为广义初级模态力，$Q_{pm}(t) = \int_A f(r,t)\varphi_m(x,y)\mathrm{d}s$ ；$Q_{sm}(t)$ 为广义次级模态力，$Q_{sm}(t) = \int_A F_s(r,t)\varphi_m(x,y)\mathrm{d}s$ ；N_1 与 N_2 为计算所取的空腔声模态个数上限。

对于空腔 1 与平板 a 和平板 b 的模态耦合系数，根据上述公式可得耦合系数的具体表达式为

$$L_{1,nm} = \begin{cases} \dfrac{4m_1 m_2}{\pi^2(m_1^2 - n_1^2)(m_2^2 - n_2^2)} & (m_1 \text{ 与 } n_1, m_2 \text{ 与 } n_2 \text{ 的奇偶性均相反}) \\ 0 & (\text{其它}) \end{cases} \tag{2-51}$$

$$L_{2,nm} = \begin{cases} \dfrac{4m_1 m_2 \cos(n_3 \pi)}{\pi^2(m_1^2 - n_1^2)(m_2^2 - n_2^2)} & (m_1 \text{ 与 } n_1, m_2 \text{ 与 } n_2 \text{ 的奇偶性均相反}) \\ 0 & (\text{其它}) \end{cases} \tag{2-52}$$

式中，$m=(m_1,m_2)$ 及 $n=(n_1,n_2,n_3)$ 分别为平板与空腔的第 m 与第 n 阶模态的模态序数。由式(2-51)与式(2-52)可知，结构模态与声模态之间的耦合具有严格的簇耦合特性[29]，即只有对应模态序数奇偶性相反的模态之间才

能耦合。空腔2与平板b和平板c的模态耦合系数的表达式在形式上与式(2-51)与式(2-52)相同，不再赘述。

根据两空腔声压满足的波动方程及相应的边界条件，结合格林第二公式及声模态函数的正交性，经一系列数学推导可得两空腔声模态幅值满足的方程为

$$\ddot{P}_{1,n}(t)+2\xi_{1,n}\omega_{1,n}\dot{P}_{1,n}(t)+\omega_{1,n}^2 P_{1,n}(t)=\frac{A}{V_1}\sum_{m=1}^{M_a}\ddot{q}_{a,m}(t)L_{1,nm}-\frac{A}{V_1}\sum_{m=1}^{M_b}\ddot{q}_{b,m}(t)L_{2,nm} \tag{2-53}$$

$$\ddot{P}_{2,n}(t)+2\xi_{2,n}\omega_{2,n}\dot{P}_{2,n}(t)+\omega_{2,n}^2 P_{2,n}(t)=\frac{A}{V_2}\sum_{m=1}^{M_b}\ddot{q}_{b,m}(t)L_{3,nm}-\frac{A}{V_2}\sum_{m=1}^{M_c}\ddot{q}_{c,m}(t)L_{4,nm} \tag{2-54}$$

式(2-53)和式(2-54)中，$\xi_{1,n}$ 与 $\xi_{2,n}$ 为两腔第 n 阶声模态的模态阻尼；$\omega_{1,n}$ 与 $\omega_{2,n}$ 为两腔内第 n 阶声模态的固有频率；M_a，M_b 与 M_c 为三块平板的结构模态个数上限。

联立方程式(2-48)～式(2-50)与式(2-53)和(2-54)即可获得表征耦合系统振动特性的方程组。方程组中的未知数为各平板的位移模态幅值 $q_{a,m}(t)$ $m=1,2,\cdots,M_a$)，$q_{b,m}(t)$ $(m=1,2,\cdots,M_b)$ 与 $q_{c,m}(t)$ $(m=1,2,\cdots,M_c)$ 和两空腔的声模态幅值 $P_{1,n}(t)$ $(n=1,2,\cdots,N_1)$ 与 $P_{2,n}(t)$ $(n=1,2,\cdots,N_2)$。上述耦合方程组为时域内的微分方程，为计算方便，本书将方程组两边作傅里叶变换后转换到频域进行求解。

2.2.2 系统的振动响应求解

对方程式(2-48)～式(2-50)与式(2-53)和式(2-54)两边作傅里叶变换可得如下频域内的耦合方程组：

$$M_{a,m}(\omega_{a,m}^2-\omega^2+2j\xi_{a,m}\omega_{a,m}\omega)q_{a,m}(\omega)=Q_{pm}(\omega)-\rho_0c_0^2A\sum_{n=1}^{N_1}\frac{P_{1,n}(\omega)}{M_{1,n}}L_{1,nm} \tag{2-55}$$

$$M_{b,m}(\omega_{b,m}^2-\omega^2+2j\xi_{b,m}\omega_{b,m}\omega)q_{b,m}(\omega)=\rho_0c_0^2A\sum_{n=1}^{N_1}\frac{P_{1,n}(\omega)}{M_{1,n}}L_{2,nm}-\rho_0c_0^2A\sum_{n=1}^{N_2}\frac{P_{2,n}(\omega)}{M_{2,n}}L_{3,nm}-Q_{sm}(\omega) \tag{2-56}$$

$$M_{c,m}(\omega_{c,m}^2-\omega^2+2j\xi_{c,m}\omega_{c,m}\omega)q_{c,m}(\omega)=\rho_0c_0^2A\sum_{n=1}^{N_2}\frac{P_{2,n}(\omega)}{M_{2,n}}L_{4,nm} \tag{2-57}$$

$$(\omega_{1,n}^2-\omega^2+2j\xi_{1,n}\omega_{1,n}\omega)P_{1,n}(\omega)=\frac{A\omega^2}{V_1}\sum_{m=1}^{M_b}q_{b,m}(\omega)L_{2,nm}-\frac{A\omega^2}{V_1}\sum_{m=1}^{M_a}q_{a,m}(\omega)L_{1,nm} \tag{2-58}$$

$$(\omega_{2,n}^2-\omega^2+2j\xi_{2,n}\omega_{2,n}\omega)P_{2,n}(\omega)=\frac{A\omega^2}{V_2}\sum_{m=1}^{M_c}q_{c,m}(\omega)L_{4,nm}-\frac{A\omega^2}{V_2}\sum_{m=1}^{M_b}q_{b,m}(\omega)L_{3,nm} \tag{2-59}$$

从方程式(2-55)～式(2-57)中推导出 $q_{a,m}(\omega)$，$q_{b,m}(\omega)$ 与 $q_{c,m}(\omega)$ 的表达式并带入方程式(2-58)和式(2-59)内，同时假设如下变量：

$$H_{a,m}(\omega)=\frac{1}{\omega_{a,m}^2-\omega^2+2j\xi_{a,m}\omega_{a,m}\omega} \tag{2-60}$$

$$H_{b,m}(\omega)=\frac{1}{\omega_{b,m}^2-\omega^2+2j\xi_{b,m}\omega_{b,m}\omega} \tag{2-61}$$

$$H_{c,m}(\omega)=\frac{1}{\omega_{c,m}^2-\omega^2+2j\xi_{c,m}\omega_{c,m}\omega} \tag{2-62}$$

$$H_{1,n}(\omega)=\frac{\omega^2}{\omega_{1,n}^2-\omega^2+2j\xi_{1,n}\omega_{1,n}\omega} \tag{2-63}$$

$$H_{2,n}(\omega)=\frac{\omega^2}{\omega_{2,n}^2-\omega^2+2j\xi_{2,n}\omega_{2,n}\omega} \tag{2-64}$$

$$A_{a,m}(\omega)=\frac{H_{a,m}(\omega)}{M_{a,m}} \tag{2-65}$$

$$A_{b,m}(\omega)=\frac{H_{b,m}(\omega)}{M_{b,m}} \tag{2-66}$$

$$B_{a,m}(\omega)=\frac{H_{a,m}(\omega)\rho_0c_0^2A}{M_{a,m}} \tag{2-67}$$

$$B_{b,m}(\omega)=\frac{H_{b,m}(\omega)\rho_0c_0^2A}{M_{b,m}} \tag{2-68}$$

$$B_{c,m}(\omega)=\frac{H_{c,m}(\omega)\rho_0c_0^2A}{M_{c,m}} \tag{2-69}$$

可得两空腔声模态幅值 $P_{1,n}(\omega)$ 与 $P_{2,n}(\omega)$ 所满足的方程为

$$-\frac{V_1}{H_{1,n}(\omega)A}P_{1,n}(\omega)+\sum_{m=1}^{M_a}B_{a,m}(\omega)L_{1,nm}\left(\sum_{n=1}^{N_1}\frac{P_{1,n}(\omega)}{M_{1,n}}L_{1,nm}\right)+$$

$$\sum_{m=1}^{M_b} B_{b,m}(\omega) L_{2,nm} \left(\sum_{n=1}^{N_1} \frac{P_{1,n}(\omega)}{M_{1,n}} L_{2,nm}\right) - \sum_{m=1}^{M_b} B_{b,m}(\omega) L_{2,nm} \left(\sum_{n=1}^{N_2} \frac{P_{2,n}(\omega)}{M_{2,n}} L_{3,nm}\right) = \sum_{m=1}^{M_a} A_{a,m}(\omega) L_{1,nm} Q_{pm}(\omega) + \sum_{m=1}^{M_b} A_{b,m}(\omega) L_{2,nm} Q_{s,m}(\omega) \quad (n=1,2,\cdots,N_1) \tag{2-70}$$

$$\sum_{m=1}^{M_b} B_{b,m}(\omega) L_{3,nm} \left(\sum_{n=1}^{N_1} \frac{P_{1,n}(\omega)}{M_{1,n}} L_{2,nm}\right) + \frac{V_2}{H_{2,n}(\omega) A} P_{2,n}(\omega) - \sum_{m=1}^{M_b} B_{b,m}(\omega) L_{3,nm} \left(\sum_{n=1}^{N_2} \frac{P_{2,n}(\omega)}{M_{2,n}} L_{3,nm}\right) - \sum_{m=1}^{M_c} B_{c,m}(\omega) L_{4,nm} \left(\sum_{n=1}^{N_2} \frac{P_{2,n}(\omega)}{M_{2,n}} L_{4,nm}\right) = \sum_{m=1}^{M_b} A_{b,m}(\omega) L_{3,nm} Q_{s,m}(\omega) \quad (n=1,2,\cdots,N_2) \tag{2-71}$$

式中，广义次级模态力 $Q_{s,m}(\omega)$ 与次级力幅值的关系为 $Q_{s,m}(\omega)=f_s(\omega)\varphi_m(x_s,y_s)$。式(2-70)与式(2-71)为两空腔声模态幅值 $P_{1,n}(\omega)$ 与 $P_{2,n}(\omega)$ 的耦合方程组，对于 N_1+N_2 个未知数可构成 N_1+N_2 阶矩阵方程。进一步假设如下变量：

$$C_1(i,j) = -\frac{V_1}{AH_{1,i}(\omega)}\delta(i-j) + \sum_{m=1}^{M_a} \frac{B_{a,m}(\omega) L_{1,im} L_{1,jm}}{M_{1,j}} + \sum_{m=1}^{M_b} \frac{B_{b,m}(\omega) L_{2,im} L_{2,jm}}{M_{1,j}} \quad (i,j=1,2,\cdots,N_1) \tag{2-72}$$

$$D_1(i,j) = -\sum_{m=1}^{M_b} \frac{B_{b,m}(\omega) L_{2,im} L_{3,jm}}{M_{2,j}} \quad (i=1,2,\cdots,N_1,\ j=1,2,\cdots,N_2) \tag{2-73}$$

$$E_1(i) = \sum_{m=1}^{M_a} A_{a,m}(\omega) L_{1,im} Q_{pm}(\omega) + \sum_{m=1}^{M_b} A_{b,m}(\omega) L_{2,im} Q_{s,m}(\omega) \quad (i=1,2,\cdots,N_1) \tag{2-74}$$

$$C_2(i,j) = \sum_{m=1}^{M_b} \frac{B_{b,m}(\omega) L_{3,im} L_{2,jm}}{M_{1,j}} \quad (i=1,2,\cdots,N_2,\ j=1,2,\cdots,N_1) \tag{2-75}$$

$$D_2(i,j) = \frac{V_2}{AH_{2,i}(\omega)}\delta(i-j) - \sum_{m=1}^{M_b} \frac{B_{b,m}(\omega) L_{3,im} L_{3,jm}}{M_{2,j}} - \sum_{m=1}^{M_c} \frac{B_{c,m}(\omega) L_{4,im} L_{4,jm}}{M_{2,j}} \quad (i,j=1,2,\cdots,N_2) \tag{2-76}$$

$$E_2(i)=\sum_{m=1}^{M_b}A_{b,m}(\omega)L_{3,im}Q_{s,m}(\omega)$$

$$(i=1,2,\cdots,N_2) \tag{2-77}$$

同时将方程式(2－70)与式(2－71)合并,可得如下 N_1+N_2 阶矩阵方程:

$$\begin{pmatrix}\boldsymbol{C}_1 & \boldsymbol{D}_1\\ \boldsymbol{C}_2 & \boldsymbol{D}_2\end{pmatrix}\begin{pmatrix}\boldsymbol{P}_1\\ \boldsymbol{P}_2\end{pmatrix}=\begin{pmatrix}\boldsymbol{E}_1\\ \boldsymbol{E}_2\end{pmatrix} \tag{2-78}$$

式中,矩阵 $\boldsymbol{C}_1$ 为 $N_1\times N_1$ 阶方阵;$\boldsymbol{D}_1$ 为 $N_1\times N_2$ 阶矩阵;$\boldsymbol{C}_2$ 为 $N_2\times N_1$ 阶矩阵;$\boldsymbol{D}_2$ 为 $N_2\times N_2$ 阶方阵;$\boldsymbol{E}_1$ 为 N_1 阶列矢量;$\boldsymbol{E}_2$ 为 N_2 阶列矢量;$\boldsymbol{P}_1$ 与 $\boldsymbol{P}_2$ 为两空腔声模态幅值构成的列矢量,可表示为

$$\boldsymbol{P}_1=\begin{bmatrix}P_{1,1}(\omega)\\ P_{1,2}(\omega)\\ \vdots\\ P_{1,N_1}(\omega)\end{bmatrix},\quad \boldsymbol{P}_2=\begin{bmatrix}P_{2,1}(\omega)\\ P_{2,2}(\omega)\\ \vdots\\ P_{2,N_2}(\omega)\end{bmatrix} \tag{2-79}$$

求解矩阵方程式(2－78)需先获得系数矩阵$\begin{pmatrix}\boldsymbol{C}_1 & \boldsymbol{D}_1\\ \boldsymbol{C}_2 & \boldsymbol{D}_2\end{pmatrix}$的逆,假设其逆矩阵为$\begin{pmatrix}\boldsymbol{X}_{11} & \boldsymbol{X}_{12}\\ \boldsymbol{X}_{21} & \boldsymbol{X}_{22}\end{pmatrix}$。为了求解方便可假设两空腔声模态个数上限均为 N,则系数矩阵和其逆矩阵中的各子矩阵均为方阵。根据矩阵与其逆矩阵的乘积满足的关系:

$$\begin{pmatrix}\boldsymbol{C}_1 & \boldsymbol{D}_1\\ \boldsymbol{C}_2 & \boldsymbol{D}_2\end{pmatrix}\begin{pmatrix}\boldsymbol{X}_{11} & \boldsymbol{X}_{12}\\ \boldsymbol{X}_{21} & \boldsymbol{X}_{22}\end{pmatrix}=\begin{pmatrix}\boldsymbol{E}_N & \boldsymbol{0}\\ \boldsymbol{0} & \boldsymbol{E}_N\end{pmatrix} \tag{2-80}$$

其中,E_N 为 N 阶单位对角矩阵,可求得逆矩阵中各子矩阵的表达式为

$$\left.\begin{aligned}X_{11}&=(C_1-D_1D_2^{-1}C_2)^{-1}\\ X_{12}&=(C_2-D_2D_1^{-1}C_1)^{-1}\end{aligned}\right\} \tag{2-81}$$

$$\left.\begin{aligned}X_{21}&=-D_2^{-1}C_2\,(C_1-D_1D_2^{-1}C_2)^{-1}\\ X_{22}&=-D_1^{-1}C_1\,(C_2-D_2D_1^{-1}C_1)^{-1}\end{aligned}\right\} \tag{2-82}$$

获得系数矩阵的逆矩阵后,根据式(2－78)就可求得两空腔声模态幅值列矢量的表达式。由于列矢量 $\boldsymbol{E}_1$ 与 $\boldsymbol{E}_2$ 内含有未知的次级力源强度幅值 f_s,将其分离出来可得 $\boldsymbol{E}_1$ 与 $\boldsymbol{E}_2$ 的如下表达式:

$$\boldsymbol{E}_1=\boldsymbol{G}_1\boldsymbol{Q}_p+f_s\boldsymbol{G}_2\boldsymbol{\Phi}(r_s);\boldsymbol{E}_2=f_s\boldsymbol{G}_3\boldsymbol{\Phi}(r_s) \tag{2-83}$$

最终可得 $\boldsymbol{P}_1$ 与 $\boldsymbol{P}_2$ 的如下表达式:

$$\left.\begin{aligned}\boldsymbol{P}_1&=\boldsymbol{X}_{11}\boldsymbol{G}_1\boldsymbol{Q}_p+f_s(\boldsymbol{X}_{11}\boldsymbol{G}_2+\boldsymbol{X}_{12}\boldsymbol{G}_3)\boldsymbol{\Phi}_2(r_s)\\ \boldsymbol{P}_2&=\boldsymbol{X}_{21}\boldsymbol{G}_1\boldsymbol{Q}_p+f_s(\boldsymbol{X}_{21}\boldsymbol{G}_2+\boldsymbol{X}_{22}\boldsymbol{G}_3)\boldsymbol{\Phi}_2(r_s)\end{aligned}\right\} \tag{2-84}$$

式中，$\boldsymbol{Q}_p$ 为各阶初级广义模态力所构成的 M_1 阶列矢量，$\boldsymbol{Q}_p=[Q_{p,1},Q_{p,2},\cdots,Q_{p,M_1}]^{\mathrm{H}}$。$\boldsymbol{\Phi}_2(r_s)$ 为平板 b 的各模态函数在次级点力位置的值所组成的 M_2 阶列矢量，且 $\boldsymbol{\Phi}_2(r_s)=[\varphi_1(x_s,y_s),\varphi_2(x_s,y_s),\cdots,\varphi_{M_2}(x_s,y_s)]^{\mathrm{T}}$。矩阵 $\boldsymbol{G}_1$，$\boldsymbol{G}_2$ 与 $\boldsymbol{G}_3$ 的表达式为

$$\boldsymbol{G}_1=\begin{pmatrix} A_{\mathrm{a},1}(\omega)L_{1,11} & A_{\mathrm{a},2}(\omega)L_{1,12} & \cdots & A_{\mathrm{a},M_1}(\omega)L_{1,1M_1} \\ A_{\mathrm{a},1}(\omega)L_{1,21} & A_{\mathrm{a},2}(\omega)L_{1,22} & \cdots & A_{\mathrm{a},M_1}(\omega)L_{1,2M_1} \\ \vdots & \vdots & & \vdots \\ A_{\mathrm{a},1}(\omega)L_{1,N1} & A_{\mathrm{a},2}(\omega)L_{1,N2} & \cdots & A_{\mathrm{a},M_1}(\omega)L_{1,NM_1} \end{pmatrix} \tag{2-85}$$

$$\boldsymbol{G}_2=\begin{pmatrix} A_{\mathrm{b},1}(\omega)L_{2,11} & A_{\mathrm{b},2}(\omega)L_{2,12} & \cdots & A_{\mathrm{b},M_2}(\omega)L_{2,1M_2} \\ A_{\mathrm{b},1}(\omega)L_{2,21} & A_{\mathrm{b},2}(\omega)L_{2,22} & \cdots & A_{\mathrm{b},M_2}(\omega)L_{2,2M_2} \\ \vdots & \vdots & & \vdots \\ A_{\mathrm{b},1}(\omega)L_{2,N1} & A_{\mathrm{b},2}(\omega)L_{2,N2} & \cdots & A_{\mathrm{b},M_2}(\omega)L_{2,NM_2} \end{pmatrix} \tag{2-86}$$

$$\boldsymbol{G}_3=\begin{pmatrix} A_{\mathrm{b},1}(\omega)L_{3,11} & A_{\mathrm{b},2}(\omega)L_{3,12} & \cdots & A_{\mathrm{b},M_2}(\omega)L_{3,1M_2} \\ A_{\mathrm{b},1}(\omega)L_{3,21} & A_{\mathrm{b},2}(\omega)L_{3,22} & \cdots & A_{\mathrm{b},M_2}(\omega)L_{3,2M_2} \\ \vdots & \vdots & & \vdots \\ A_{\mathrm{b},1}(\omega)L_{3,N1} & A_{\mathrm{b},2}(\omega)L_{3,N2} & \cdots & A_{\mathrm{b},M_2}(\omega)L_{3,NM_2} \end{pmatrix} \tag{2-87}$$

获得两空腔的声模态幅值列矢量后，根据方程式(2-55)～式(2-57)可获得各平板位移模态幅值列矢量 $\boldsymbol{q}_{\mathrm{a}}$，$\boldsymbol{q}_{\mathrm{b}}$ 与 $\boldsymbol{q}_{\mathrm{c}}$ 的表达式为

$$\begin{aligned}\boldsymbol{q}_{\mathrm{a}}&=\boldsymbol{Q}_{pp}-\boldsymbol{G}_4\boldsymbol{\Lambda}_1\boldsymbol{P}_1\\&=\boldsymbol{Q}_{pp}-\boldsymbol{G}_4\boldsymbol{\Lambda}_1\boldsymbol{X}_{11}\boldsymbol{G}_1\boldsymbol{Q}_p-f_s\boldsymbol{G}_4\boldsymbol{\Lambda}_1(\boldsymbol{X}_{11}\boldsymbol{G}_2+\boldsymbol{X}_{12}\boldsymbol{G}_3)\boldsymbol{\Phi}_2(r_s)\end{aligned} \tag{2-88}$$

$$\begin{aligned}\boldsymbol{q}_{\mathrm{b}}&=\boldsymbol{G}_5\boldsymbol{\Lambda}_1\boldsymbol{P}_1-\boldsymbol{G}_6\boldsymbol{\Lambda}_2\boldsymbol{P}_2-f_s\boldsymbol{Q}_{ss}\\&=\boldsymbol{G}_5\boldsymbol{\Lambda}_1\boldsymbol{X}_{11}\boldsymbol{G}_1\boldsymbol{Q}_p-\boldsymbol{G}_6\boldsymbol{\Lambda}_2\boldsymbol{X}_{21}\boldsymbol{G}_1\boldsymbol{Q}_p+f_s[\boldsymbol{G}_5\boldsymbol{\Lambda}_1(\boldsymbol{X}_{11}\boldsymbol{G}_2+\boldsymbol{X}_{12}\boldsymbol{G}_3)\boldsymbol{\Phi}_2(\boldsymbol{r}_s)\\&\quad-\boldsymbol{G}_6\boldsymbol{\Lambda}_2(\boldsymbol{X}_{21}\boldsymbol{G}_2+\boldsymbol{X}_{22}\boldsymbol{G}_3)\boldsymbol{\Phi}_2(r_s)-\boldsymbol{Q}_{ss}]\end{aligned} \tag{2-89}$$

$$\begin{aligned}\boldsymbol{q}_{\mathrm{c}}&=\boldsymbol{G}_7\boldsymbol{\Lambda}_2\boldsymbol{P}_2\\&=\boldsymbol{G}_7\boldsymbol{\Lambda}_2\boldsymbol{X}_{21}\boldsymbol{G}_1\boldsymbol{Q}_p+f_s\boldsymbol{G}_7\boldsymbol{\Lambda}_2(\boldsymbol{X}_{21}\boldsymbol{G}_2+\boldsymbol{X}_{22}\boldsymbol{G}_3)\boldsymbol{\Phi}_2(r_s)\end{aligned} \tag{2-90}$$

式(2-88)～式(2-90)中矢量 $\boldsymbol{q}_{\mathrm{a}}$，$\boldsymbol{q}_{\mathrm{b}}$ 与 $\boldsymbol{q}_{\mathrm{c}}$ 及各矩阵 $\boldsymbol{Q}_{pp}$，$\boldsymbol{Q}_{ss}$，$\boldsymbol{\Lambda}_1$，$\boldsymbol{\Lambda}_2$。$\boldsymbol{G}_4$，$\boldsymbol{G}_5$，$\boldsymbol{G}_6$ 及 $\boldsymbol{G}_7$ 的表示式如下：

$$\boldsymbol{q}_{\mathrm{a}}=\begin{pmatrix} q_{\mathrm{a},1}(\omega) \\ q_{\mathrm{a},2}(\omega) \\ \vdots \\ \boldsymbol{q}_{\mathrm{a},M_{\mathrm{a}}}(\omega) \end{pmatrix},\quad \boldsymbol{q}_{\mathrm{b}}=\begin{pmatrix} q_{\mathrm{b},1}(\omega) \\ q_{\mathrm{b},2}(\omega) \\ \vdots \\ q_{\mathrm{b},M_{\mathrm{b}}}(\omega) \end{pmatrix},\quad \boldsymbol{q}_{\mathrm{c}}=\begin{pmatrix} q_{\mathrm{c},1}(\omega) \\ q_{\mathrm{c},2}(\omega) \\ \vdots \\ q_{\mathrm{c},M_{\mathrm{c}}}(\omega) \end{pmatrix} \tag{2-91}$$

$$\boldsymbol{Q}_{pp}=\begin{pmatrix}A_{a,1}(\omega)Q_{p,1}(\omega)\\A_{a,2}(\omega)Q_{p,2}(\omega)\\\vdots\\A_{a,M_1}(\omega)Q_{p,M_1}(\omega)\end{pmatrix},\quad \boldsymbol{Q}_{ss}=\begin{pmatrix}A_{b,1}(\omega)\varphi_1(x_s,y_s)\\A_{b,2}(\omega)\varphi_2(x_s,y_s)\\\vdots\\A_{b,M_b}(\omega)\varphi_{M_b}(x_s,y_s)\end{pmatrix}\tag{2-92}$$

$$\boldsymbol{\Lambda}_1=\begin{pmatrix}\frac{\rho_0c_0^2}{\sqrt{M_{1,1}}} & & & \\ & \frac{\rho_0c_0^2}{\sqrt{M_{1,2}}} & & \\ & & \ddots & \\ & & & \frac{\rho_0c_0^2}{\sqrt{M_{1,N}}}\end{pmatrix},\quad \boldsymbol{\Lambda}_2=\begin{pmatrix}\frac{\rho_0c_0^2}{\sqrt{M_{2,1}}} & & & \\ & \frac{\rho_0c_0^2}{\sqrt{M_{2,2}}} & & \\ & & \ddots & \\ & & & \frac{\rho_0c_0^2}{\sqrt{M_{2,N}}}\end{pmatrix}\tag{2-93}$$

$$\boldsymbol{G}_4=A\begin{pmatrix}\frac{A_{a,1}(\omega)L_{1,11}}{\sqrt{M_{1,1}}} & \frac{A_{a,1}(\omega)L_{1,21}}{\sqrt{M_{1,2}}} & \cdots & \frac{A_{a,1}(\omega)L_{1,N1}}{\sqrt{M_{1,N}}}\\ \frac{A_{a,2}(\omega)L_{1,12}}{\sqrt{M_{1,1}}} & \frac{A_{a,2}(\omega)L_{1,22}}{\sqrt{M_{1,2}}} & \cdots & \frac{A_{a,2}(\omega)L_{1,N2}}{\sqrt{M_{1,N}}}\\ \vdots & \vdots & & \vdots\\ \frac{A_{a,M_a}(\omega)L_{1,1M_a}}{\sqrt{M_{1,1}}} & \frac{A_{a,M_a}(\omega)L_{1,2M_a}}{\sqrt{M_{1,2}}} & \cdots & \frac{A_{a,M_a}(\omega)L_{1,NM_a}}{\sqrt{M_{1,N}}}\end{pmatrix}\tag{2-94}$$

$$\boldsymbol{G}_5=A\begin{pmatrix}\frac{A_{b,1}(\omega)L_{2,11}}{\sqrt{M_{1,1}}} & \frac{A_{b,1}(\omega)L_{2,21}}{\sqrt{M_{1,2}}} & \cdots & \frac{A_{b,1}(\omega)L_{2,N1}}{\sqrt{M_{1,N}}}\\ \frac{A_{b,2}(\omega)L_{2,12}}{\sqrt{M_{1,1}}} & \frac{A_{b,2}(\omega)L_{2,22}}{\sqrt{M_{1,2}}} & \cdots & \frac{A_{b,2}(\omega)L_{2,N2}}{\sqrt{M_{1,N}}}\\ \vdots & \vdots & & \vdots\\ \frac{A_{b,M_b}(\omega)L_{2,1M_b}}{\sqrt{M_{1,1}}} & \frac{A_{b,M_b}(\omega)L_{2,2M_b}}{\sqrt{M_{1,2}}} & \cdots & \frac{A_{b,M_b}(\omega)L_{2,NM_b}}{\sqrt{M_{1,N}}}\end{pmatrix}\tag{2-95}$$

$$
\boldsymbol{G}_6 = A \begin{pmatrix} \dfrac{A_{b,1}(\omega)L_{3,11}}{\sqrt{M_{2,1}}} & \dfrac{A_{b,1}(\omega)L_{3,21}}{\sqrt{M_{2,2}}} & \cdots & \dfrac{A_{b,1}(\omega)L_{3,N1}}{\sqrt{M_{2,N}}} \\ \dfrac{A_{b,2}(\omega)L_{3,12}}{\sqrt{M_{2,1}}} & \dfrac{A_{b,2}(\omega)L_{3,22}}{\sqrt{M_{2,2}}} & \cdots & \dfrac{A_{b,2}(\omega)L_{3,N2}}{\sqrt{M_{2,N}}} \\ \vdots & \vdots & & \vdots \\ \dfrac{A_{b,M_b}(\omega)L_{3,1M_b}}{\sqrt{M_{2,1}}} & \dfrac{A_{b,M_b}(\omega)L_{3,2M_b}}{\sqrt{M_{2,2}}} & \cdots & \dfrac{A_{b,M_b}(\omega)L_{3,NM_b}}{\sqrt{M_{2,N}}} \end{pmatrix} \tag{2-96}
$$

$$
\boldsymbol{G}_7 = A \begin{pmatrix} \dfrac{A_{c,1}(\omega)L_{4,11}}{\sqrt{M_{2,1}}} & \dfrac{A_{c,1}(\omega)L_{4,21}}{\sqrt{M_{2,2}}} & \cdots & \dfrac{A_{c,1}(\omega)L_{4,N1}}{\sqrt{M_{2,N}}} \\ \dfrac{A_{c,2}(\omega)L_{4,12}}{\sqrt{M_{2,1}}} & \dfrac{A_{c,2}(\omega)L_{4,22}}{\sqrt{M_{2,2}}} & \cdots & \dfrac{A_{c,2}(\omega)L_{4,N2}}{\sqrt{M_{2,N}}} \\ \vdots & \vdots & & \vdots \\ \dfrac{A_{c,M_c}(\omega)L_{4,1M_c}}{\sqrt{M_{2,1}}} & \dfrac{A_{c,M_c}(\omega)L_{4,2M_c}}{\sqrt{M_{2,2}}} & \cdots & \dfrac{A_{c,M_c}(\omega)L_{4,NM_c}}{\sqrt{M_{2,N}}} \end{pmatrix} \tag{2-97}
$$

矩阵 $\boldsymbol{G}_7$ 中涉及到的变量 $A_{c,m}(\omega)$ 可表示为

$$
A_{c,m}(\omega) = \frac{H_{c,m}(\omega)}{M_{c,m}} \tag{2-98}
$$

计算获得各平板的位移模态幅值列矢量 $\boldsymbol{q}_a$,$\boldsymbol{q}_b$ 与 $\boldsymbol{q}_c$ 和两空腔声模态幅值列矢量 $\boldsymbol{P}_1$ 与 $\boldsymbol{P}_2$ 的表达式后,就获得了三层平板与空腔耦合系统的振动响应。值得注意的是,表达式(2-84)、式(2-85)及(2-88)和式(2-90)中还含有未知的次级控制源强度 f_s,f_s 的求解依赖于有源控制目标函数的选取。计算获得使目标函数最小的最优次级力源强度 f_s 才能获得整个系统的振动响应。

对于未施加控制时三层耦合系统的振动响应求解,同样可根据式(2-84)、式(2-85)、式(2-88)和式(2-90)计算获得,此时需设定各表达式中的次级力源 $f_s=0$。

2.2.3 控制目标及最优次级力源强度

对于三层有源隔声结构,要使其低频段获得最大的隔声性能,有源控制的目标函数应选取外侧辐射板 c 的辐射声功率。它为理论上最优的控制目标,控制后使辐射板的辐射功率达到最小,就获得了系统的最大隔声性能。

将辐射板 c 均匀划分为 N_e 个面元(划分应保证面元的尺寸远小于感兴趣

的频率上限对应的声波波长），则辐射声功率可表示为

$$\boldsymbol{W}_{c}=\boldsymbol{V}_{c}^{H}\boldsymbol{R}\boldsymbol{V}_{c} \tag{2-99}$$

式中，$\boldsymbol{V}_{c}$ 为辐射板 c 各面元法向振速组成的 N_{e} 阶列矢量。根据式(2－46)及式(2－20)，可得 $\boldsymbol{V}_{c}$ 与辐射板 c 的位移模态幅值列矢量 $\boldsymbol{q}_{c}$ 满足的关系式为

$$\begin{aligned}\boldsymbol{V}_{c}&=\mathrm{j}\omega\boldsymbol{\Phi}\boldsymbol{q}_{c}\\&=\mathrm{j}\omega\boldsymbol{\Phi}\boldsymbol{G}_{7}\boldsymbol{\Lambda}_{2}\boldsymbol{X}_{21}\boldsymbol{G}_{1}\boldsymbol{Q}_{p}+f_{s}[\mathrm{j}\omega\boldsymbol{\Phi}\boldsymbol{G}_{7}\boldsymbol{\Lambda}_{2}(\boldsymbol{X}_{21}\boldsymbol{G}_{2}+\boldsymbol{X}_{22}\boldsymbol{G}_{3})\boldsymbol{\Phi}_{2}(r_{s})]\end{aligned} \tag{2-100}$$

式中，$\boldsymbol{\Phi}$ 为辐射板 c 的模态函数在各面元点的值所组成的 $N_{e}\times M_{c}$ 阶矩阵，具体可表示为

$$\boldsymbol{\Phi}=\begin{pmatrix}\varphi_{1}(x_{1},y_{1}) & \varphi_{2}(x_{1},y_{1}) & \cdots & \varphi_{M_{c}}(x_{1},y_{1})\\ \varphi_{1}(x_{2},y_{2}) & \varphi_{2}(x_{2},y_{2}) & \cdots & \varphi_{M_{c}}(x_{2},y_{2})\\ \vdots & \vdots & & \vdots\\ \varphi_{1}(x_{N_{e}},y_{N_{e}}) & \varphi_{2}(x_{N_{e}},y_{N_{e}}) & \cdots & \varphi_{M_{c}}(x_{N_{e}},y_{N_{e}})\end{pmatrix} \tag{2-101}$$

将式(2－100)代入式(2－99)中，可得辐射功率的如下形式：

$$W_{c}=(\boldsymbol{a}+\boldsymbol{b}f_{s})^{H}\boldsymbol{R}(\boldsymbol{a}+\boldsymbol{b}f_{s}) \tag{2-102}$$

其中矩阵 $\boldsymbol{a}$ 与 $\boldsymbol{b}$ 的表达式为

$$\boldsymbol{a}=\mathrm{j}\omega\boldsymbol{\Phi}\boldsymbol{G}_{7}\boldsymbol{\Lambda}_{2}\boldsymbol{X}_{21}\boldsymbol{G}_{1}\boldsymbol{Q}_{p} \tag{2-103}$$

$$\boldsymbol{b}=\mathrm{j}\omega\boldsymbol{\Phi}\boldsymbol{G}_{7}\boldsymbol{\Lambda}_{2}(\boldsymbol{X}_{21}\boldsymbol{G}_{2}+\boldsymbol{X}_{22}\boldsymbol{G}_{3})\boldsymbol{\Phi}_{2}(r_{s}) \tag{2-104}$$

由式(2－102)可知，辐射板 c 的辐射功率为次级点力幅值的二次型函数，由线性最优二次理论，当次级点力幅值取如下值时：

$$f_{s0}=-(\boldsymbol{b}^{H}\boldsymbol{R}\boldsymbol{b})^{-1}\boldsymbol{b}^{H}\boldsymbol{R}\boldsymbol{a} \tag{2-105}$$

辐射板 c 的声功率达到最小。确定 f_{s0} 的值后即可获得整个系统的振动相应，然后根据式(2－27)即可获得低频段内系统的最大隔声量。

如果中间板 b 上施加多点次级控制力 $F_{s,1}(r_{s,1},t)$，$F_{s,2}(r_{s,2},t)$，…，$F_{s,N_{s}}(r_{s,N_{s}},t)$ 的作用，有源控制后各次级力源的最优幅值仍可根据式(2－105)计算获得。但式(2－104)中的矩阵 $\boldsymbol{b}$ 应变为

$$\boldsymbol{b}_{N_{s}}=\mathrm{j}\omega\boldsymbol{\Phi}\boldsymbol{G}_{7}\boldsymbol{\Lambda}_{2}(\boldsymbol{X}_{21}\boldsymbol{G}_{2}+\boldsymbol{X}_{22}\boldsymbol{G}_{3})[\boldsymbol{\Phi}_{2}(r_{s,1}),\boldsymbol{\Phi}_{2}(\boldsymbol{r}_{s,2}),\cdots,\boldsymbol{\Phi}_{2}(\boldsymbol{r}_{s,N_{s}})] \tag{2-106}$$

式中，N_{s} 为次级点源数目；$\boldsymbol{\Phi}_{2}(r_{s,1})$，$\boldsymbol{\Phi}_{2}(r_{s,2})$，…，$\boldsymbol{\Phi}_{2}(r_{s,N_{s}})$ 分别为中间板 b 的模态函数在各次级点力位置的值所组成的 M_{b} 阶列矢量。使辐射板 c 的辐

射功率最小的最优次级力源幅值 $[f_{s,10}, f_{s,20}, \cdots, f_{s,N_s0}]^{\mathrm{T}}$ 为

$$\begin{pmatrix} f_{s,10} \\ f_{s,20} \\ \vdots \\ f_{s,N_s0} \end{pmatrix} = -(\boldsymbol{b}_{N_s}^{\mathrm{H}} \boldsymbol{R} \boldsymbol{b}_{N_s})^{-1} \boldsymbol{b}_{N_s}^{\mathrm{H}} \boldsymbol{R} \boldsymbol{a} \tag{2-107}$$

直接传感辐射板 c 的声功率作为误差信号需大量位于远场的声传感器，系统难以实现，因而由上述结果获得的三层结构的最大隔声性能只具有理论意义。实际中常通过结构传感器检测结构振动信息而间接获得与辐射声功率相关的误差信号，具体内容将在第 4 章中进行详细介绍。

2.3 算例及隔声性能分析

本节先对模型中的各参数进行赋值并计算系统的耦合振动响应，通过与已有文献的计算结果进行比较来验证模型的正确性；然后对有源隔声性能进行分析。

2.3.1 参数赋值与模型验证

在进行有源隔声性能分析及后续章节的研究之前，需先验证本章理论模型的准确性。一种简单有效的方法是将计算结果与公开报道的类似研究结果进行对比。由于很难找到与本章研究模型完全一致的文献，此处将文献[13]中类似的研究模型作为对照。

文献[13]研究了双层隔声结构向矩形封闭空腔辐射声时系统的能量传输特性，其理论模型与本章相似。只需将本章模型中的辐射板 c 假定为刚性壁面，即与文献[13]的模型一致。相应地，将本章理论推导中辐射板 c 的位移模态幅值设为 $q_c=0$，按照文献所给的模型参数计算系统的振动响应，然后与文献的结果对比即可验证论文理论模型的准确性。文献[13]中各参量的赋值见表 2-1。

表 2-1 文献[13]中的参数赋值

物理参量	赋值
初级激励为简谐点力	幅值为 1N 且作用于入射板 a $(0.4l_x, 0.4l_y)$ 处
平板 a 与 b 的材料	铝材

续表

物理参量	赋值
铝的密度	$2\ 790\ \mathrm{kg/m^3}$
铝的弹性模量	$7.2\times^{10}\ \mathrm{N/m^2}$
铝的泊松比	0.34
平板的长×宽	$l_x\times l_y=0.5\ \mathrm{m}\times0.35\ \mathrm{m}$
平板 a 与 b 厚度	$h_a=0.002\ \mathrm{m}, h_b=0.003\ \mathrm{m}$
两平板之间空腔厚度	$h_1=0.33\ \mathrm{m}$
矩形封闭空腔厚度	$h_2=0.55\ \mathrm{m}$
两平板模态阻尼	0.005
空腔声模态阻尼	0.001
空气介质的密度与声速	$\rho_0=1.21\ \mathrm{kg/m^3}, c_0=340\ \mathrm{m/s}$

通过计算求解系统振动响应，获得入射板 a 与中间板 b 的模态幅值 $\boldsymbol{q}_a$ 与 $\boldsymbol{q}_b$ 及两空腔的声模态幅值 $\boldsymbol{P}_1$ 与 $\boldsymbol{P}_2$。根据文献[13]中计算两平板平均动能的公式：

$$\langle V^2\rangle=\frac{\omega^2}{2A}\int_A ww^*\,\mathrm{d}s \tag{2-108}$$

（式中，“*”表示复数的共轭）计算获得入射板 a 与中间板 b 在 500 Hz 内的平均动能曲线如图 2-3 所示，图中动能以 $2.5\times10^{-15}\ \mathrm{m^2/s^2}$ 为标准转化为分贝值。

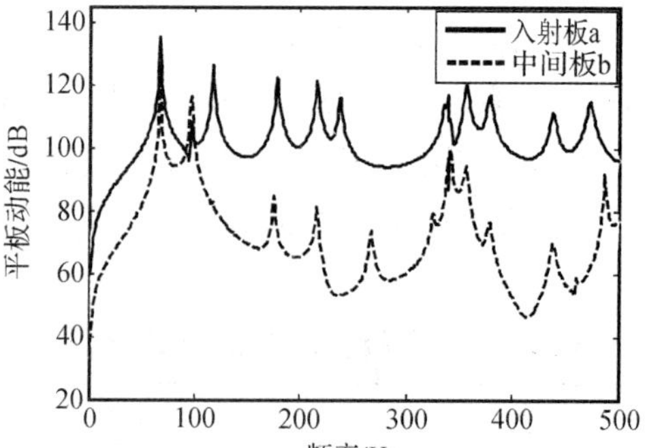

图 2-3　入射板 a 与中间板 b 的平均动能

将图 2-3 与文献[13]中的计算结果进行比较，发现两者基本吻合，从而证实了本章模型的建立及振动响应求解的理论推导过程均准确。

对于 2.3.2 节有源隔声性能分析及后续章节有源隔声机理与传感策略构建的研究，模型中各参数的初值定义见表 2-2。统一的参数赋值不仅可以简化计算，也可使各章节的研究具有连贯性。

表 2-2 模型参数赋值

物理参量	赋 值
初级激励	斜入射平面波
入射角度 (θ,α) 与幅值 p_0	$(\pi/4,\pi/4)$，$p_0=1$
平板 a,b 与 c 的材料	铝材
铝的密度	2 790 $\mathrm{kg/m^3}$
铝的弹性模量	$7.2\times10^{10}\ \mathrm{N/m^2}$
铝的泊松比	0.34
平板的长×宽	$l_x\times l_y=0.6\ \mathrm{m}\times0.42\ \mathrm{m}$
平板 a 的厚度	$h_a=0.002\ \mathrm{m}$
平板 b 的厚度	$h_b=0.003\ \mathrm{m}$
平板 c 的厚度	$h_c=0.004\ \mathrm{m}$
两空腔的厚度	$h_1=0.2\ \mathrm{m}$，$h_2=0.2\ \mathrm{m}$
三块平板的模态阻尼	0.005
两空腔的声模态阻尼	0.001
空气介质的密度与声速	$\rho_0=1.21\ \mathrm{kg/m^3}$，$c_0=340\ \mathrm{m/s}$
次级点力的作用位置	$(0.1l_x,0.1l_y)$
结构模态个数上限	$M_a=M_b=M_c=50$
声模态个数上限	$M_1=M_2=50$
辐射板 c 的面元划分	$N_e=10\times10$

模型参数确定后，计算获得三块平板前 17 阶振动模态和两空腔前 12 阶声模态的共振频率见表 2-3，其有助于后续有源隔声机理及误差传感策略的研究。

表 2-3　平板与空腔的模态序数与共振频率

平板模态	未耦合共振频率/Hz			空腔声模态	未耦合
	平板 a	平板 b	平板 c	（空腔 1 或 2 ）	共振频率/Hz
(1,1)	41.0	61.5	82.1	(0,0,0)	0
(2,1)	81.5	122.2	163.0	(1,0,0)	286.7
(1,2)	123.6	185.5	247.3	(0,1,0)	409.5
(3,1)	149.0	223.5	297.9	(1,1,0)	499.9
(2,2)	164.1	246.2	328.2	(2,0,0)	573.3
(3,2)	231.6	347.4	463.2	(2,1,0)	704.6
(4,1)	243.4	365.1	486.8	(0,2,0)	819.0
(1,3)	261.3	392.0	522.6	(0,0,1)	860.0
(2,3)	301.8	452.7	603.6	(3,0,0)	860.0
(4,2)	326.0	489.0	652.1	(1,2,0)	867.8
(5,1)	364.9	547.3	729.7	(1,0,1)	906.5
(3,3)	369.3	553.9	738.5	(0,1,1)	952.5
(5,2)	447.5	671.2	894.9		
(1,4)	454.1	681.1	908.1		
(4,3)	463.7	695.6	927.4		
(2,4)	494.5	741.8	989.1		
(6,1)	513.3	770.0	1026.5		

2.3.2　有源隔声性能分析

根据 2.2 节的理论并结合参数初值，计算获得控制前、后辐射板 c 的声功率曲线如图 2-4 所示。图 2-5 为三层结构控制前、后的总隔声量，黑线表示控制前，灰线表示控制后。结果表明，有源控制后辐射板 c 的声功率大幅降低，且在整个低频段 0～500 Hz 内均有降噪效果，因而三层结构的总隔声量显著提高。

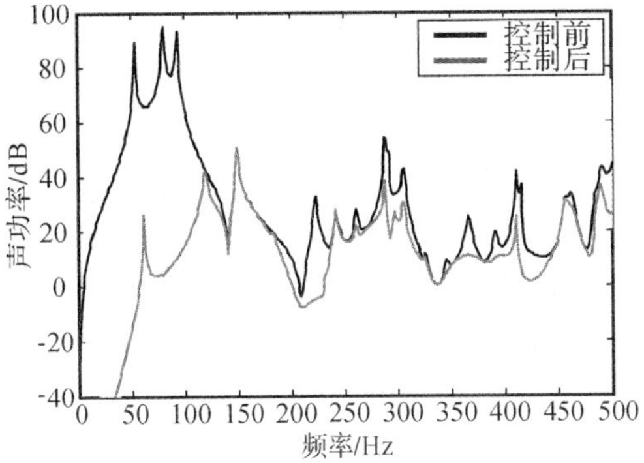

图 2-4 有源控制前、后辐射板 c 的辐射功率

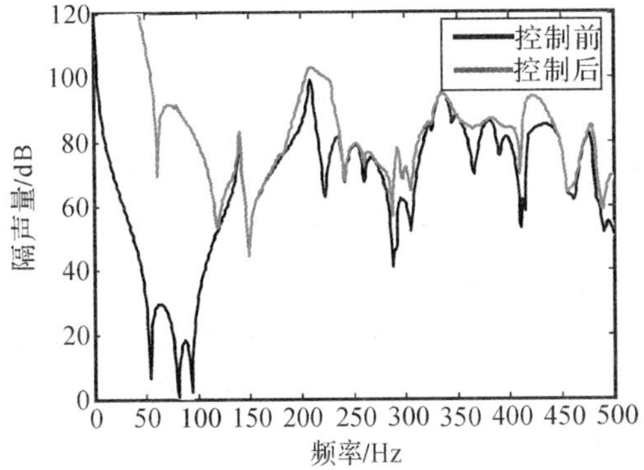

图 2-5 有源控制前、后三层结构的总隔声量

特别在 0～150 Hz 频段内其降噪量高达 60 dB,控制效果尤为明显。图 2-4所示的控制前辐射板 c 的声功率曲线中,前三个峰值分别为入射板 a、中间板 b 及辐射板 c 的(1,1)模态主导的共振峰。由于此模态振型简单且易于控制,因而在 0～150 Hz 频段内的降噪量相对较大。在其余频段的共振峰处,也均能获得较明显的降噪效果。个别共振峰频点的降噪效果不明显,可能与次级点力的个数及布放位置有关,特别是单个简谐点力的控制权度有限。

总体上,引入平面声源,作为有源控制单元不仅能提高系统的低频隔声性能,同时还能进一步提高被动隔声性能。已有文献研究表明,采用次级点力直接作用于辐射板的力控制策略,其隔声性能只在辐射板主导模态的共振频点有所提高[3]。而引入平面声源后,系统的有源隔声性能在入射板 a 与辐射板 c 主导的绝大多数模态的共振频点及一些非共振频点都有提高。再者,如图 2-6 所示为控制前、后辐射板 c 的总动能曲线,可见控制后辐射板 c 的总动能并未增加,因而这种有源隔声结构不会引起局部声压增强的“控制溢出”现象。

较传统的双层有源隔声结构，平面声源的引入使得本书的系统变得复杂且成本增加，但其优势在于系统更易实现且能克服传统的双层有源结构用于航空及船舶领域的不足。

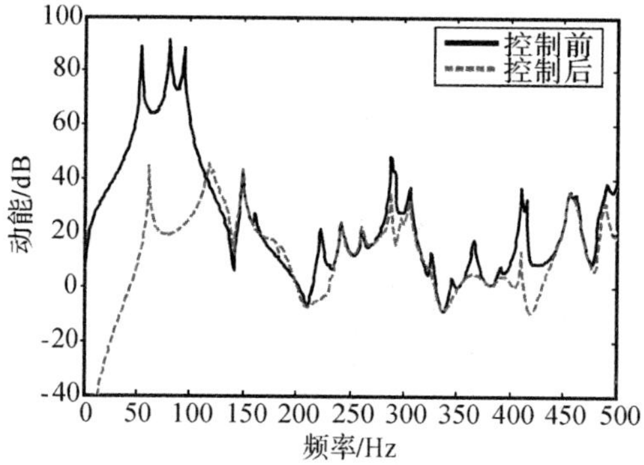

图 2-6　有源控制前后辐射板 c 的总动能

单点力驱动平板产生声辐射只是理论意义上平面声源的一种简单代替，通过这种等效形成的理论模型虽然能体现出此类含平面声源的多层结构隔声的物理本质，但就控制效果而言，这种等效还不足以完全模拟平面声源的真实发声，获得的隔声性能与实际相比有较大差异。以下通过在中间板 b 上引入两个次级力源进行控制，使得点力驱动的中间板更接近真实的平面声源，进一步分析有源隔声性能的变化。

如图 2-7 所示为分别在单点力及两点力控制下系统总的隔声量比较。单点力的作用位置与表 2-2 中所列点力的作用位置相同，两点力的作用位置为 $(0.1l_x, 0.1l_y)$ 与 $(0.1l_x, 0.9l_y)$。对比发现多点次级力作用下其有源隔声性能进一步提高，说明以平面声源为控制源的实际控制系统应具有更好的隔声性能。

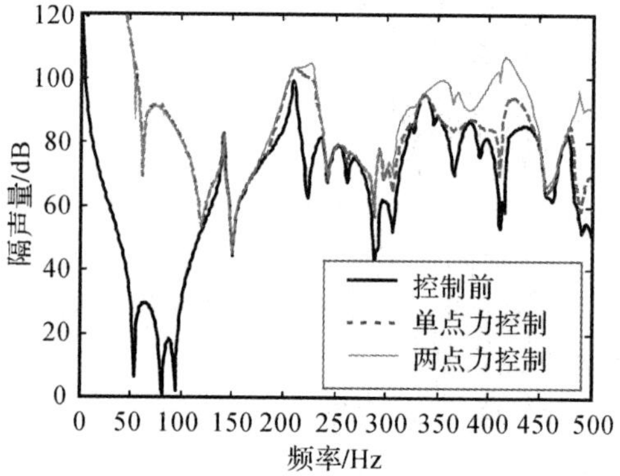

图 2-7　不同数目次级点力控制后的系统隔声量对比

2.4 有源隔声结构优化

有源隔声结构中次级源及误差传感器配置(数目与布放位置)将影响系统的隔声性能。误差传感器的配置依赖于误差传感策略的构建,需根据具体的传感策略进行优化配置,具体内容将在第 4 章论述。而平面声源在双层结构中的布放位置,是影响系统隔声性能的关键因素。这种分布参数扬声器,在进行有源隔声效果的同时还能提高双层结构的被动隔声性能。因而位置的优化需折中考虑有源隔声与被动隔声效果[30]。

2.4.1 优化函数

首先针对被动隔声性能建立平面声源的位置优化函数。控制前系统为三层结构,假设入射板 a 与辐射板 c 之间的距离为 H 且固定,平面声源距离入射板 a 的距离 h_1 在 $0 \sim H$ 变化时,系统的隔声量相应改变。将辐射板 c 的辐射功率 $W_{\mathrm{bef}}(\omega)$ 作为被优化目标函数,则 $W_{\mathrm{bef}}(\omega)$ 越小,系统的隔声量越大。被优化目标函数 $W_{\mathrm{bef}}(\omega)$ 是距离 h_1 的函数,通过映射关系 $f(\cdot)$ 可表示为

$$W_{\mathrm{bef}}(\omega) = f(h_1) \tag{2-109}$$

式(2-109)为单个频点的优化函数,用搜索算法找到使函数式(2-109)最小时所对应的距离 h_1,就得到某频点隔声量最大时平面声源的位置。实际中不仅需对单频点进行优化,更有价值的应该是对带宽为 (ω_1, ω_2) 的函数 $W_{\mathrm{bef}}(\omega)$ 进行总体优化。假设 (ω_1, ω_2) 内含有 N_ω 数目的待优化频点,以 $W_{\mathrm{ref}} = 1 \times 10^{12}(\omega)$ 为参考将优化函数 $W_{\mathrm{bef}}(\omega)$ 转化为分贝(dB)值,然后在 (ω_1, ω_2) 内作频率平均,并通过映射 $\overline{f}(\cdot)$ 表示为距离 h_1 函数,有

$$\overline{W}_{\mathrm{bef}} = \frac{1}{N_\omega}\sum_{i=1}^{N_\omega} 10\lg\left(\frac{W_{\mathrm{bef}}(\omega_i)}{W_{\mathrm{ref}}}\right) = \overline{f}(h_1) \tag{2-110}$$

由搜索算法获得函数 $\overline{W}_{\mathrm{bef}}$ 最小时对应的距离 h_1 即可得到宽频带内系统隔声量最大所对应的平面声源的最优位置。

在中间板 b 上施加次级点力控制后,平面声源距离入射板 a 的距离 h_1 变化时,系统的有源降噪量也相应改变。假设控制后辐射板 c 的声功率为 $W_{\mathrm{aft}}(\omega)$,通过映射 $g(\cdot)$ 定义以下有源降噪量函数,即

$$\mathrm{AL}(\omega) = 10\lg\left(\frac{W_{\mathrm{bef}}(\omega)}{W_{\mathrm{ref}}}\right) - 10\lg\left(\frac{W_{\mathrm{aft}}(\omega)}{W_{\mathrm{ref}}}\right) = g(h_1) \tag{2-111}$$

有源降噪量 $\mathrm{AL}(\omega)$ 也是距离 h_1 的函数，且不同频点下 $\mathrm{AL}(\omega)$ 达到最大时所对应的平面声源的位置也不同。对函数 $\mathrm{AL}(\omega)$ 在 (ω_1,ω_2) 频段内进行频率平均，通过映射 $\overline{g}(\cdot)$ 可得如下优化函数：

$$\overline{\mathrm{AL}}=\frac{1}{N_\omega}\sum_{i=1}^{N_\omega}\mathrm{AL}(\omega_i)=\overline{g}(h_1) \tag{2-112}$$

通过优化算法计算获得 $\overline{\mathrm{AL}}$ 取最大值时对应的距离 h_1 即可获得平均有源降噪量最大时对应的平面声源的位置。

系统的总隔声量应为被动与主动（也称“有源”）两种方式获得的隔声量之和。被动隔声性和有源隔声性达到最优时所对应的平面声源的位置不同，系统总隔声量最大所对应的平面声源位置应该是上述两情况的折中。以控制后辐射板 c 的声功率 $W_{\mathrm{aft}}(\omega)$ 为优化函数，当 $W_{\mathrm{aft}}(\omega)$ 最小时，系统的总隔声量达到最大。$W_{\mathrm{aft}}(\omega)$ 也是距离 h_1 的函数，对其在 (ω_1,ω_2) 内作频率平均并引入映射关系 $\overline{k}(\cdot)$ 可得以下优化函数：

$$\overline{W}_{\mathrm{aft}}=\frac{1}{N_\omega}\sum_{i=1}^{N_\omega}10\lg\left(\frac{W_{\mathrm{aft}}(\omega_i)}{W_{\mathrm{ref}}}\right)=\overline{k}(h_1) \tag{2-113}$$

通过计算获得函数 $\overline{W}_{\mathrm{aft}}$ 最小时对应的距离 h_1，就获得了系统达到最大的宽带平均隔声量时平面声源所在的位置。

2.4.2 优化方法

待优化的函数 $\overline{W}_{\mathrm{bef}}$，$\overline{\mathrm{AL}}$ 以及 $\overline{W}_{\mathrm{aft}}$ 均为距离 h_1 的函数，寻找这些函数在约束条件 $0<h_1<H$ 下的最大值或最小值，属于典型的约束规划问题。由于优化问题中待优化函数为自变量的隐式函数，如果用传统的梯度优化方法[31-32]，迭代算法中梯度的计算相当耗时且每步的最佳迭代步长难以确定，搜索过程较难收敛。遗传算法是建立在自然进化论和遗传变异理论基础上的自适应概率性全局搜索算法[33-35]，无须计算梯度和最佳迭代步长，可以有效克服传统梯度搜索算法的弊端，因而更适合对平面声源的位置寻优。

遗传算法典型的操作过程主要包括选择(selection)、交叉(crossover)和变异(mutation)三个[36]。算法从一组随机产生的称为“种群”的初始解开始搜索，种群的每个个体都是问题的解，经过上述三个遗传算子的处理进化出后代“种群”，经过若干代之后，算法收敛于最好的种群个体，也就是问题的最优解。

将待优化函数作为遗传算法中的适值函数，选取合适的算法参数（如种群大小、交叉概率与变异概率）就可对平面声源的位置进行优化。算法参数中，如果种群数量太少，通过交叉与变异繁衍出具有新型后代的可能性较小，使得种群多样性受限而使算法易收敛到局部最优；如果数量太多，种群过于多样化会导致在有限的迭代次数内算法难于收敛。同样，变异概率太低，获得新信息的可能性较小，搜索算法容易收敛于局部最优；变异概率太高，可能破坏高适值的个体使得搜索过于随机。而交叉概率一般较高，有利于种群繁衍更新，使算法快速收敛。

2.4.3 结果分析

2.4.3.1 被动隔声性能优化

对于被动隔声性能的优化，将式(2-112)作为遗传算法的适应度函数，考虑实际情况距离变量 h_1 的取值为 $0.01 \leqslant h_1 \leqslant 0.39$。种群中的染色体采用二进制编码，种群大小为 20。交叉算子采用单点交叉，交叉概率 $P_c=0.8$。变异函数用 Uniform，变异概率 $P_m=0.01$。选择算子采用轮盘赌(Roulette)，最大迭代次数为 50 次。

分析上限频率取 500 Hz，通过迭代计算获得 $h_1=0.19$m 时，辐射板 c 的平均辐射声功率 $\overline{W}_{bef}$ 达到最小值 28.8 dB。即平面声源的位置距离入射板 a 为 0.19 m 时系统获得最大的平均隔声量。如图 2-8 所示为算法迭代过程中种群的最佳适应度值和平均适应度值的变化曲线。经过有限次迭代即可收敛到全局最优值，证实了算法的优越性。

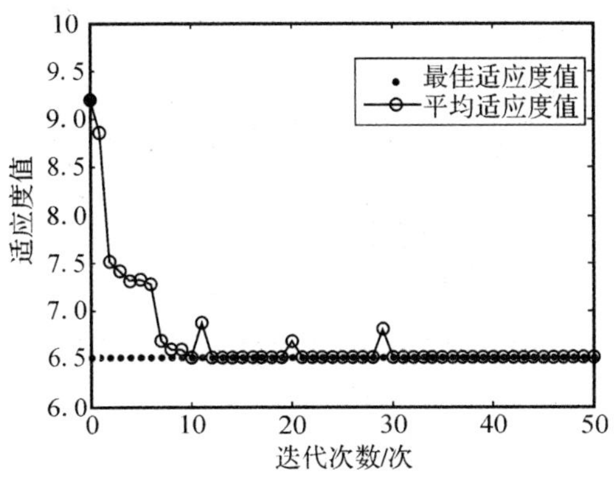

图 2-8 遗传算法适应度值变化曲线

如图 2-9 所示为辐射板 c 的平均辐射声功率 $\overline{W}_{\text{bef}}$ 随距离 h_1 的变化曲线。由图可知，平面声源距离入射板 a 或辐射板 c 两侧越近，系统总的隔声量越小。平面声源位于中间位置时隔声量达到最大，说明遗传算法获得的结果准确。平面声源距离入射板或辐射板越近，整个系统越趋近于双层隔声结构，系统总的隔声量必然下降。因而对于被动隔声性能，平面声源的最优位置应处于双层结构中间。

如图 2-10 所示为距离 h_1 分别为 0.05 m，0.19 m 与 0.35 m 时系统的隔声量曲线。对比发现，平面声源位于最优位置 h_1=0.19 m 时，在 0～500 Hz 内系统的隔声性能明显优于其它位置。

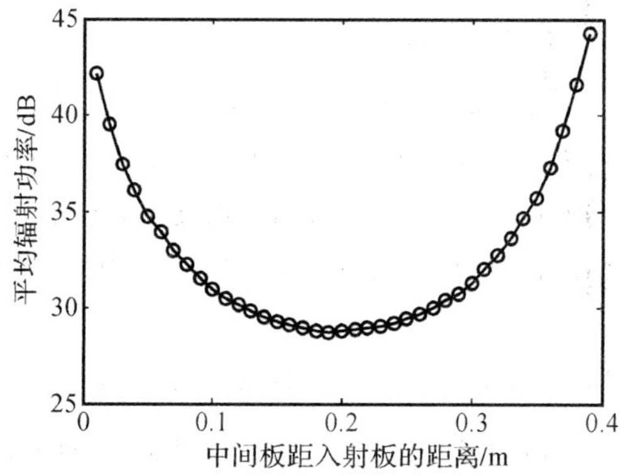

图 2-9　$\overline{W}_{\text{bef}}$ 随距离 h_1 的变化

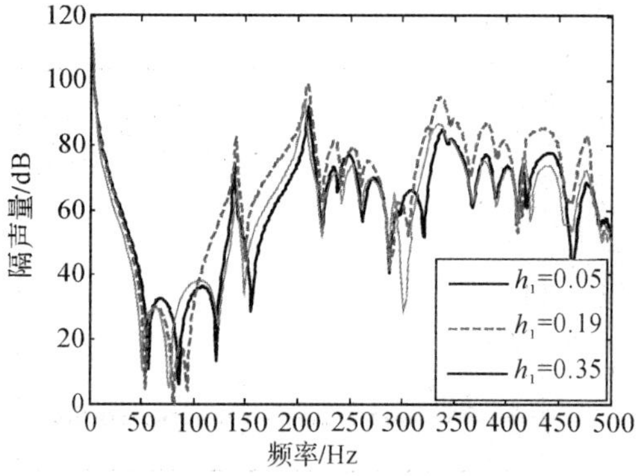

图 2-10　不同距离 h_1 对应的系统隔声量

2.4.3.2 有源隔声性能优化

对于有源隔声性能优化，将函数 $\overline{AL}$ 作为遗传算法的适应度函数，各遗传算子以及参数的选取与上述相同。经过 50 次迭代获得有源降噪量最大时的位置为 $h_1=0.01$ m，此时系统的平均有源降噪量 $\overline{AL}=23.3$dB。

图 2-11 为 $\overline{AL}$ 随距离 h_1 的变化曲线，平面声源越靠近入射板 a 布置，系统的平均有源降噪量越大，说明遗传算法获得的结果准确。图 2-12 为当平面声源距离入射板 a 分别为 0.01 m，0.2 m 和 0.35 m 时，系统的有源降噪量曲线。研究表明，最优的平面声源位置并非所有频点的有源降噪量都达到最优，且实际中很难找到对所有频点都最优的位置，因而以频率平均的有源降噪量 $\overline{AL}$ 为优化函数，更具实际意义。

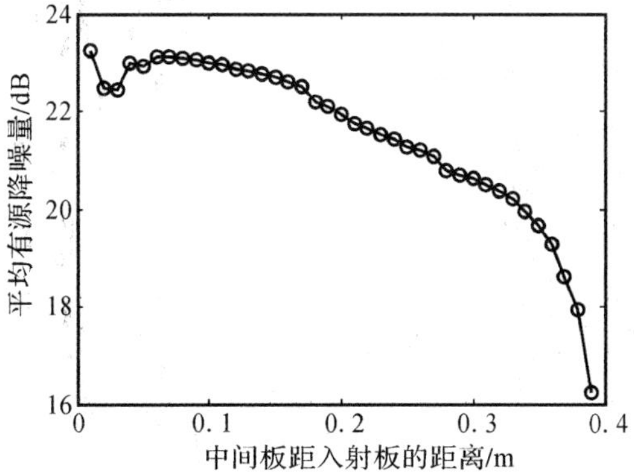

图 2-11 $\overline{AL}$ 随距离 h_1 的变化

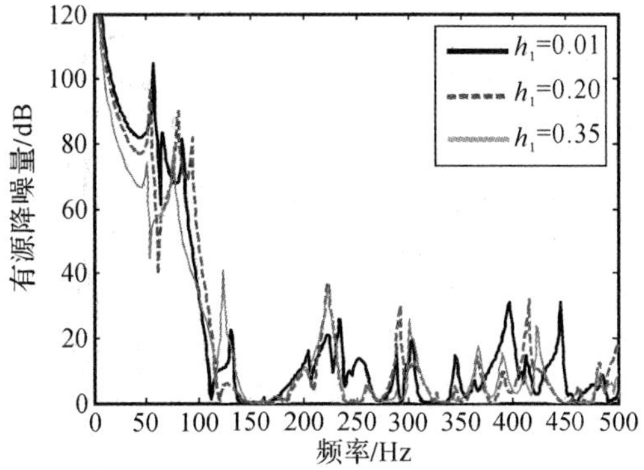

图 2-12 不同距离 h_1 对应的系统有源降噪量

2.4.3.3 总的隔声性能优化

对于系统总的隔声性能优化，将 $\overline{W}_{aft}$ 作为适应度函数。经过 50 次算法迭代，获得平面声源距入射板 a 的距离 $h_1=0.15$m 时，函数 $\overline{W}_{aft}$ 取得最小值 6.6 dB。图 2-13 为 $\overline{W}_{aft}$ 随距离 h_1 的变化曲线，可知函数 $\overline{W}_{aft}$ 取最小值时，h_1 的位置在 0.15m 附近，说明优化算法得到的结果准确。对于被动隔声，平面声源的最优位置应在双层结构的中间，而对于有源降噪，平面声源需要尽可能靠近入射板 a 布置。结合两种控制效果，平面声源的最优位置应该是上述两位置的折中。图 2-14 为距离 h_1 分别取 0.05 m，0.15 m 和 0.35 m 时控制后系统总的隔声量曲线，平面声源处于最优位置时系统总的隔声性能明显优于其它位置。

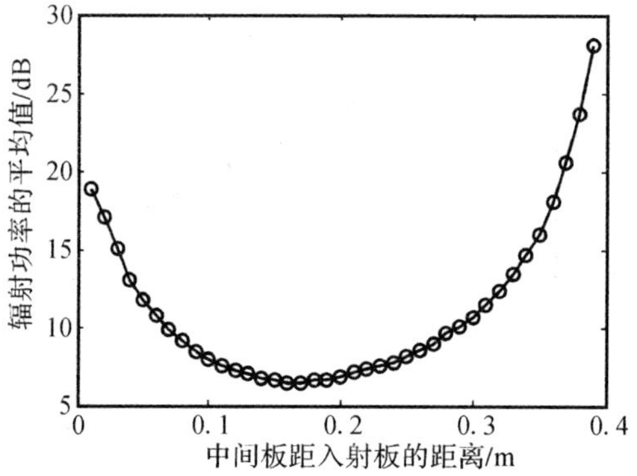

图 2-13 $\overline{W}_{aft}$ 随距离 h_1 的变化

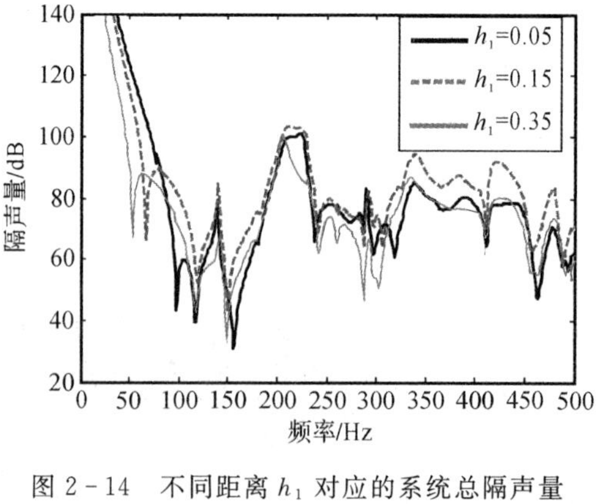

图 2-14 不同距离 h_1 对应的系统总隔声量

2.5 本章小结

本章先对结构振动与空腔声场波动的基本理论进行简要回顾，然后通过模态叠加及声-振耦合理论对三层有源隔声结构建模，最后通过算例分析了系统的有源隔声性能，并对平面声源的位置进行了优化配置。结果表明，平面声源的引入不仅能大幅提高双层结构的低频隔声性能，而且还避免了辐射板振动增强引起的“控制溢出”现象，构成的有源隔声系统更适合应用于航空及船舶领域。同时折中考虑被动隔声及有源隔声性能，平面声源置于中间位置时，系统频率平均的总隔声量最大。

参考文献

[1] Carneal J P, Fuller C R. Active structural acoustic control of noise transmission through double panel systems [J]. J. AIAA, 1995, 33(4): 618 - 623.

[2] Sas P, Bao C, Augusztinovicz F, et al. Active control of sound transmission through a double panel partition [J]. J. Sound Vib., 1995, 180(4): 609 - 625.

[3] Bao C, Pan J. Experimental study of different approaches for active control of sound transmission through double walls [J]. J. Acoust. Soc. Am., 1997, 102(3): 1664 - 1670.

[4] Pan J, Bao C. Analytical study of different approaches for active control of sound transmission through double walls [J]. J. Acoust. Soc. Am., 1998, 103(4): 1916 - 1922.

[5] Bao C, Pan J. Active acoustic control of noise transmission through double walls: effect of mechanical paths [J]. J. Sound Vib., 1998, 215 (2): 395 - 398.

[6] Wang C Y, Vaicaitis R. Active control of vibrations and noise of double wall cylindrical shells [J]. J. Sound Vib., 1998, 216(5): 865 - 888.

[7] Pan X, Sutton T J, Elliott S J. Active control of sound transmission through a double - leaf partition by volume velocity cancellation [J]. J.

Acoust. Soc. Am., 1998, 104(5): 2828 - 2835.

[8] Gardonio P, Elliott S J. Active control of structure - borne and airborne sound transmission through double panel [J]. J. Aircraft, 1999, 36(6): 1023 - 1032.

[9] Kaiser O E, Pietrzko S J, Morari M. Feedback control of sound transmission through a double glazed window [J]. J. Sound Vib., 2003, 263(4): 775 - 795.

[10] Jakob A, Moser M. Active control of double - glazed windows. Part Ⅰ: Feedfordward control [J]. Appl. Acoust., 2003, 64(2): 163 - 182.

[11] Jakob A, Moser M. Active control of double - glazed windows. Part Ⅱ: Feedback control [J]. Appl. Acoust., 2003, 64(2): 183 - 196.

[12] Carneal J P, Fuller C R. An analytical and experimental investigation of active structural acoustic control of noise transmission through double panel systems [J]. J. Sound Vib., 2004, 272(4): 749 - 771.

[13] Cheng L, Li Y Y, Gao J X. Energy transmission in a mechanically - linked double - wall structure coupled to an acoustic enclosure [J]. J. Acoust. Soc. Am., 2005, 117(5): 2742 - 2751.

[14] Li Y Y, Cheng L. Energy transmission through a double - wall structure with an acoustic enclosure: rotational effect of mechanical links [J]. Appl. Acoust., 2006, 67(3): 185 - 200.

[15] Li Y Y, Cheng L. Active noise control of a mechanically linked double panel system coupled with an acoustic enclosure [J]. J. Sound Vib., 2006, 297(3 - 5): 1068 - 1074.

[16] Li Y Y, Cheng L. Mechanisms of active control of sound transmission through a linked double - wall system into an acoustic cavity [J]. Appl. Acoust., 2008, 69(7): 614 - 623.

[17] Pietrzko S J, Mao Q. New results in active and passive control of sound transmission through double wall structures [J]. Aerosp. Sci. Technol., 2008, 12(1): 42 - 53.

[18] Gardonio P, Alujevi N. Double panel with skyhook active damping control units for control of sound radiation [J]. J. Acoust. Soc. Am.,

2010，128(3)：1108－1117.

[19] 陈克安，柯谱曼.基于平面声源实施结构声辐射有源控制的理论研究 [J]. 声学学报，2003，28(4)：289－293.

[20] Chen K A，Li S，Hu H，et al. Some physical insights for active acoustic structure [J]. Appl Acoust，2009，70(6)：875－883.

[21] 陈克安，尹雪飞. 基于近场声压传感的结构声辐射有源控制 [J]. 声学学报，2005，30(1)：63－68.

[22] 陈克安，陈国跃，李双，等. 分布式位移传感下的有源声学结构误差传感策略 [J]. 声学学报，2007，32(1)：42－48.

[23] Chen K A，Chen G Y，Pan H R，et al. Secondary actuation and error sensing for active acoustic structure [J]. J. Sound Vib.，2008，309(1－2)：40－51.

[24] 靳国永. 结构声辐射与声传输有源控制理论与控制技术研究 [D]. 哈尔滨：哈尔滨工程大学，2007.

[25] 靳国永，刘志刚，杨铁军. 双层板腔结构声传输及其有源控制研究 [J]. 声学学报，2010，35(6)：665－677.

[26] 靳国永，张洪田，刘志刚，等. 基于声辐射模态的双层板声传输有源控制数值仿真和分析研究 [J]. 振动工程学报，2011,24(4)：435－443.

[27] Maury C，Gardonio P，Elliott S J. Model for active control of flow－induced noise transmitted through double partitions [J]. J. AIAA，2002，40(6)：1113－1121.

[28] Dozio L，Ricciardi M. Free vibration analysis of ribbed plates by a combined analytical－numerical method [J]. J. Sound Vib.，2009，319 (1－2)：681－697.

[29] 靳国永，杨铁军，刘志刚，等. 弹性板结构封闭声腔的结构-声耦合特性分析 [J]. 声学学报，2007，32(2)：178－188.

[30] 马玺越，陈克安，丁少虎. 基于平面声源的三层有源隔声结构次级源最优布放 [J]. 西北工业大学学报，2013，31(3)：386－391.

[31] Clark R L，Fuller C R.Optimal placement of piezoelectric actuators and polyvinylidene fluoride error sensors in active structural acoustic control approaches [J]. J. Acoust. Soc. Am.，1992，92(3)：1521－1533.

[32] Wang B T, Burdisso R A, Fuller C R. Optimal placement of piezoelectric actuators for active structural acoustic control [J]. J. Intell. Mater. Syst. Struct., 1994, 5(1): 67 - 77.

[33] Baek K H, Elliott S J. Natural algorithms for choosing source locations in active control systems [J]. J. Sound. Vib., 1995, 186(2): 245 - 267.

[34] Simpson M T, Hansen C H. Use of genetic algorithms to optimize vibration actuator placement for active control of harmonic interior noise in a cylinder with floor structure [J]. Noise Control Eng. J., 1996, 44(4): 169 - 184.

[35] Li D S, Cheng L, Gosselin C M. Optimal design of PZT actuators in active structural acoustic control of a cylindrical shell with a floor partition [J]. J. Sound Vib., 2004, 269(3 - 5): 569 - 588.

[36] 雷英杰，张善文，李续武. MATLAB 遗传算法工具箱及应用 [M]. 西安：西安电子科技大学出版社，2005.

第3章 有源隔声结构物理机制研究

3.1 引　言

次级源为平面声源的双层有源隔声结构，深入理解有源隔声的物理机制有助于进一步挖掘降噪潜力及实现系统的优化设计。就有源隔声结构物理机制的研究，相当多文献从模态的角度作了深入分析，得出了“模态抑制”与“模态重构”两种机理[1-5]。对于采用声控制策略的双层有源隔声结构，一种是空腔声模态的抑制，它抑制辐射板的结构振动而降低其辐射噪声[4-5]。另一种为空腔声模态的重构，它调整辐射板的结构振动使其变为弱辐射体，此时辐射板的振动未必受到抑制[4-5]。

然而，由于两层板与空腔复杂的模态耦合，需同时考虑各结构与空腔模态的幅值与相位的变化才能获得对降噪机理清晰的认识。而且分析辐射板任意结构模态的幅值与相位的变化对有源隔声的影响时需将与之耦合的其它结构与空腔模态的影响均考虑在内。再者，对于三层有源隔声结构，模型中含有三层平板与两个空腔，系统中结构与空腔模态之间的耦合变得更复杂。这就使得上述两种机制无法清晰解释这类含平面声源的有源隔声结构隔声的物理本质。此外，Johnson 从声辐射模态的角度阐述了单层板的有源隔声机理[6]，Clark 在波数域进行分析，得出向远场辐射声能的超声速区域的结构振动受到抑制是其机理所在[7]。这两种方法有效简化了结构-流体耦合分析，对结构声辐射有源控制机理的认识更加清晰直观。然而这两种方法仅对单层隔声结构的机理分析有效，对于三层结构则有较大的局限性。

鉴于此，本章提出通过分析控制前、后三层结构中声能量传输规律的变化来揭示有源隔声的物理本质。因而计算声传播时的能量流、深入分析声能量传输所遵循的特殊规律，声-振耦合对能量传输的影响以及探究形成特殊传输规律的内在原因，就成为分析三层结构有源隔声物理机理的必要前提。本章通过探讨平板结构各模态组的辐射声功率及子系统中各模态组所占的能量，间接获得三层结构中的声能流规律。

三层结构中入射板与中间板向封闭空腔内辐射声，与自由场条件相比，声辐射的计算变得复杂。一种计算结构辐射声功率的有效方法是所谓的“离散元法”，它将平板划分为小于声波波长的有限个单面元，通过求解各面元的“净”辐射声功率，进而获得总声功率。在求解过程中，核心问题是求得结构表面的传输阻抗矩阵。已有文献解决了向自由空间辐射声的平板单元的传输阻抗计算问题[8]，对于三层结构，其入射层及中间夹层结构向封闭空腔内辐射声，传输阻抗的计算不能再套用自由场条件下的表达式。为此，本章采用数值方法计算结构的传输阻抗，并通过结构辐射能量与后续系统所占能量总和的比较验证数值方法的正确性。

3.2 三层结构声能量传输规律

本节先用数值方法计算向封闭空间辐射声时平板的传输阻抗，并给出声功率及三层结构中各子系统能量的计算公式。结合各层平板的辐射功率及各子系统所占的能量，分析获得三层结构中声能量的特殊传输规律，并对能量传输规律的成因进行探讨。

3.2.1 传输阻抗计算

根据离散元方法，声功率的求解需先获得平板表面的传输阻抗矩阵，以下分别给出求解各平板的传输阻抗矩阵的方法。

对于辐射板 c，向自由空间辐射声能，文献[8]对自由场条件下的声传输阻抗矩阵求解作了研究。将辐射板 c 进行均匀面元划分，根据传输阻抗矩阵 $\boldsymbol{Z}_c$ 的物理意义并结合点声源在自由场辐射声压的解析式，可推出 (i,j) 元素 $Z_c(i,j)$ 的表达式为

$$Z_c(i,j)=\begin{cases}\dfrac{j\rho_0 c_0 k\Delta S\mathrm{e}^{-\mathrm{j}kr_{ij}}}{2\pi r_{ij}} & i\neq j\\ \rho_0 c_0(1-\mathrm{e}^{\mathrm{j}k\sqrt{\Delta S/\pi}}) & i=j\end{cases} \tag{3-1}$$

式中，ΔS 为面元面积；$k=\omega/c_0$ 为声波数；r_{ij} 表示第 i 面元与第 j 面元之间的距离；ρ_0 与 c_0 为空气介质的密度与声速[8]。

对入射板 a 与中间板 b，结构向封闭空间内辐射声，传输阻抗矩阵不能再

套用式(3-1)进行计算。假设两板的传输阻抗矩阵为 $\boldsymbol{Z}_{\mathrm{a}}$ 与 $\boldsymbol{Z}_{\mathrm{b}}$，由传输阻抗矩阵的计算原理[9]，矩阵的第 (i,j) 元素 $\boldsymbol{Z}_{\mathrm{a}}(i,j)$ 与 $\boldsymbol{Z}_{\mathrm{b}}(i,j)$ 可等效认为结构的第 i 面元以振速 $v(i)$ 单独振动时，第 j 面元位置产生的声压 $p(j)$ 与这个振速的比值为

$$Z_{\mathrm{a}}(i,j)=\frac{P(j)}{v(i)} \tag{3-2}$$

将第 i 振动面元等效为点源，它处于封闭空腔声场内，因而难以直接获得此点源振速 $v(i)$ 与第 j 面元的声压 $p(j)$ 之间的关系式，也就很难推导出 $\boldsymbol{Z}_{\mathrm{a}}$ 与 $\boldsymbol{Z}_{\mathrm{b}}$ 的具体表达式。

对入射板 a 进行均匀面元划分，仅第 i 面元以速度 $v(i)$ 振动时，要求解 $Z_{\mathrm{a}}(i,j)$ 需先获得第 j 面元位置的声压 $p(j)$。入射板 a 只有第 i 面元振动可等效为刚性板与第 i 面元中心放置强度为 $\Delta Sv(i)$ 的点源的组合，等效的系统示意图如图 3-1 所示。上述问题也就转化为，由刚性板 a、弹性板 b 与弹性板 c 以及两空腔组成的耦合系统，在布置于第 i 面元处强度为 $Q=\Delta Sv(i)$ 的点源激励下，求第 j 面元位置处的声压。

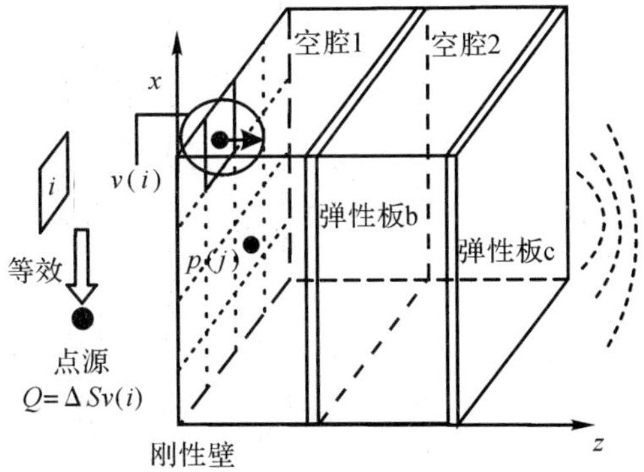

图 3-1 求解入射板 a 传输阻抗的等效系统示意图

等效后耦合系统的振动响应，同样需要建立耦合方程组求解。由封闭空腔声波动方程，结合模态叠加原理、格林第二公式及声模态函数的正交性可得两空腔声模态幅值满足的关系，有

$$\begin{aligned}&\ddot{P}_{1,n}(t)+2\xi_{1,n}\omega_{1,n}\dot{P}_{1,n}(t)+\omega_{1,n}^{2}P_{1,n}(t)=\\&\frac{\varphi_{1,n}(x_i,y_i,0)}{V_1}\dot{Q}(t)-\frac{A}{V_1}\sum_{m=1}^{M_{\mathrm{b}}}\ddot{q}_{\mathrm{b},m}(t)L_{2,nm}\end{aligned} \tag{3-3}$$

$$\ddot{P}_{2,n}(t)+2\xi_{2,n}\omega_{2,n}\dot{P}_{2,n}(t)+\omega_{2,n}^{2}P_{2,n}(t)=\frac{A}{V_2}\sum_{m=1}^{M_b}\ddot{q}_{b,m}(t)L_{3,nm}-\frac{A}{V_2}\sum_{m=1}^{M_c}\ddot{q}_{c,m}(t)L_{4,nm} \tag{3-4}$$

式(3-3)中，$Q(t)=\Delta Sv(i,t)$ 表示点源强度。根据弹性平板振动位移满足的方程，结合模态函数的正交性可得弹性板 b 与 c 的位移模态幅值所满足的关系式，其与式(2-49)相同，此时式(2-49)中的 $Q_{sm}(t)$ 项应去掉。将平板与空腔模态幅值满足的耦合方程组联立求解出各空腔的声模态幅值 $P_{i,n}(i=1,2)$。将 $P_{1,n}$ 带入式(2-47)就可获得第 j 面元位置处的声压 $p(j)$。当第 i 面元振动时，求解出所有面元的声压就可获得矩阵 $\boldsymbol{Z}_a$ 的第 i 行元素。依次取其它各面元作为振动面元，按照同样的求解步骤即可算出传输阻抗矩阵 $\boldsymbol{Z}_a$ 的所有行元素[10]。

中间板 b 的传输阻抗矩阵的求解方法与入射板 a 类似。当第 i 面元单独振动时，将弹性板 b 等效为刚性壁与点源的组合，系统示意图如图 3-2 所示。计算传输阻抗矩阵 $\boldsymbol{Z}_b$ 只需考虑中间板 b 右侧的声辐射，系统只包含空腔 2 与辐射板 c。

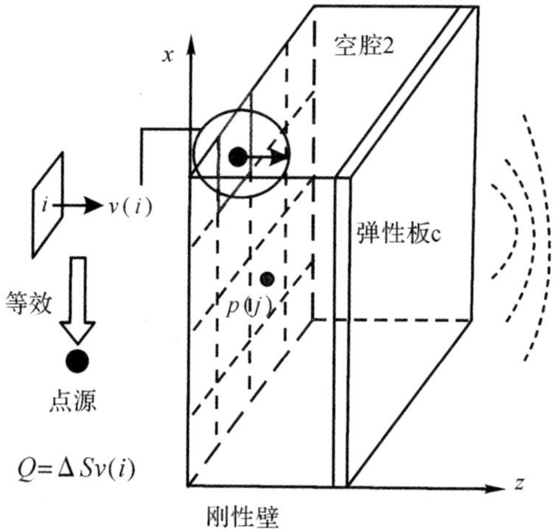

图 3-2　求解中间板 b 传输阻抗的系统示意图

第 i 面元单独振动时，求空腔 2 内第 j 面元位置处的复声压 $p(j)$，同样需要求解上述耦合系统在点源激励下的振动响应。根据空腔声场波动方程，结合格林第二公式及声模态函数的正交性可得空腔 2 内的声模态幅值满足的

方程，即

$$\ddot{P}_{2,n}(t)+2\xi_{2,n}\omega_{2,n}\dot{P}_{2,n}(t)+\omega_{2,n}^{2}P_{2,n}(t)=$$
$$\frac{\varphi_{2,n}(x_i,y_i,0)}{V_2}\dot{Q}(t)-\frac{A}{V_2}\sum_{m=1}^{M_c}\ddot{q}_{c,m}(t)L_{4,nm} \tag{3-5}$$

辐射板 c 各模态幅值满足的方程与式(2－50)相同。联立方程式(2－50)与(3－5)求解出空腔 2 的各声模态幅值，然后根据式(2－47)就可求解出第 j 面元位置处的复声压 $p(j)$。当第 i 面元单独振动时，计算获得所有面元位置处的声压，即可获得传输阻抗矩阵 $\boldsymbol{Z}_b$ 的第 i 行元素。依次取其它各面元为振动面元，按上述步骤就可获得 $\boldsymbol{Z}_b$ 的其它各行元素。

3.2.2 辐射功率计算

按离散元法计算结构辐射功率，假设 N_e 个面元的复声压与法向振速组成的 N_e 阶列矢量分别为 $\boldsymbol{P}$ 和 $\boldsymbol{V}$，则总声功率可表示为

$$W=\frac{\Delta S}{2}\mathrm{Re}(\boldsymbol{V}^{\mathrm{H}}\boldsymbol{P}) \tag{3-6}$$

由式(3－6)计算结构的辐射声功率，对声场没有限制。对三层结构而言，无论平板向自由空间还是向封闭空间内辐射声，式(3－6)均成立。对于不同的辐射层，表面声压与法向振速列矢量有如下关系：

$$\boldsymbol{P}_i=\boldsymbol{Z}_i\boldsymbol{V}_i \quad (i=\mathrm{a,b,c}) \tag{3-7}$$

式中，i 分别表示入射板 a、中间板 b 及辐射板 c。将式(3－7)带入式(3－6)可获得辐射声功率的如下形式：

$$W_i=\boldsymbol{V}_i^{\mathrm{H}}\boldsymbol{R}_i\boldsymbol{V}_i \quad (i=\mathrm{a,b,c}) \tag{3-8}$$

其中 $\boldsymbol{R}_i=(\Delta S/2)\mathrm{Re}(\boldsymbol{Z}_i)$，称为辐射阻抗矩阵。对入射板 a、中间板 b 及辐射板 c，其辐射声功率均可由式(3－8)计算，差别在于向不同的声场辐射时辐射阻抗矩阵 $\boldsymbol{R}$ 不同。

对于入射板 a 声功率的计算，相当于把空腔 1、中间板 b、空腔 2、辐射板 c 以及辐射板一侧的自由声场整体作为另一种等效的媒质，入射板 a 向这个特殊的媒质辐射声。辐射声功率的大小则表明入射板 a 向这个等效媒质进行能量传输的能力。中间板 b 的情形类似，可将空腔 2、辐射板 c 及辐射板一侧的自由声场整体等效为一种新媒质，中间板 b 向这个特殊媒质传输能量。从这个角度讲，通过分析各层结构的辐射功率可间接探寻三层结构中的声能流规律。

3.2.3 子系统能量

计算和分析各子系统所占的能量，可进一步揭示出声能量传输的特殊规律，同时还可以验证各层结构传输阻抗计算的正确性。各层平板的总能量是结构振动动能和势能(形变能)之和[11]，动能的计算公式为

$$T_i = \frac{1}{2}\rho_i h_i \omega^2 \int l_{x_0} \int l_{y_0} w_i^2 \mathrm{d}x\mathrm{d}y \quad (i = \mathrm{a},\mathrm{b},\mathrm{c}) \tag{3-9}$$

式中，ρ_i 和 h_i 分别为各平板的密度和厚度。对于简支矩形平板，势能可简化表示为

$$U_i = \frac{D_i}{2}\int l_{x_0} \int l_{y_0} \left(\frac{\partial^2 w_i}{\partial x^2} + \frac{\partial^2 w_i}{\partial y^2}\right)^2 \mathrm{d}x\mathrm{d}y \quad (i = \mathrm{a},\mathrm{b},\mathrm{c}) \tag{3-10}$$

式中，D_i 为平板的刚度，计算公式为 $D_i = h_i^3/[12(1-\upsilon^2)]$，$\upsilon$ 为平板的泊松比。

两空腔的总能量是腔内声场的时间平均声势能和动能之和[11]。时间平均声势能的计算公式为

$$E_{p,i} = \frac{1}{2\rho_0 c_0^2}\iiint_V p_i(r)^2 \mathrm{d}V \quad (i = 1,2) \tag{3-11}$$

式中，$p_i(r)$ 为腔内任意点 $r = (x,y,z)$ 处的声压。空腔时间平均动能的计算公式为

$$E_{k,i} = \frac{1}{2\rho_0 \omega^2}\iiint_V \left[\left(\frac{\partial p_i}{\partial x}\right)^2 + \left(\frac{\partial p_i}{\partial y}\right)^2 + \left(\frac{\partial p_i}{\partial z}\right)^2\right]^2 \mathrm{d}V \quad (i = 1,2) \tag{3-12}$$

3.2.4 声辐射计算结果验证

以入射板 a 为例，通过计算其辐射声功率来验证 3.2.1 节中数值方法求传输阻抗矩阵的正确性。根据离散元方法，只要将式(3-8)计算声功率的结果与式(3-6)获得的声功率相比较，即可验证数值方法的有效性。模型参数与第 2 章表 2-2 的参数赋值相同。求解耦合系统的振动响应获得入射板 a 的表面复声压 $\boldsymbol{P}_\mathrm{a}$ 与法向振速 $\boldsymbol{V}_\mathrm{a}$，由 3.2.1 节获得入射板 a 的传输阻抗矩阵 $\boldsymbol{Z}_\mathrm{a}$，将各参量带入式(3-6)与式(3-8)计算获得的辐射声功率曲线如图 3-3 所示。图中黑实线表示式(3-6)的计算结果，灰虚线表示式(3-8)的结果。两种方法获得的声功率曲线几乎完全吻合，从而验证了数值方法求解传输阻抗矩阵的正确性，同时也证明式(3-8)计算声功率的有效性。

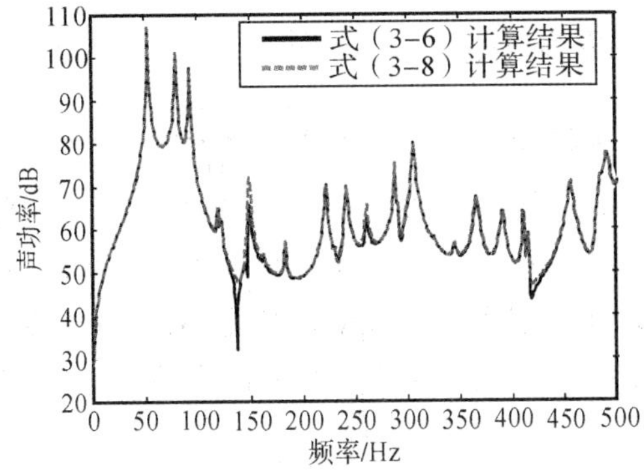

图 3-3 两种方法获得的声功率比较

根据 3.2.2 节中入射板 a 与中间板 b 声辐射的物理意义，同时忽略各子系统阻尼引起的能量损耗，入射板 a 辐射的能量应近似等于两空腔、板 b 与板 c 包含的能量和板 c 向外辐射的能量之和（$E_{p,1}+E_{K,1}+T_2+U_2+E_{p,2}+E_{K,2}+T_3+U_3+W_{r,c}$）。中间板 b 辐射的能量应近似等于腔 2、板 c 所占的能量以及板 c 向外侧辐射的能量之和（$E_{p,2}+E_{K,2}+T_3+U_3+W_{r,c}$）。此处将板 a 与板 b 之后的各子系统占的能量之和统称为后续子系统能量之和。如图 3-4所示为两种声能量计算结果的比较，图（3-4）(a)中黑实线为板 a 辐射的能量，灰虚线为后续子系统能量之和。图（3-4）(b)中黑实线为板 b 辐射的能量，灰虚线为后续子系统能量之和。两种方法计算获得的声能量曲线基本吻合且偏差较小，进一步说明用式（3-8）计算板 a 与板 b 声功率的正确性。图中两方法的计算结果在某些频点存在偏差，其可能的原因在于各子系统阻尼的忽略，另外与数值法计算声功率本身存在误差也有关系。

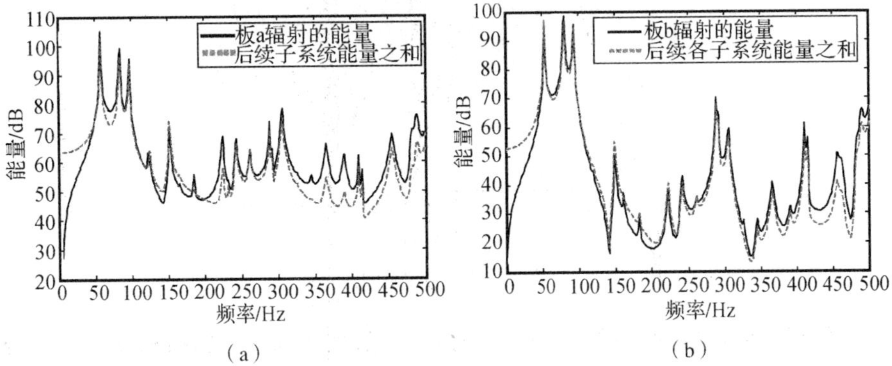

（a） （b）

图 3-4 两板辐射能量与后续系统总能量的比较

(a)板 a 声功率与后续系统总能量的比较；(b)板 b 声功率与后续系统总能量的比较

3.2.5 声能量传输规律

3.2.5.1 能量传输分析

模型参数与第 2 章表 2-2 参数相同，在第 2 章获得耦合系统振动响应的基础上，根据式(3-10)～式(3-13)计算获得各子系统所占的能量如图 3-5 所示，由式(3-9)求出各层平板的辐射声功率如图 3-6 所示，其中黑实线表示入射板 a 的声功率，灰实线表示中间板 b 的声功率，黑虚线表示辐射板 c 的声功率。

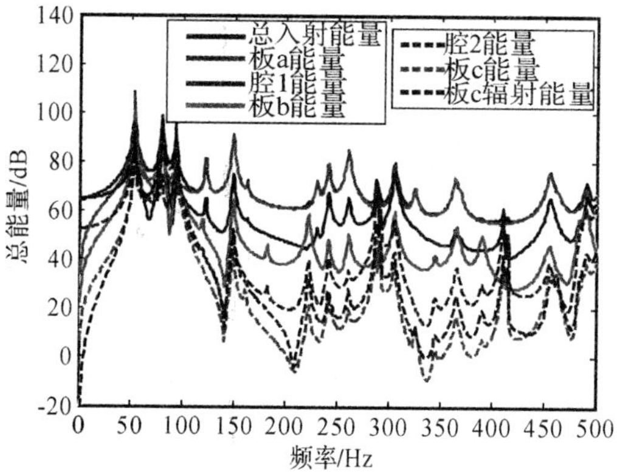

图 3-5 各子系统所占能量

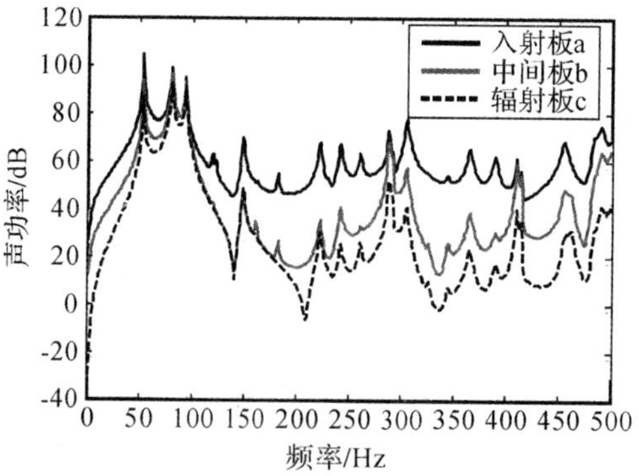

图 3-6 各层平板的辐射声功率

分析表明，当耦合系统达到稳态时，从入射板 a 顺次到辐射板 c 各子系统所占的能量逐渐减弱，说明声能量随着其向后传输逐渐减弱，传输过程有能量的损耗。图 3-6 中各层板向后辐射的声功率逐渐减小，也间接说明系统向后的能量传输在逐渐减小。损耗的声能量小部分由平板及空腔内的介质有阻尼而消耗所致。大部分损耗是由于平板与空腔之间的能量传输效率较低,导致能量储存在三层板与两腔内,这又与模态对的耦合强弱及之间的能量传输效率有关。仅由各子系统所占总能量的比较难以获得能量传输的深层次规律,以下将对系统解耦进行具体分析。

三层结构中声能量的传输是由平板与空腔的模态耦合所致的,三块平板的振动模态与两空腔声模态之间相互耦合,能量在耦合的模态之间进行传输。靳国永等的研究[145]表明,平板与空腔模态的耦合具有簇耦合特性,只有对应模态序数奇偶性相反的平板与空腔模态才相互耦合。结合本章的三层结构,可推知能量在三层结构中同类的模态组之间传输,且可等效认为形成四个"传输通道"。本章按平板模态序数奇偶性的不同,将模态分为四组,即奇-奇、偶-奇、奇-偶与偶-偶四类模态组。在低频段 0～500Hz 内,三块平板中这四组模态分别主要与两空腔的(0,0,0)(1,0,0)(0,1,0)及(1,1,0)四个声模态耦合,形成四个传输通道,其流程可表示为:

(1)与两空腔(0,0,0)声模态耦合,板 a(奇-奇模态组能量)→板 b(奇-奇模态组)→板 c(奇-奇模态组);

(2)与两空腔(1,0,0)声模态耦合,板 a(偶-奇模态组能量)→板 b(偶-奇模态组)→板 c(偶-奇模态组);

(3)与两空腔(0,1,0)声模态耦合,板 a(奇-偶模态组能量)→板 b(奇-偶模态组)→板 c(奇-偶模态组);

(4)与两空腔(1,1,0)声模态耦合,板 a(偶-偶模态组能量)→板 b(偶-偶模态组)→板 c(偶-偶模态组)。

由于模态之间耦合的选择性,四个通道的能量传输应彼此互不影响,且形成独立的传输通道。

3.2.5.2 各传输通道的带通特性

为深入探究各通道的传输规律,以下对各子系统中模态组所占的能量及各平板四类模态组的辐射声功率的变化详细展开。

结构辐射声时,任意振动模态的声辐射会受到同类型模态耦合的影响,其模态辐射声功率为自辐射与互辐射的叠加。而不同类的振动模态之间声辐射没有影响。因此可以推知四类模态组各自总的声辐射之间相互独立,只有各组内的同类模态之间声辐射有互耦影响,结构总的辐射声功率为四类模态组各自总辐射声功率的叠加。

根据模态叠加原理，平板的振速可表示为各模态振速的叠加，相应四类模态组各自的总振速为同类型模态的振速叠加。定义由平板各振动面元上奇-奇、偶-奇、奇-偶及偶-偶模态组各自的总振速构成矢量 $\boldsymbol{V}_{i,\mathrm{oo}}$，$\boldsymbol{V}_{i,\mathrm{eo}}$，$\boldsymbol{V}_{i,\mathrm{oe}}$ 和 $\boldsymbol{V}_{i,\mathrm{ee}}$，它们均为 N_{e} 阶列矢量。其中 i 分别表示入射板 a、中间板 b 及辐射板 c。上述各量可表示为

$$\boldsymbol{V}_{i,\mathrm{oo}}=\boldsymbol{v}_{i,(1,1)}+\boldsymbol{v}_{i,(1,3)}+\cdots+\boldsymbol{v}_{i,(\mathrm{o},\mathrm{o})}+\cdots \tag{3-13}$$

$$\boldsymbol{V}_{i,\mathrm{eo}}=\boldsymbol{v}_{i,(2,1)}+\boldsymbol{v}_{i,(2,3)}+\cdots+\boldsymbol{v}_{i,(\mathrm{e},\mathrm{o})}+\cdots \tag{3-14}$$

$$\boldsymbol{V}_{i,\mathrm{oe}}=\boldsymbol{v}_{i,(1,2)}+\boldsymbol{v}_{i,(3,2)}+\cdots+\boldsymbol{v}_{i,(\mathrm{o},\mathrm{e})}+\cdots \tag{3-15}$$

$$\boldsymbol{V}_{i,\mathrm{ee}}=\boldsymbol{v}_{i,(2,2)}+\boldsymbol{v}_{i,(2,4)}+\cdots+\boldsymbol{v}_{i,(\mathrm{e},\mathrm{e})}+\cdots \tag{3-16}$$

式中，$\boldsymbol{v}_{i,(\mathrm{o},\mathrm{o})}$，$\boldsymbol{v}_{i,(\mathrm{e},\mathrm{o})}$，$\boldsymbol{v}_{i,(\mathrm{o},\mathrm{e})}$ 及 $\boldsymbol{v}_{i,(\mathrm{e},\mathrm{e})}$ 分别表示由平板各面元上单个奇-奇、偶-奇、奇-偶及偶-偶模态的振速组成的 N_{e} 阶列矢量。式(3－13)～式(3－16)表示，三块平板各自奇-奇模态组的总振速 $\boldsymbol{V}_{i,\mathrm{oo}}$ 可表示为单个奇-奇模态的振速 $\boldsymbol{v}_{i,(\mathrm{o},\mathrm{o})}$ 之和；偶-奇模态组的总振速 $\boldsymbol{V}_{i,\mathrm{eo}}$、奇-偶模态组总振速 $\boldsymbol{V}_{i,\mathrm{oe}}$ 以及偶-偶模态组的总振速 $\boldsymbol{V}_{i,\mathrm{ee}}$ 均可表示为单个模态振速 $\boldsymbol{v}_{i,(\mathrm{e},\mathrm{o})}$，$\boldsymbol{v}_{i,(\mathrm{o},\mathrm{e})}$ 及 $\boldsymbol{v}_{i,(\mathrm{e},\mathrm{e})}$ 之和。根据离散元方法，结合 3.2.1 节获得的传输阻抗矩阵，得各模态组的辐射声功率为

$$W_{i,\mathrm{oo}}=\boldsymbol{V}_{i,\mathrm{oo}}^{\mathrm{H}}\boldsymbol{R}_i\boldsymbol{V}_{i,\mathrm{oo}} \tag{3-17}$$

$$W_{i,\mathrm{eo}}=\boldsymbol{V}_{i,\mathrm{eo}}^{\mathrm{H}}\boldsymbol{R}_i\boldsymbol{V}_{i,\mathrm{eo}} \tag{3-18}$$

$$W_{i,\mathrm{oe}}=\boldsymbol{V}_{i,\mathrm{oe}}^{\mathrm{H}}\boldsymbol{R}_i\boldsymbol{V}_{t,\mathrm{oe}} \tag{3-19}$$

$$W_{i,\mathrm{ee}}=\boldsymbol{V}_{i,\mathrm{ee}}^{\mathrm{H}}\boldsymbol{R}_i\boldsymbol{V}_{i,\mathrm{ee}} \tag{3-20}$$

采用式(3－17)～式(3－20)计算模态组的辐射声功率对各块平板均适用，对不同的辐射层辐射阻抗矩阵 $\boldsymbol{R}_i$ 不同。

由于辐射板 c 向自由声场辐射声，各模态组的声辐射之间相互独立，每个模态组都是独立的辐射单元，且辐射功率分别对应前四阶辐射模态的辐射功率。从集群的概念讲，这四个模态组也就是文献[12]所提到的四个集群单元。研究已经证实了集群单元之间互不耦合且它们是独立的辐射单元，这进一步说明了四个模态组的声辐射相互独立。

对于向矩形封闭空间辐射声的平板，Kaizuka 的研究表明，平板的四个模态组也为四个辐射集群单元，集群单元之间无耦合且它们均为独立的辐射器[13]。但对于本章模型中的入射板 a 与中间板 b，由于复杂的耦合情况，稍有

不同。此处引入一种简单的方法来验证这四个模态组辐射声的相互独立性。以入射板 a 中的奇-奇模态组为例，定义以下辐射功率的表达式：

$$W'_{\mathrm{a,oo}} = \frac{\Delta S}{2}\mathrm{Re}(\boldsymbol{V}_{\mathrm{a,oo}}^{\mathrm{H}}\boldsymbol{P}_{\mathrm{a}}) \tag{3-21}$$

式中，$\boldsymbol{V}_{\mathrm{a,oo}}$ 为入射板 a 中奇-奇模态组的表面振速；$\boldsymbol{P}_{\mathrm{a}}$ 为空腔 1 内邻近入射板 a 各面元中心处的声压组成的列矢量，它们均为 N_{e} 阶列矢量。式(3－21)的物理意义在于，计算获得的奇-奇模态组的辐射功率已经将其余模态组的耦合影响考虑在内。如果式(3－21)的计算结果与未考虑耦合的计算公式(3－18)的结果一致，则说明入射板 a 中奇-奇模态组为独立的声辐射单元。图 3－7 为两种方法计算获得的入射板 a 中奇-奇模态组的辐射功率，两者结果吻合良好，说明奇-奇模态组为独立的声辐射单元。

对于入射板 a 中其它模态组及中间板 b 中的各模态组，通过上述方法均可验证各自为独立的声辐射单元。说明四通道的能量传输互不影响，形成了四个独立的传输通道。

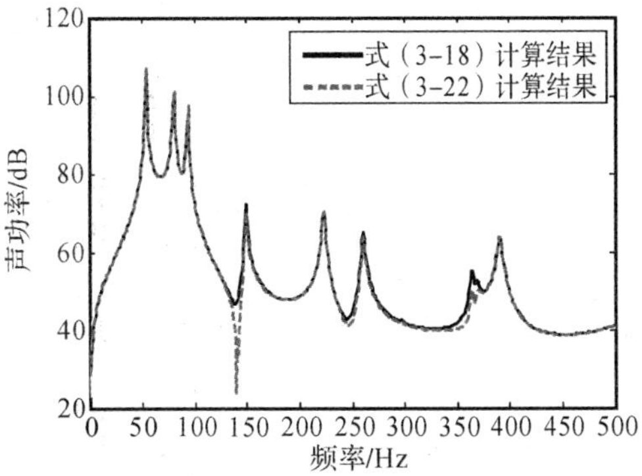

图 3－7　两种方法获得的入射板 a 中奇-奇模态组辐射功率的比较

将各子系统的模态分组，根据式(3－10)～式(3－13)计算子系统中各类模态组所占的能量，根据式(3－18)～式(3－21)获得平板各模态组的辐射功率。如图 3－8 所示为各子系统四类模态组所占的能量及各平板四类模态组的辐射声功率曲线。图(a)(c)(e)(g)分别为各子系统四类模态组所占的能量曲线，各图中两腔的总能量指与结构模态组对应序数奇偶性相反的声模态组所占的能量。其中图(a)为各平板奇-奇模态组及两腔偶-偶类声模态组所占的能量曲线；图(c)为各平板偶-奇模态组及两腔奇-偶声模态组所占的能量曲线;图(e)为各平板奇-偶模态组及两腔偶-奇声模态组所占的能量曲线;图(g)为各平板偶-偶模态组及两腔奇-奇声模态组所占的能量曲线。图(b)中黑实线为板 a 的奇-奇类模态组的声功率 $\boldsymbol{W}_{a,oo}$,灰实线为板 b 的奇-奇类模态组的辐射声功率 $\boldsymbol{W}_{b,oo}$,黑虚线为辐射板 c 的奇-奇类模态组的辐射声功率 $\boldsymbol{W}_{c,oo}$ 。类似地,图(d)(f)(h)分别为各平板其余模态组的辐射声功率。

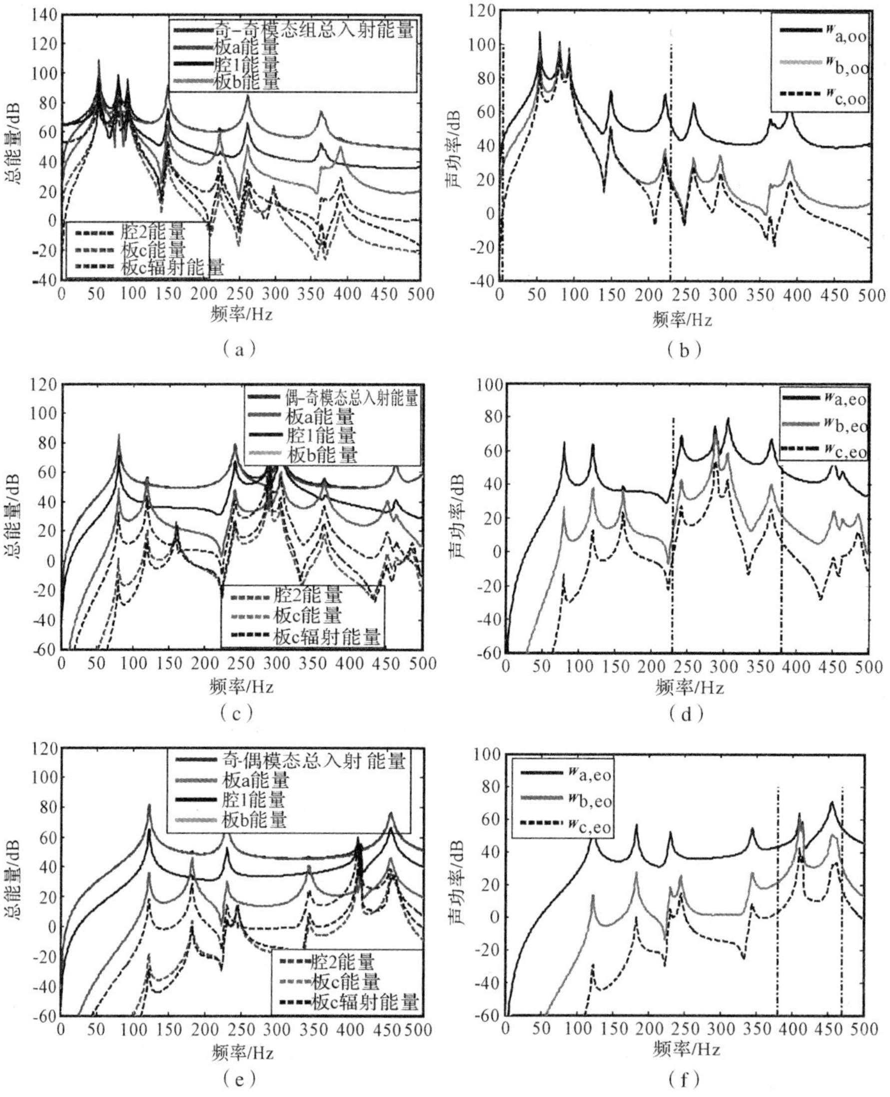

图 3-8　各子系统四类模态组所占的能量及各平板四类模态组的辐射声功率

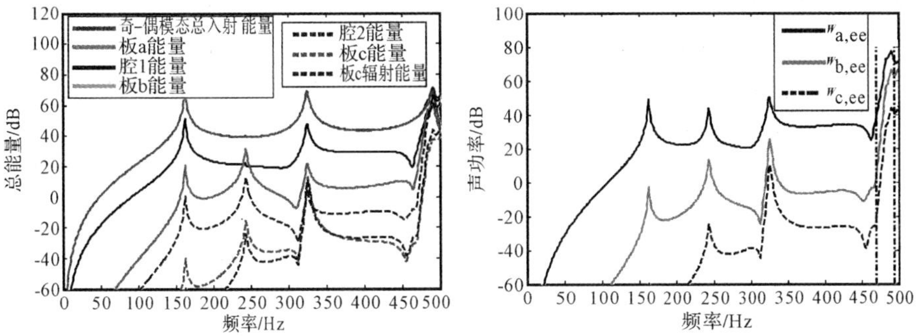

(g) (h)

续图 3-8 各子系统四类模态组所占的能量及各平板四类模态组的辐射声功率

(a)各平板奇-奇模态组及两腔偶一偶模态组所占能量;(b)各平板奇-奇模态组的辐射声功率;

(c)各平板偶-奇模态组及两腔奇一偶模态组所占能量;(d)各平板偶-奇模态组的辐射声功率;

(e)各平板奇-偶模态组及两腔偶一奇模态组所占能量;(f)各平板奇-偶模态组的辐射声功率;

(g)各平板偶-偶模态组及两腔奇一奇模态组所占能量;(h)各平板偶-偶模态组的辐射声功率

研究表明[10],当系统达到稳态时,在 0～500 Hz 频段内随着能量向后传输,四类模态组在各子系统中所占的能量逐渐降低,说明奇-奇、偶-奇、奇-偶以及偶-偶模态组的能量从入射板 a 传输到辐射板 c 时逐渐衰减。但不同类型的模态组,在不同的频段能量衰减程度不同。对于奇-奇模态组,由图 3-8(a)可知其能量传输到各子系统时在 0～230 Hz 内衰减较小,在其余频段大幅衰减,衰减量几乎达到 60 dB。三层结构振动响应达到稳态时是动态平衡的系统,因而在能量传输效率高的频段,各子系统所占能量均高,从而保证能量传输的动态平衡。图 3-8(b)中各平板奇-奇模态组的辐射声功率也间接说明声能流在 0～230 Hz 段内衰减较小。鉴于此,本书将衰减较小的 0～230 Hz 频段等效认为是奇-奇模态组能量传输的“通带”,将其余衰减较大的频段称为“阻带”。

类似对于偶-奇模态组,图 3-8(c)(d)可得出能量传输在 230～380 Hz 频带内衰减较小,这个频带被称为偶-奇模态的“通带”,各子系统所占能量在此频段较高。其余频段衰减量大,称为“阻带”(见图 3-8(e)(f))。对于奇-偶模态组,其能量传输的通带为 380～470 Hz,其余频带为阻带。对于偶-偶模态组其能量传输的通带为 470～500 Hz,其余频带都为阻带(见图 3-8(g)(h))。值得注意的是,此处对于各类模态组通带的划分并不严格,目的只是为了定性说明能量传输规律。图 3-8(b)(d)(f)(h)中各虚线之间的部分表示四类模态组的传输通带。

上述结论表明[10],每个通道的能量并不是全频带传输,对于不同的传输通道，对应不同的传输通带。通带仅代表此频段内能量传输的衰减相对较小，而阻带的能量传输衰减量可达 60 dB，可近似认为没有声能量的传输。四个通道频域内的传输特性说明，三块平板与两空腔的整体作用类似于带通滤波器，对于不同类型的模态组，声能量传输的通过频带各不相同，且等效滤波器通带内的幅频响应小于 1。此能量传输规律对于含平面声源的这类多层有源隔声结构物理机理分析具有指导作用。

能量传输的带通特性使得四类模态组的能量传输到辐射板 c 时，各自在不同的频段占主导。奇-奇模态组的能量在 0～230 Hz 占板 c 能量的绝大部分，相应偶-奇类、奇-偶类及偶-偶类模态组的能量分别在 230～380 Hz，380～470 Hz与 470～500 Hz 占板 c 能量的绝大部分而成为相应各频段的主导模态。如图 3-9 所示为辐射板 c 四类模态组的振动动能与总动能的比较，它也间接说明了四通道能量传输的带通特性。

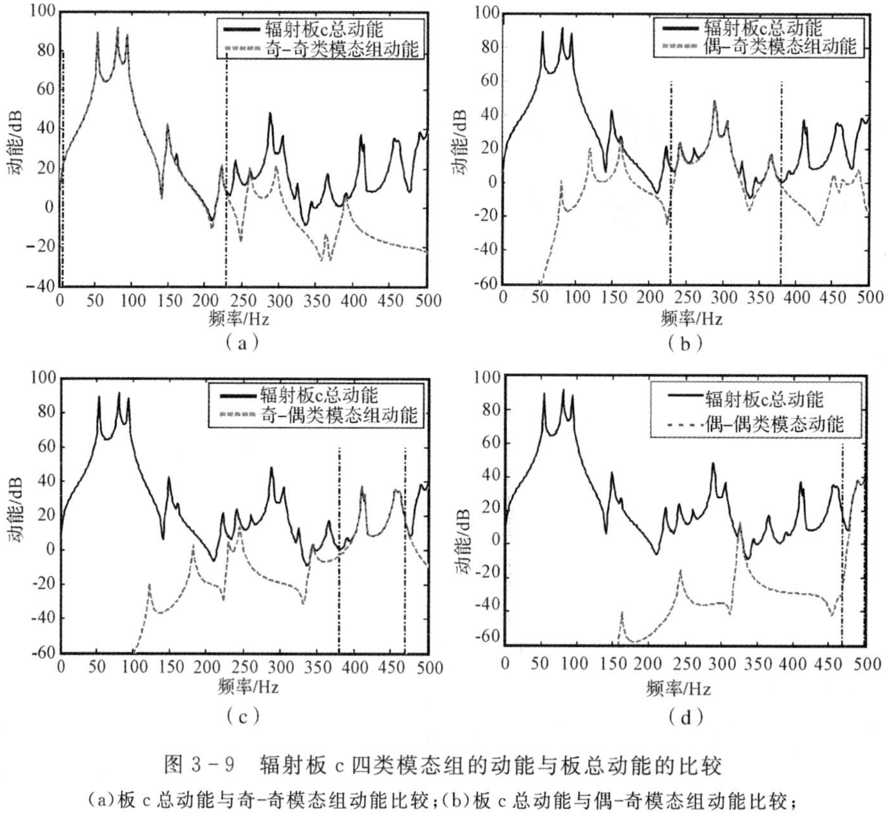

图 3-9　辐射板 c 四类模态组的动能与板总动能的比较

(a)板 c 总动能与奇-奇模态组动能比较；(b)板 c 总动能与偶-奇模态组动能比较；

(c)板 c 总动能与奇-偶模态组动能比较；(d)板 c 总动能与偶-偶模态组动能比较

3.2.6 成因分析

不同模态组能量传输所具有的通带与阻带特性，其深层次成因与平板和空腔之间的模态耦合强弱有关。不同的模态对其耦合强弱不同：耦合较强的平板与空腔模态之间的能量传输较大。反之，耦合较弱的模态对之间能量传输较小。为了定量分析模态之间的耦合强弱及能量传输效率，Pan 等引入如下能量传输因子[14]：

$$F_{m,n}=[1+\frac{(\omega_{\mathrm{cav},n}-\omega_{\mathrm{pla},m})^2}{4B(m,n)^2}]^{-1} \tag{3-22}$$

$$B(m,n)=\sqrt{\frac{\rho_0 c_0^2}{\rho_{\mathrm{pla}}h_{\mathrm{pla}}V_{\mathrm{cav}}M_{\mathrm{pla},m}M_{\mathrm{cav},n}}}\cdot L_{nm} \tag{3-23}$$

式中，$\omega_{\mathrm{cav},n}$ 为空腔第 n 阶声模态的固有频率；$\omega_{\mathrm{pla},m}$ 为平板第 m 阶模态的固有频率；ρ_0 与 c_0 为空气介质的密度与声速；ρ_{pla} 与 h_{pla} 为平板的密度与厚度；V_{cav} 为空腔的体积；$M_{\mathrm{pla},m}$ 为平板第 m 阶模态的广义模态质量；$M_{\mathrm{cav},n}$ 为空腔第 n 阶声模态的广义模态质量；L_{nm} 为平板结构模态与空腔声模态的耦合系数；m,n 为中间变量，无实际意义。

式(3-23)表明，耦合模态之间的能量传输效率应主要与它们的固有频率之差有关，两模态固有频率越接近，耦合越强，能量传输也就越大。

在 0～500 Hz 频段内，奇-奇类模态组的能量传输，主要通过与两空腔(0,0,0)声模态的耦合进行。(0,0,0)模态的固有频率为 0，因而在接近 0 的 0～150 Hz 频段内奇-奇模态与(0,0,0)模态耦合较强，能量传输较大，此频带也就成为传输通带。随着频率的增大，高频段的奇-奇模态与(0,0,0)模态的耦合逐渐减弱，以至能量传输效率极低($F_{m,n}$ 的值很小)，高频段就称为“阻带”。

类似地，偶-奇、奇-偶、偶-偶类模态主要和两空腔的(1,0,0)(0,1,0)与(1,1,0)模态耦合进行能量传输。这三个声模态的固有频率分别为 287 Hz、410 Hz 与 500 Hz，因而在以这三个固有频点为中心的 150～350 Hz、350～460 Hz 以及 460～500 Hz 三个频段内，上述三类模态组与空腔的这三个声模态耦合较强，能量传输较大。这三个频段就成为偶-奇、奇-偶和偶-偶类模态组的通带。在其余对的频段内，上述三类平板模态与空腔的三个声模态的固有频率相差较大，模态对的耦合很弱且它们之间的能量传输效率很低($F_{m,n}$ 的值很小)，因而这些频带就变成阻带。

在斜入射平面波激励下，传输到板 a 内奇-奇类、偶-奇类、奇-偶类及偶-偶类模态的总能量如图 3-10 所示。分析可知，在极低频段入射到奇-奇类模态的能量比入射到其余三类模态的能量大很多，而入射到其余三类模态的能量则很少。随着频率的增加，入射到偶-奇类、奇-偶类及偶-偶类模态的能量却依次均在增加，越到高频段入射到偶-偶类模态的能量则越大。四类模态的总入射能量在不同的频段占主导，也是形成能量传输带通特性的另一原因。再加上三层结构对各类模态组的能量传输在阻带的衰减很大，最终形成了四通道能量传输的带通特性。

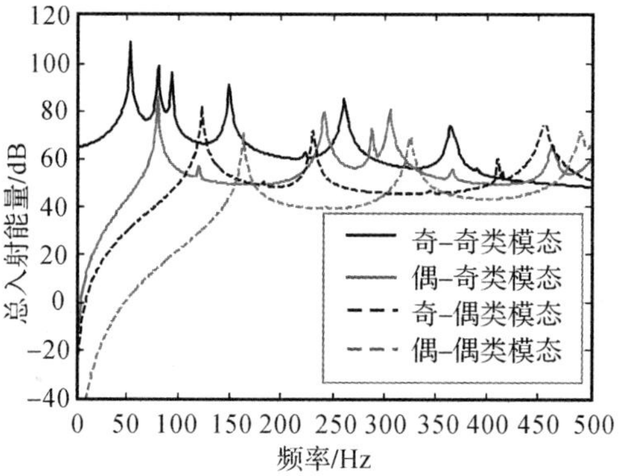

图 3-10 入射到板 a 四类模态组的总能量

3.3 有源隔声机理分析

根据第 2 章表 2-2 中的模型参数，计算获得在单次级点力作用下控制前、后辐射板 c 的声功率曲线如图 3-11 所示。此结果已经在 2.4.2 节中计算获得，为了便于有源隔声机理的分析，此处将其再次列出。控制后，辐射板 c 的声功率大幅降低，且 0～500 Hz 内均有降噪效果，因而三层结构的总隔声量显著提高。

3.2 节中根据四类模态组将能量传输划分为四个等效的传输通道，对系统中复杂的模态耦合进行了有效解耦，获得了控制前三层结构中声能量传输规律。控制后四通道的能量传输规律势必发生变化，从控制后声能量传输变化的角度对控制机理进行深入分析，能更加直观获得多层结构有源隔声的物理实质[15]。

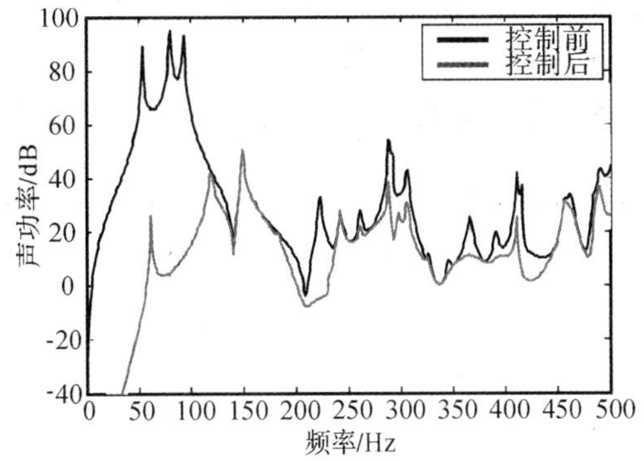

图 3－11　控制前、后辐射板 c 的声功率

如图 3－12 所示为中间板 b 与辐射板 c 的四类模态组控制前、后的辐射声功率曲线。图 3－12(a1)(a2)为两板的奇-奇模态组的辐射声功率，图(b1)(b2)表示偶-奇模态组，图(c1)(c2)和(d1)(d2)分别为奇-偶及偶-偶模态组。图中两条竖直点划线之间的区域为各传输通道所对应的通带。研究表明，对于奇-奇模态组所含的能量其传输的通过频带为 0～230 Hz，控制后此频带内板 b 的奇-奇模态组的辐射声功率大幅下降(见图 3－12(a1))。说明通过控制有效阻碍了奇-奇模态组的能量传输，使得传到辐射板 c 的能量大幅下降，因而其辐射声功率相应大幅降低(见图 3－12(a2))。对于 0～230 Hz 之外的阻带，虽然控制后中间板 b 内奇-奇模态组的能量增大(表现为其辐射声功率增大)，但此频段内奇-奇模态组的能量传输效率极低而使得增加的能量中只有极少部分传到辐射板 c 内。因而辐射板 c 内的奇-奇模态组在此阻带内的声辐射增量很小。

对于偶-奇模态组，其能量传输的通带为 230～380 Hz，控制后中间板 b 内的偶-奇模态组在此频段内辐射声功率大幅下降(见图 3－12(b1))。说明通过控制阻碍了偶-奇模态组在其通带内的能量传输，使得传到辐射板 c 的能量大幅减小，因而辐射板 c 内偶-奇模态组的辐射声功率相应大幅降低(见图 3－12(b2))。对于能量传输的阻带，虽然控制后中间板 b 内偶-奇模态组的辐射声功率有所增大，但此频段内的能量传输效率很低，使得辐射板 c 内偶-奇模态组能量的增量较小。

同理，由图 3－12(c1)(c2)(d1)(d2)可知，通过对中间板 b 进行控制，有效阻碍了奇-偶模态组和偶-偶模态组在其各自通带内的能量传输，最终使得传到辐射板 c 内奇-偶与偶-偶模态组的能量大幅降低，辐射声功率大幅衰减。控制后中间板 b 内这两个模态组在其各自阻带内的能量均增加，但由于阻带的能量传输效率极低使得辐射板 c 内这两模态组的能量增量较小。

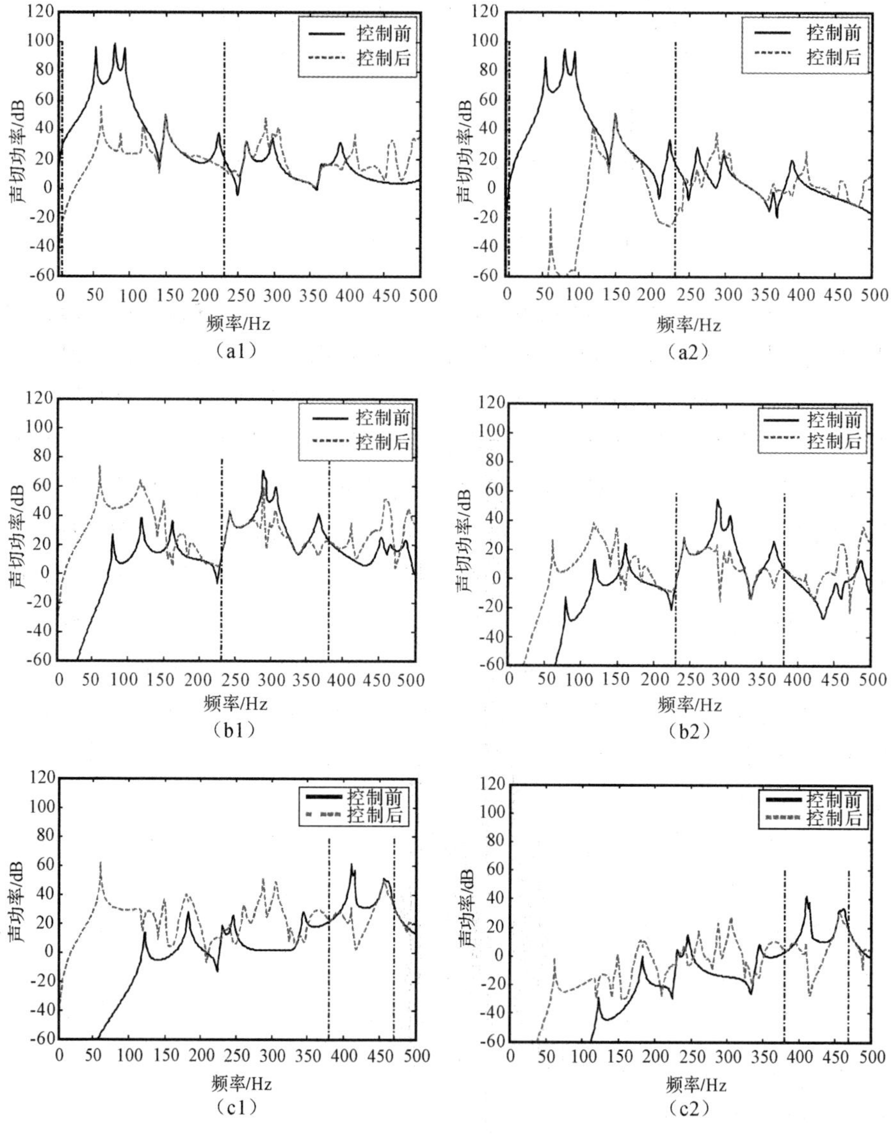

图 3－12　控制前、后中间板 b 与辐射板 c 四类模态组的辐射声功率

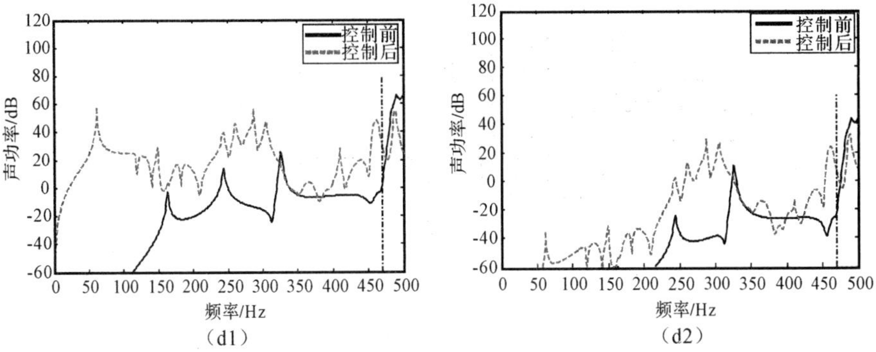

续图 3-12 控制前、后中间板 b 与辐射板 c 四类模态组的辐射声功率

(a1)板 b 奇-奇模态组的辐射声功率;(a2)板 c 奇-奇模态组的辐射声功率;
(b1)板 b 偶-奇模态组的辐射声功率;(b2)板 c 偶-奇模态组的辐射声功率;
(c1)板 b 奇-偶模态组的辐射声功率;(c2)板 c 奇-偶模态组的辐射声功率;
(d1)板 b 偶-偶模态组的辐射声功率;(d2)板 c 偶-偶模态组的辐射声功率

对于四个模态组,其中任一个模态组的阻带正好由其余三个模态组的通带构成。虽然控制后辐射板 c 内这一模态组在其阻带内的能量有少量增加,但其余三个模态组在它们各自通带内的能量却大幅度衰减。因而对于辐射板 c,将控制后这四个模态组的能量叠加,最后的结果就是整个低频段均有降噪效果。将控制后图 3-12(a2)(b2)(c2)(d2)中四个模态组辐射声功率相加就获得了图 3-11 中控制后辐射板 c 的声功率曲线。

综上可得,次级简谐点力施加于中间板 b 进行控制,其作用相当于有效抑制了四个传输通道各自通带内的能量传输[16]。控制前,四个模态组分别有各自能量传输的通带,控制后这四个传输通带也变成阻带,阻断了四类模态组内所含能量的传输。其实质就是通过控制中间板 b,有效提高了平面声源中弹性板 b 的隔声性能。最后透过中间板 b 传到辐射板 c 的声能量大幅降低,从而达到辐射板 c 的辐射功率最小的控制目的。以奇-奇模态组为例,控制过程中所体现出的四通道能量传输变化的物理本质可形象化示意为如图 3-13 所示的机理图,图中箭头的相对宽度则代表能量传输量的大小。

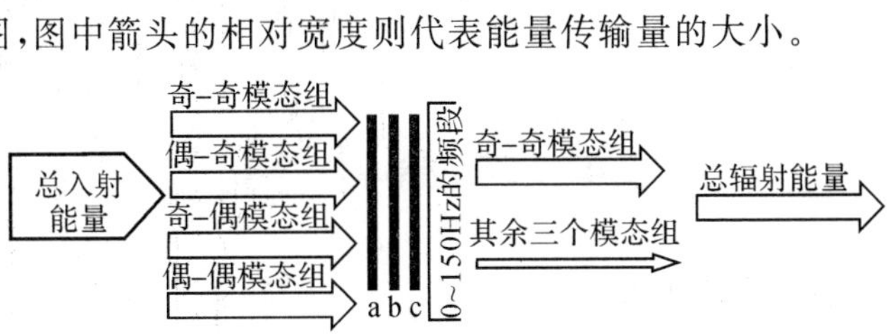

(a)

图 3-13 有源隔声机理示意图

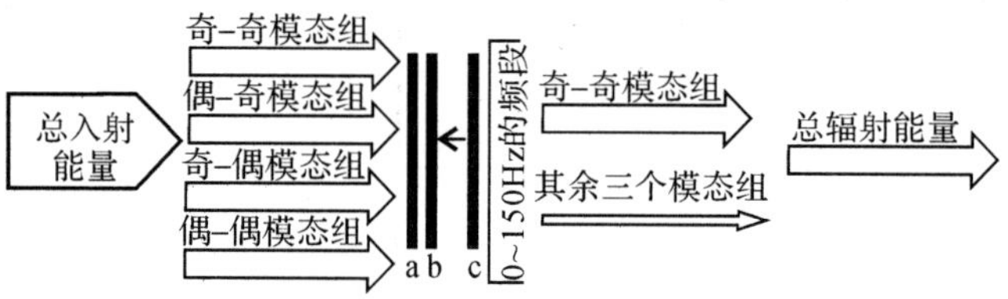

(b)

续图 3-13　有源隔声机理示意图

(a)控制前;(b)控制后

图 3-14 为控制前、后辐射板 c 的动能变化曲线。由图可知控制后辐射板 c 的动能在低频段明显下降。进一步证实了上述能量传输抑制的结论。基于平面声源的三层结构有源隔声的物理机制为通带内能量传输的抑制,表现为控制后三层结构整体具有更好的隔声能力。从能量传输变化的角度进行有源隔声的机理研究,分析过程简洁清晰,且能直观反应控制过程中所遵循的物理本质。本分析方法对复杂系统进行了有效解耦,为多层结构有源隔声机理的研究提供了一种简单有效的分析途径。

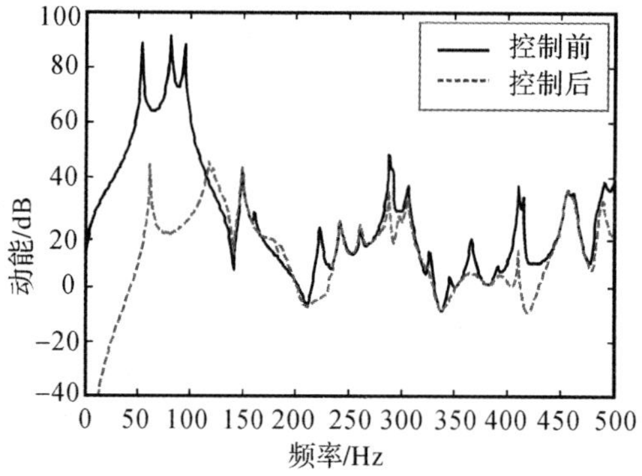

图 3-14　控制前、后辐射板 c 的动能

3.4 本章小结

通过分析各子系统所占的能量及各层平板的辐射功率得出了声能量传输的多通道带通特性。然后从控制后三层结构中声能量传输规律变化的角度阐述了有源隔声的物理机理。得出的主要结论有:

(1)声能量在三层结构中传输形成四个等效的传输通道。各传输通道均具有类似的"通带"与"阻带"特性,且不同的传输通道其通过频带不同。

(2)能量传输具有带通特性的成因在于模态对之间的耦合强弱不同。固有频率越接近的平板与空腔模态之间的耦合越强,从而形成以四个声模态的固有频率为中心的四个通带和相应远离这些中心频率的阻带。

(3)控制后四个通道通带内的能量传输受到抑制,能量传输的"通带"也变为"阻带",有效提高了系统整体的隔声性能。

(4)从能量传输变化的角度分析有源隔声的机理,对三层结构中复杂的模态耦合进行有效解耦,分析过程简捷清晰且易于理解。

参考文献

[1] Fuller C R, Hansen C H, Snyder S D. Experiments on active control of sound radiated from a panel using a piezoelectric actuator [J]. J. Sound Vib., 1991, 150(2): 179 - 190.

[2] Pan J, Hansen C H, Bies D A. Active control of noise transmission through a panel into a cavity. Ⅰ: Analytical study [J]. J. Acoust. Soc. Am., 1990, 87(5): 2098 - 2108.

[3] Pan J, Hansen C H. Active control of noise transmission through a panel into a cavity. Ⅱ: Experimental study [J]. J. Acoust. Soc. Am., 1991, 90(3): 1488 - 1492.

[4] Bao C, Pan J. Experimental study ofdifferent approaches for active control of sound transmission through double walls [J]. J. Acoust. Soc. Am., 1997, 102(3): 1664 - 1670.

[5] Pan J, Bao C. Analytical study of different approaches for active control of sound transmission through double walls [J]. J. Acoust. Soc. Am., 1998, 103(4): 1916 - 1922.

[6] Johnson M E, Elliott S J. Active control of sound radiation using volume velocity cancellation [J]. J. Acoust. Soc. Am., 1995, 98(4): 2174 - 2186.

[7] Clark R L, Fuller C R. Modal sensing of efficient acoustic radiators with polyvinylidene fluoride distributed sensors in active structural acoustic control approaches [J]. J. Acoust. Soc. Am., 1992, 91(6): 3321 - 3329.

[8] Elliott S J, Johnson M E. Radiation modes and the active control of sound power [J]. J. Acoust. Soc. Am., 1993, 94(4): 2194 - 2204.

[9] Eghtesadi K. Active attenuation of noise - the monopole system [J]. J. Acoust. Soc. Am., 1982, 71(3): 608 - 611.

[10] 马玺越，陈克安，丁少虎，等. 三层平板结构声能流计算及传输规律 [J]. 声学学报，2013，38(6)：733 - 742.

[11] Du J T, Li W L, Xu H A, et al. Vibro - acoustic analysis of a rectangular cavity bounded by a flexible panel with elastically restrained edges [J]. J. Acoust. Soc. Am., 2012, 131(4): 2799 - 2810.

[12] Kaizuka T, Tanaka N. Radiation clusters and the active control of sound transmission through symmetric structures into free space [J]. J. Sound Vib., 2008, 311(1 - 2): 160 - 183.

[13] Kaizuka T, Tanaka N. Radiation clusters and the active control of sound transmission into a symmetric enclosure [J]. J. Acoust. Soc. Am., 2007, 121(2): 922 - 937.

[14] Pan J, Bies D A. The effect of fluid - structural coupling on sound waves in an enclosure - theoretical part [J]. J. Acoust. Soc. Am., 1990, 87(2): 691 - 707.

[15] 马玺越，陈克安，丁少虎，等. 基于平面声源的三层有源隔声结构物理机制研究 [J]. 声学学报，2013，38(5)：597 - 606.

[16] Ma Xiyue, Chen Kean, Ding Shaohu, et al. Mechanism of active control of noise transmission through triple - panel system using single control force on the middle plate [J]. Appl. Acoust., 2014, 85: 111 - 122.

第4章 有源隔声结构误差传感策略研究

基于平面声源的双层有源隔声结构系统实现时，误差信号的检测是关键性且关乎整个系统性能的问题。理论上，以外侧板声功率为控制目标是一种最优的控制策略。然而，直接传感辐射板的声功率需要大量位于远场的声传感器[1]，太长的次级通路延时会影响系统的稳定性[2]，导致系统难以实现。于是，人们引入了振动传感器来代替传声器，通过控制结构振动而抑制辐射声。

声辐射模态概念的提出及 PVDF 传感器的使用解决了误差传感问题[3]。在单层或双层平板情况下，仅以前一或前两阶辐射模态的声功率为控制目标即可获得满意的宽频段降噪效果[4-6]。然而对于三层结构，由于特殊的声能量传输规律导致低频段内辐射板中不同辐射模态的声功率在不同的频段占主导。因而控制目标须同时包含前三阶辐射模态的声功率信息才能获得良好的降噪效果。

如果用特定形状的条形 PVDF 薄膜进行直接传感，传感一阶辐射模态幅值需设计两条甚至多条具有特定形状的 PVDF 薄膜[7]，且必须将其布置于特定位置。对于三层结构，就需同时设计多对形状各异且布置于特定位置的 PVDF 薄膜，这无疑增加了 PVDF 薄膜的裁剪与敷设难度，同时增大了检测误差。根据三层结构中特殊的声能量传输规律，对前三阶辐射模态声功率的检测只需保证各辐射模态主导频段内的精度即可。为此本章对检测辐射模态幅值的分布式 PVDF 传感器的形状进行分频段设计，将辐射板的模态精选后对矩形 PVDF 薄膜阵列检测辐射模态幅值的传感策略[8]进行优化设计，同时将结构振动转换到波数域[9]，根据内奎斯特采样定律构建波数域内的传感策略。获得的 PVDF 传感器不仅传感精度高，且形状简单而易于实现。

4.1 分布式位移传感下的误差传感策略

首先根据三层结构中的能量传输规律选取合适的目标函数，然后对条形 PVDF 薄膜检测辐射模态幅值的理论进行简要回顾，最后对检测各阶辐射模态幅值的 PVDF 薄膜形状进行分频段设计。

4.1.1 控制策略与目标函数

根据离散元方法，将辐射板 c 均匀分割为 N_e 个面元，则声功率可表示为

$$W_c = \boldsymbol{V}_c^H \boldsymbol{R}_c \boldsymbol{V}_c \tag{4-1}$$

式中，$\boldsymbol{R}_c = \Delta S \mathrm{Re}(\boldsymbol{Z}_c)/2$，$\boldsymbol{Z}_c$ 为 $N_e \times N_e$ 阶传输阻抗矩阵；$\boldsymbol{V}_c = (v_{c,1}, v_{c,2}, \cdots, v_{c,N_e})^T$ 为各面元法向振速所组成的 N_e 阶列矢量。由声功率的物理意义可知 $\boldsymbol{R}_c$ 为实对称正定矩阵，可作特征值分解 $\boldsymbol{R}_c = \boldsymbol{Q}^T \boldsymbol{\Lambda} \boldsymbol{Q}$ 。其中 $\boldsymbol{Q}$ 为 $N_e \times N_e$ 阶特征向量矩阵，它由 N_e 个实特征矢量 $\boldsymbol{q}_k (k=1,2,\cdots,N_e)$ 组成，$\boldsymbol{\Lambda}$ 为由特征值 $\lambda_k (k=1,2,\cdots,N_e)$ 组成的对角矩阵。将上述特征分解代入式(4-1)可得

$$W_c = \boldsymbol{y}^H \boldsymbol{\Lambda} \boldsymbol{y} = \sum_{k=1}^{N_e} \lambda_k \mid y_k \mid^2 \tag{4-2}$$

式中，$\boldsymbol{y} = \boldsymbol{Q}^H \boldsymbol{V}_c$ 为辐射模态的幅值矢量，其中第 k 阶辐射模态的幅值为

$$y_k = \boldsymbol{q}_k^T \boldsymbol{V}_c \tag{4-3}$$

式中，$\boldsymbol{q}_k$ 在二维空间构成的曲面称为第 k 阶辐射模态的形状。式(4-2)表明，各阶辐射模态的辐射声功率相互独立，结构总辐射声功率为各辐射模态声功率之和。只要减少任一阶辐射模态的幅值或声功率，总的声功率就可降低。

研究表明[10]，在构成总声功率的前 N_e 阶声辐射模态中，低频段内起主导作用的仅是前几阶(称为主导辐射模态)，只需将这几阶辐射模态声功率作为控制目标，就可获得满意的降噪效果。假设需控制的主导辐射模态个数为 K ，同时定义前 K 阶辐射模态幅值矢量 $\boldsymbol{y}_K = (y_1, y_2, \cdots, y_K)^T$ ，及对应的特征值构成的对角矩阵 $\boldsymbol{\Lambda}_K = \mathrm{diag}(\lambda_1, \lambda_2, \cdots, \lambda_K)$ ，则目标函数变为

$$J_K = \boldsymbol{y}_K^H \boldsymbol{\Lambda}_K \boldsymbol{y}_K \tag{4-4}$$

式中，前 K 阶辐射模态幅值矢量可表示为 $\boldsymbol{y}_K = \boldsymbol{Q}_K \boldsymbol{V}_c$ ，其中 $\boldsymbol{Q}_K = (\boldsymbol{q}_1, \boldsymbol{q}_2, \cdots, \boldsymbol{q}_K)$ 。将其带入式(4-4)可得

$$J_K = \boldsymbol{V}_c^H \boldsymbol{Q}_K \boldsymbol{\Lambda}_K \boldsymbol{Q}_K^H \boldsymbol{V}_c \tag{4-5}$$

将第 2 章 2.3.3 节中获得的辐射板 c 表面振速列矢量 V_c 的表达式(2-102)带入式(4-5)中，目标函数 J_K 可表示为

$$J_K = (\boldsymbol{a} + \boldsymbol{b} f_s)^H \boldsymbol{Q}_K \boldsymbol{\Lambda}_K \boldsymbol{Q}_K^H (\boldsymbol{a} + \boldsymbol{b} f_s) \tag{4-6}$$

式中，矩阵 $\boldsymbol{a}$ 与 $\boldsymbol{b}$ 的表达式为

$$\boldsymbol{a}=\mathrm{j}\omega\boldsymbol{\Phi}\boldsymbol{G}_7\boldsymbol{\Lambda}_2\boldsymbol{X}_{21}\boldsymbol{G}_1\boldsymbol{Q}_p \tag{4-7}$$

$$\boldsymbol{b}=\mathrm{j}\omega\boldsymbol{\Phi}\boldsymbol{G}_7\boldsymbol{\Lambda}_2(\boldsymbol{X}_{21}\boldsymbol{G}_2+\boldsymbol{X}_{22}\boldsymbol{G}_3)\boldsymbol{\Phi}_2(r_s) \tag{4-8}$$

式(4－6)中，矩阵 $\boldsymbol{Q}_K\boldsymbol{\Lambda}_K\boldsymbol{Q}_K^H$ 也为实对称正定矩阵，因而控制目标 J_K 也是次级力幅值 f_s 的二次型函数。根据线性最优二次理论，当次级控制力幅值为如下值时

$$f_{s0}=-(\boldsymbol{b}^{\mathrm{H}}\boldsymbol{Q}_K\boldsymbol{\Lambda}_K\boldsymbol{Q}_K^{\mathrm{H}}\boldsymbol{b})^{-1}\boldsymbol{b}^{\mathrm{H}}\boldsymbol{Q}_K\boldsymbol{\Lambda}_K\boldsymbol{Q}_K^{\mathrm{H}}\boldsymbol{a} \tag{4-9}$$

目标函数 J_K 取最小值，也就可得此控制目标下系统最大的隔声性能。

为了简化系统，可直接将前 K 阶辐射模态的幅值平方和作为辐射模态声功率的近似，即

$$J'_K=\boldsymbol{y}_K^{\mathrm{H}}\boldsymbol{y}_K \tag{4-10}$$

将前 K 阶辐射模态的幅值 $\boldsymbol{y}_K=\boldsymbol{Q}_K\boldsymbol{V}_c$ 及辐射板 c 的表面振速矢量 V_c 带入式(4－10)可得

$$J'_K=(\boldsymbol{a}+\boldsymbol{b}f_s)^{\mathrm{H}}\boldsymbol{Q}_K\boldsymbol{Q}_K^{\mathrm{H}}(\boldsymbol{a}+\boldsymbol{b}f_s) \tag{4-11}$$

使目标函数最小的最优次级控制力源幅值为

$$f_{s0}=-(\boldsymbol{b}^{\mathrm{H}}\boldsymbol{Q}_K\boldsymbol{Q}_K^{\mathrm{H}}\boldsymbol{b})^{-1}\boldsymbol{b}^{\mathrm{H}}\boldsymbol{Q}_K\boldsymbol{Q}_K^{\mathrm{H}}\boldsymbol{a} \tag{4-12}$$

4.1.2 目标函数选取与有源控制

根据第 3 章 3.2 节的结论，声能量在三层结构中的带通传输规律，导致能量传输到辐射板 c 时，在 0～230 Hz 内奇-奇类模态的能量占主导，在 230～380 Hz 和 380～470 Hz 内偶-奇与奇-偶模态的能量分别占主导。由结构振动模态与声辐射模态的对应关系可知[11]，低频段内奇-奇类、偶-奇类与奇-偶类模态组的声辐射分别与前三阶辐射模态的声辐射对应，即这三个频段的辐射声功率分别由前三阶辐射模态的辐射功率占主导。

根据式(4－2)可知辐射板 c 任一阶辐射模态声功率可表示为

$$W_k=\lambda_k\mid y_k\mid^2 \tag{4-13}$$

计算获得前三阶辐射模态的声功率，与总声功率比较结果如图 4－1～图 4－3 所示，图中黑实线为辐射板 c 的声功率，灰虚线为前三阶辐射模态的声功率，竖直虚线之间的频段为前三阶辐射模态的声功率占主导的频段，即与各阶辐射模态对应的结构模态组的能量传输通带。

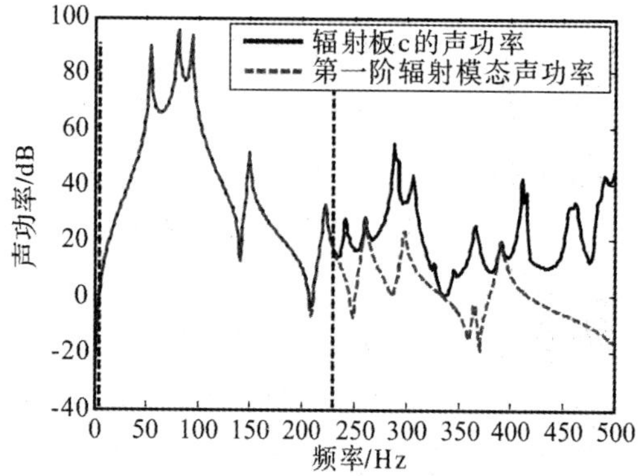

图 4-1　第一阶辐射模态声功率与总功率比较

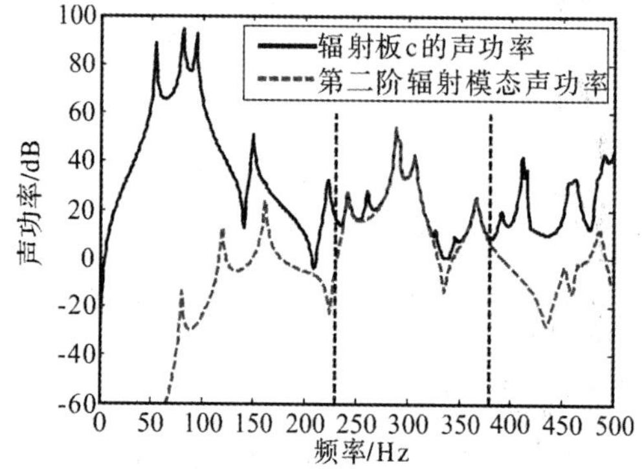

图 4-2　第二阶辐射模态声功率与总功率比较

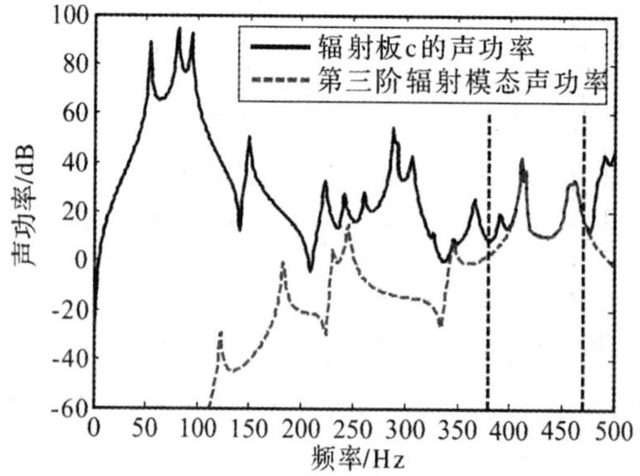

图 4-3　第三阶辐射模态声功率与总功率的比较

比较发现,0～500 Hz 频段内辐射板 c 前三阶辐射模态声功率分别在不同的频段占主导,控制目标选取辐射板 c 前三阶辐射模态的声功率,就可近似代替总辐射声功率的信息。对于第四阶辐射模态,辐射功率只在很窄的频段 470～500 Hz 占主导,考虑与否对 500 Hz 内的控制结果影响较小,因而可忽略。

选取合适的目标函数后,通过式(4-9)求解出使控制目标最小的最优次级力源强度 f_{s0},进而可获得有源控制的降噪效果。如图 4-4 所示为分别以辐射板 c 总声功率和前三阶辐射模态的声功率为目标函数的降噪效果。图中黑实线表示控制前辐射板 c 的声功率,黑虚线表示以辐射板总声功率为控制目标控制后辐射板的声功率,灰虚线表示控制目标为前三阶辐射模态声功率的降噪效果。分析表明,低频段内这两种控制目标能取得几乎同样的控制效果,也即前三阶辐射模态的声功率可代替总声功率作为控制目标。

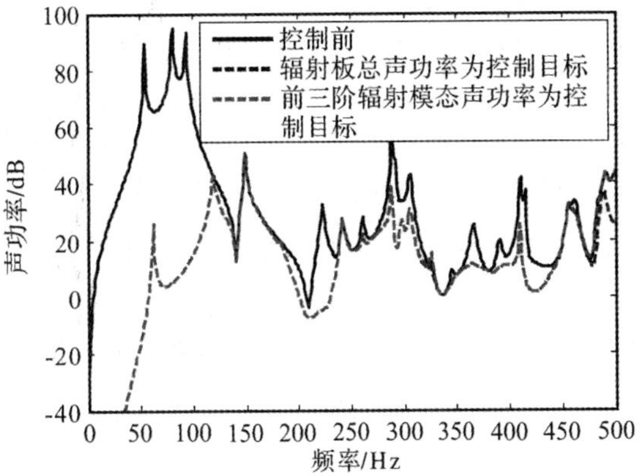

图 4-4 控制目标为总功率和前三阶辐射模态总辐射功率的控制效果对比

为分析各辐射模态的辐射效率 λ_1,λ_2 与 λ_3 对控制效果的影响,直接将前三阶辐射模态的幅值平方和作为目标函数,并与前三阶辐射模态的声功率为控制目标所得的结果进行比较,结果如图 4-5 所示。图中黑实线表示控制前辐射板 c 声功率,黑虚线表示以前三阶辐射模态的声功率为目标控制后辐射板的声功率,灰虚线表示以前三阶辐射模态幅值平方和为目标控制后辐射板的声功率。比较发现,两种目标下的控制效果相近,前三阶辐射模态的辐射效率对目标函数的构成影响较小。因而可直接将辐射模态幅值平方和作为误差信号，无须通过具有特征值频响的滤波器，也可获得与辐射声功率信息非常相关的误差信号。

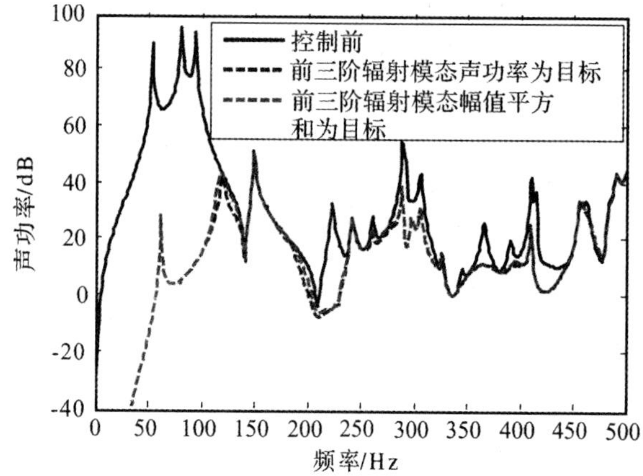

图 4-5 前三阶辐射模态声功率与辐射模态幅值平方和为目标的控制效果比较

4.1.3 检测辐射模态幅值的 PVDF 形状设计

沿辐射板 c 的 x 轴与 y 轴方向布置条形 PVDF 薄膜，设其形状函数分别为 $f(x)$ 与 $f(y)$ 。PVDF 对结构的振动位移产生响应并输出电荷，总电荷输出为 x 方向与 y 方向两条薄膜输出电荷之和[10]，即

$$q=q_x+q_y \tag{4-14}$$

其中 q_x 与 q_y 可表示为

$$q_x=-\frac{h_c+h_{\mathrm{PVDF}}}{2}\int_0^{l_x}\int_{y_0-\alpha_x f(x)}^{y_0+\alpha_x f(x)}\left(e_{31}\frac{\partial^2 w_c(x,y)}{\partial x^2}+e_{32}\frac{\partial^2 w_c(x,y)}{\partial y^2}\right)\mathrm{d}x\,\mathrm{d}y \tag{4-15}$$

$$q_y=-\frac{h_c+h_{\mathrm{PVDF}}}{2}\int_0^{l_y}\int_{x_0-\alpha_y f(y)}^{x_0+\alpha_y f(y)}\left(e_{31}\frac{\partial^2 w_c(x,y)}{\partial x^2}+e_{32}\frac{\partial^2 w_c(x,y)}{\partial y^2}\right)\mathrm{d}x\,\mathrm{d}y \tag{4-16}$$

式中，h_c 与 h_{PVDF} 分别为辐射板 c 与 PVDF 薄膜的厚度；x_0 和 y_0 分别为沿 y 方向和 x 方向 PVDF 薄膜的敷设中心线位置；α_x 和 α_y 为电荷调节系数且须满足如下条件：$2\alpha_x\mid f(x)\mid\leqslant l_y$，$2\alpha_y\mid f(y)\mid\leqslant l_x$，$e_{31}$，$e_{32}$ 为压电常数。

由模态叠加原理，辐射板 c 的振动位移可表示为

$$w_c(x,y,t)=\sum_{m=1}^{M_c}q_{c,m}(t)\varphi_m(x,y) \tag{4-17}$$

式中，$q_{c,m}(t)$ 为第 m 阶模态的位移模态幅值；$\varphi_m(x,y)$ 为模态振型函数；M_c 为所取的模态个数上限。设 $m=(m_1,m_2)$ 为第 m 阶模态的模态序数，简支边界条件下的模态振型函数为

$$\varphi_m(x,y)=\varphi_{x,m1}\varphi_{y,m2}=\sin(\frac{m_1\pi x}{l_x})\sin(\frac{m_2\pi y}{l_y}) \tag{4-18}$$

对于未知的形状函数 $f(x)$ 与 $f(y)$，也可以模态振型函数为基函数对其展开，即

$$f(x)=\sum_{i=1}^{I_x}b_{x,i}\sin(\frac{i\pi x}{l_x}) \tag{4-19}$$

$$f(y)=\sum_{i=1}^{I_y}b_{y,i}\sin(\frac{i\pi y}{l_y}) \tag{4-20}$$

式中，$b_{x,i}$ 与 $b_{y,i}$ 为待定系数，也就是检测不同的辐射模态幅值需要确定的形状系数；I_x 与 I_y 为两待定系数的个数上限。将式(4－17)～式(4－20)代入式(4－15)与式(4－16)，并将两式作傅里叶变换变为频率表达式，经一系列变形可将两方向的电荷输出表示为如下矩阵形式：

$$q_x=\boldsymbol{b}_x\boldsymbol{T}_1(\mathrm{j}\omega\boldsymbol{q}_c) \tag{4-21}$$

$$q_y=\boldsymbol{b}_y\boldsymbol{T}_2(\mathrm{j}\omega\boldsymbol{q}_c) \tag{4-22}$$

式中，$\boldsymbol{b}_x=(b_{x,1},b_{x,2},\cdots,b_{x,I_x})^{\mathrm{T}}$；$\boldsymbol{b}_y=(b_{y,1},b_{y,2},\cdots,b_{y,I_y})^{\mathrm{T}}$ 为待定系数组成的列矢量；$\boldsymbol{q}_c$ 为辐射板 c 的位移模态幅值列矢量；$\boldsymbol{T}_1$ 与 $\boldsymbol{T}_2$ 分别为 $I_x\times M$ 和 $I_y\times M$ 阶矩阵，其 (i,m) 元素可表示为

$$t_1(i,m)=\frac{(h_c+h_{\mathrm{PVDF}})\alpha_x}{\mathrm{j}\omega}\left[e_{31}\left(\frac{m_1\pi}{l_x}\right)^2+e_{32}\left(\frac{m_2\pi}{l_y}\right)^2\right]\varphi_{y,m2}(y_0)\times \int_0^{l_x}\varphi_{x,m1}(x)\varphi_{x,i}(x)\mathrm{d}x \tag{4-23}$$

$$t_2(i,m)=\frac{(h_c+h_{\mathrm{PVDF}})\alpha_y}{\mathrm{j}\omega}\left[e_{31}\left(\frac{m_1\pi}{l_x}\right)^2+e_{32}\left(\frac{m_2\pi}{l_y}\right)^2\right]\varphi_{x,m1}(x_0)\times \int_0^{l_y}\varphi_{y,m2}(y)\varphi_{y,i}(y)\mathrm{d}y \tag{4-24}$$

将式(4－21)与式(4－22)代入式(4－14)，且合并矩阵：$\boldsymbol{b}=[\boldsymbol{b}_x^{\mathrm{T}},\boldsymbol{b}_y^{\mathrm{T}}]^{\mathrm{T}}$ 与

$\boldsymbol{T}=[\boldsymbol{T}_1^{\mathrm{T}},\boldsymbol{T}_2^{\mathrm{T}}]^{\mathrm{T}}$，则式(2-14)中 PVDF 薄膜的输出电荷可表示为如下矩阵形式：

$$q=\boldsymbol{b}^{\mathrm{T}}\boldsymbol{T}(\mathrm{j}\omega\boldsymbol{q}_{\mathrm{c}}) \tag{4-25}$$

式(4-3)中第 k 阶辐射模态的幅值可表示为

$$y_k=\boldsymbol{q}_k^{\mathrm{T}}\boldsymbol{V}_{\mathrm{c}}=\boldsymbol{q}_k^{\mathrm{T}}\boldsymbol{\Phi}(\mathrm{j}\omega\boldsymbol{q}_{\mathrm{c}}) \tag{4-26}$$

其中，$\boldsymbol{\Phi}$ 为辐射板 c 的模态函数在各面元点上的值构成的 $N_{\mathrm{e}}\times M_{\mathrm{c}}$ 阶矩阵。令 PVDF 薄膜的输出电荷等于第 k 阶辐射模态的幅值，构造以下矩阵方程：

$$\boldsymbol{b}^{\mathrm{T}}\boldsymbol{T}(\mathrm{j}\omega\boldsymbol{q}_{\mathrm{c}})=\boldsymbol{q}_k^{\mathrm{T}}\boldsymbol{\Phi}(\mathrm{j}\omega\boldsymbol{q}_{\mathrm{c}}) \tag{4-27}$$

根据方程式(4-27)求解出待定的形状系数为

$$\boldsymbol{b}=(\boldsymbol{T}^{\mathrm{T}})^{-1}\boldsymbol{\Phi}^{\mathrm{T}}\boldsymbol{q}_k \tag{4-28}$$

将形状系数 b 代入式(4-19)和式(4-20)就可得 PVDF 薄膜沿 x 方向与 y 方向的形状，它的输出电荷就等于第 k 阶辐射模态的幅值。设计 K 对 PVDF 薄膜并敷设于结构特定位置即可实现各阶辐射模态幅值的传感。将各阶辐射模态幅值的平方通过表征辐射效率的特征值滤波器，然后求和即可构建出前 K 阶辐射模态的声功率信息。将其作为误差信号输入到多通道控制系统，采用已有的控制算法(如滤波 x-LMS 算法)即可进行自适应控制。

低频段内辐射模态的形状矢量 $\boldsymbol{q}_k$ 随频率的变化较小，设计时可取某一频率辐射模态形状作为低频段内统一的形状。此外，模态个数 M_{c} 取值越大，获得的形状系数矢量 $\boldsymbol{b}_x$ 与 $\boldsymbol{b}_y$ 的维度也越大，PVDF 电荷输出越接近辐射模态幅值的理论值。但相应 PVDF 薄膜的形状变得复杂，其裁剪与敷设难度也增大。故形状系数个数上限 I_x 与 I_y 的取值应在传感精度与系统可实现性之间折中选取。

4.1.4 PVDF 形状及检测结果

控制目标为辐射板 c 前三阶辐射模态的声功率，需设计 3 对特定形状的 PVDF 薄膜，检测前三阶辐射模态的幅值来获取误差信号。由于前三阶辐射模态的辐射功率在不同的频段占主导，因而各阶 PVDF 辐射模态幅值传感器的设计只需保证在其主导频段的传感精度，即可进行分频段设计[12]。

第一阶辐射模态幅值传感器的设计只需保证在 0～230 Hz 内的精度，第二阶与第三阶传感器的设计只需保证在 230～380 Hz 及 380～470 Hz 内的精度。这样可有效减少形状系数的个数 I_x 与 I_y，进而简化 PVDF 形状。设 PVDF 薄膜的厚度为 $h_{PVDF}=0.002\,8$mm，压电常数 $e_{31}=0.046$N/(V·m)，$e_{32}=0.006$N/(V·m)。系统的参数初值与第 2 章相同，表 4-1 列出了 0～500 Hz 内辐射板 c 的振动模态及特征频率。

表 4-1 500 Hz 内辐射板 c 的振动模态与特征频率

模态序数	(1,1)	(2,1)	(1,2)	(3,1)	(2,2)	(3,2)	(4,1)
频率/Hz	82	163	247	298	328	463	487

4.1.4.1 第一阶 PVDF 传感器设计

0～230 Hz 频段内辐射板 c 中奇-奇模态的能量主要集中在(1,1)模态上，因而设计第一阶辐射模态幅值传感器时只选取此模态即能保证此频段的传感精度。由式(4-23)和式(4-24)知，当 $I_x>(m_1)_{\max}$ 时，有 $\boldsymbol{T}_1(i,:)=0(i=[(m)_{\max}+1]\sim I_x)$，当 $I_y>(m_2)_{\max}$ 时，有 $\boldsymbol{T}_2(i,:)=0((i=[(n)_{\max}+1]\sim I_y))$，此时可得 $b_{x,i}=0$ 与 $b_{y,i}=0$。因而 I_x 与 I_y 的取值最大不超过选取的模态中 m_1 与 m_2 的最大值，即此时可取形状系数个数 $I_x=1$ 与 $I_y=1$。这样 PVDF 仅把 x 与 y 方向模态序数为 1 的结构模态提取出来，达到只传感(1,1)模态的要求。

传感奇-奇类模态时，PVDF 布置的中心线应取 $x_0=l_x/2$ 与 $y_0=l_y/2$。当 m_1 与 m_2 为偶数时，有 $t_1(i,m_1)=0$ 且 $t_2(i,m_2)=0$，可把 x 与 y 方向模态序数为偶数的结构模态过滤掉。确定了结构模态、形状系数的个数及中心线取值后，由式(4-28)就可求出形状系数，进而可得 PVDF 形状。取频率为 100 Hz 的第一阶辐射模态的形状 q_1 作为此设计频段内统一的形状。

图 4-6 为设计出的沿 x，y 方向的 PVDF 形状。图 4-7 为此 PVDF 传感器的电荷输出值与第一阶辐射模态幅值的理论值的比较。在 0～230 Hz 频段内检测值与理论值基本吻合，PVDF 薄膜的传感精度较高，同时其形状简单且易于裁剪与敷设。此 PVDF 传感器只能保证在 0～230 Hz 频段的传感精度，实现时可将其输出电荷通过 0～230 Hz 的带通滤波器，滤除其余频段的干扰。或将输出电荷的平方值直接通过辐射效率(特征值)带通滤波器，直接构建出第一阶辐射模态的声功率信息。

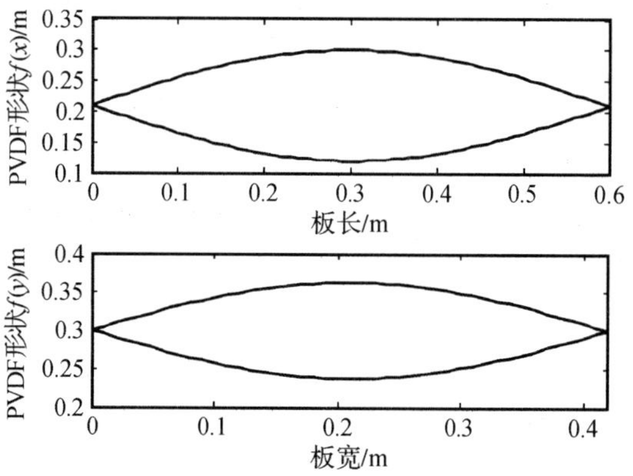

图 4-6　PVDF 传感器沿长边与宽边方向的形状

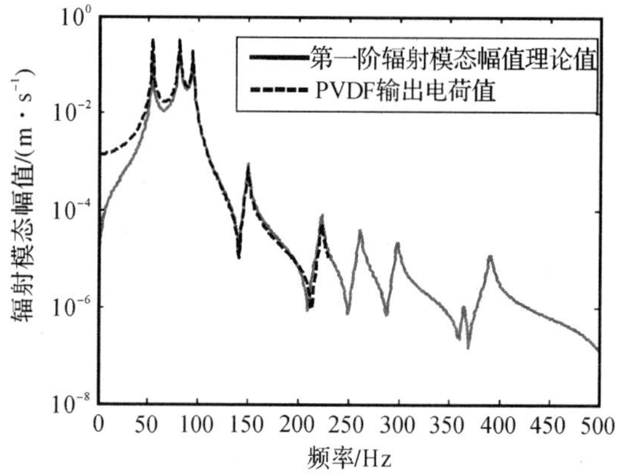

图 4-7　PVDF 输出电荷值与第一阶辐射模态幅值理论值的比较

4.1.4.2　第二阶 PVDF 传感器设计

230～380 Hz 频段内辐射板 c 的偶-奇类模态组所含能量占主导，此频段虽没有偶-奇模态，但其能量应主要集中在固有频率与(1,0,0)声模态固有频率最接近的(2,1)模态内。设计第二阶辐射模态幅值传感器时只选取(2,1)模态即可。PVDF 中心线取值应为 $x_0=l_x/3$ 与 $y_0=l_2/2$。x_0 的取值在低奇数阶模态(除 1)的结线上，y 方向的 PVDF 薄膜可将 m_1 为奇数的模态滤除。y_0 的取值在低偶数阶模态的结线上，x 方向的 PVDF 可将 m_2 为偶数的模态滤除，因而 PVDF 薄膜只传感对第二阶辐射模态的声辐射有贡献的偶-奇类模态。根据形状系数个数 I_x 与 I_y 的取值原则，此时取 $I_x=2$ 与 $I_y=1$。取 300

Hz 频点的第二阶辐射模态的形状 $\boldsymbol{q}_2$ 作为此频段统一的形状。

图 4-8 为设计的第二阶 PVDF 传感器形状，图 4-9 为 PVDF 电荷输出值与第二阶辐射模态幅值的理论值的比较。230～380 Hz 频段内 PVDF 电荷输出值与第二阶辐射模态幅值的理论辐射吻合良好，传感精度高。同时设计出的 PVDF 薄膜形状简单且易于实现。将 PVDF 输出电荷的平方值经过通带为 230～380 Hz 的表征辐射效率的特征值带通滤波器，就构建出第二阶辐射模态的声功率信息，同时还能滤除其余频段的干扰。

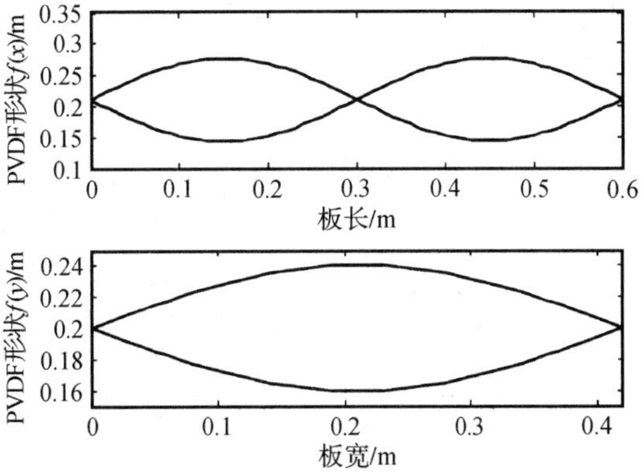

图 4-8　PVDF 传感器沿长边与宽边方向的形状

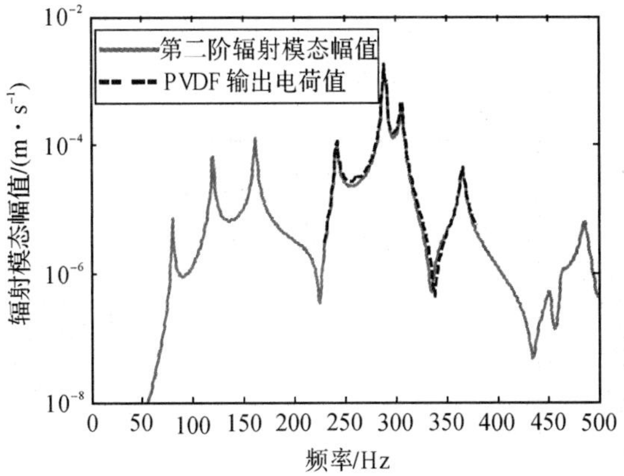

图 4-9　PVDF 输出电荷值与第二阶辐射模态幅值理论值的比较

4.1.4.3　第三阶 PVDF 传感器设计

380～470 Hz 频段内辐射板中奇-偶模态组的能量占主导，且能量应主要集中在(3,2)模态内。设计第三阶辐射模态幅值传感器,只选取此结构模态进行计算。根据中心线取值原则,取 $x_0=l_x/2$ 与 $y_0=l_y/4$,中心线的取值尽量靠近奇-偶模态的波腹,使得输出电荷值尽量大。根据形状系数个数的取值原则,取 $I_x=3$ 与 $I_y=2$,取频率为 420 Hz 时第三阶辐射模态形状 $\boldsymbol{q}_3$ 作为设计频段内统一的形状。

图 4-10 为设计的 PVDF 传感器形状,图 4-11 为 PVDF 电荷输出值与第三阶辐射模态幅值的理论值的比较。所设计的 PVDF 传感精度高,且形状规则简单易于实现。将 PVDF 输出电荷的平方值经过 350~500 Hz 的特征值带通滤波器滤除其余频段的误差干扰,即构建出第三阶辐射模态的声辐射信息。

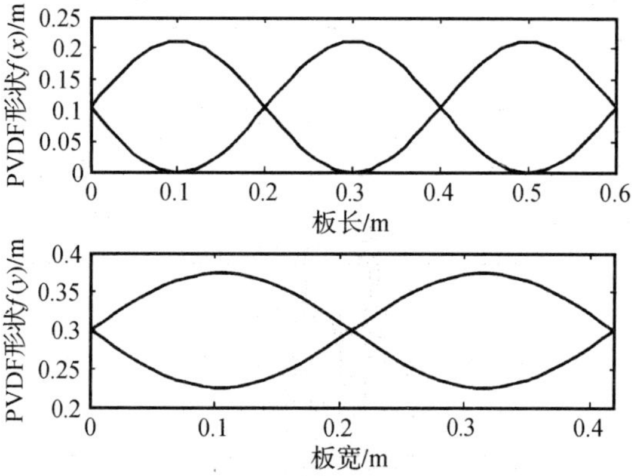

图 4-10　PVDF 传感器沿长边与宽边方向的形状

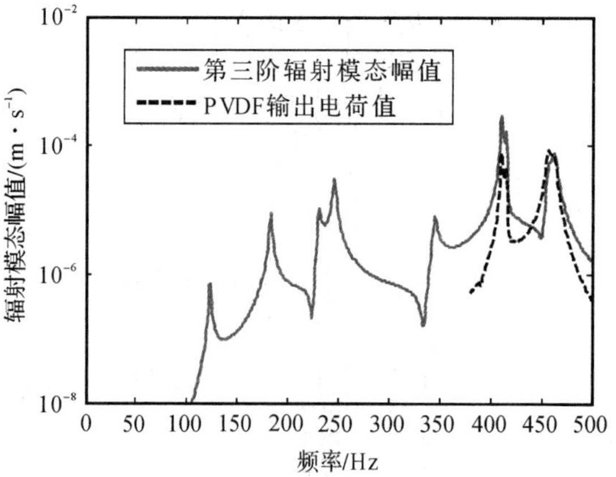

图 4-11　PVDF 输出电荷值与第三阶辐射模态幅值理论值的比较

4.2 PVDF 阵列检测辐射模态幅值的传感策略

首先将文献[8]中用 PVDF 阵列检测一维简支梁辐射模态幅值的理论拓展到二维平板，并用于三层有源隔声结构中进行传感策略的构建。结合三层结构中特殊的能量传输规律，将辐射板 c 的结构模态精选后对传感系统进行优化设计。

4.2.1 传感策略构建

通过拾取辐射板 c 前三阶辐射模态的声功率信息作为误差信号，关键在于拾取前三阶辐射模态的幅值 y_3，这通过布置在辐射板 c 表面的一组小块矩形 PVDF 薄膜阵列来获取。假设有 S 块面积相等的 PVDF 薄膜沿长边与宽边方向均匀布置于辐射板 c 表面，如图 4－12 所示。PVDF 薄膜的长和宽分别为 $l_{x,p}$ 与 $l_{y,p}$，厚度为 h_{PVDF}。

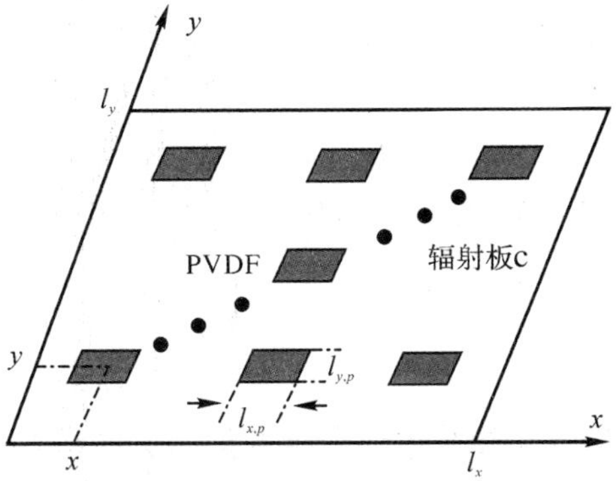

图 4－12 布置于辐射板 c 的 PVDF 薄膜阵列模型

根据 Lee 与 Moon 的研究，中心坐标为 (x,y) 位置处的矩形 PVDF 薄膜的输出电流可表示为[13]

$$I(t)=\frac{h_c+h_{\mathrm{PVDF}}}{2}\int_{x-l_{x,p}/2}^{x+l_{x,p}/2}\int_{y-l_{y,p}/2}^{y+l_{y,p}/2}\left[e_{31}\frac{\partial^2 v_c(x,y,t)}{\partial x^2}+e_{32}\frac{\partial^2 v_c(x,y,t)}{\partial y^2}\right]\mathrm{d}x\,\mathrm{d}y \tag{4-29}$$

式中，h_c 为辐射板 c 的厚度；$v_c(x,y,t)$ 为辐射板 c 的表面振速；e_{31} 与 e_{32} 为

压电常数。对表面振速 $v_c(x,y,t)$ 进行模态展开，有

$$v_c(x,y,t)=\mathrm{j}\omega\sum_{m=1}^{M_c}q_{c,m}(t)\varphi_m(x,y) \tag{4-30}$$

将式(4-30)带入式(4-29)中，同时对等式两边作傅里叶变换可得矩形 PVDF 薄膜输出电流的频域表达式为

$$I(\omega)=\frac{h_c+h_{PVDF}}{2}\sum_{m=1}^{M_c}\mathrm{j}\omega q_{c,m}(\omega)\varphi_{p,m}(x,y) \tag{4-31}$$

式中，变量 $\varphi_{p,m}(x,y)$ 可表示为

$$\varphi_{p,m}(x,y)=\frac{4l_xl_y}{m_1m_2\pi^2}\left[e_{31}\left(\frac{m_1\pi}{l_x}\right)^2+e_{32}\left(\frac{m_2\pi}{l_y}\right)^2\right]\sin\left(\frac{m_1\pi l_{x,p}}{2l_x}\right)\times$$

$$\sin\left(\frac{m_2\pi l_{y,p}}{2l_y}\right)\sin\left(\frac{m_1\pi x}{l_x}\right)\sin\left(\frac{m_2\pi y}{l_y}\right) \tag{4-32}$$

式(4-31)和式(4-32)中，$m=(m_1,m_2)$ 为第 m 阶振动模态的序数，M_c 为所取模态个数的上限。假设位于中心坐标为 (x_1,y_1)、(x_2,y_2)、…、(x_S,y_S) 位置的 S 个矩形 PVDF 薄膜的输出电流构成列矢量为 $\boldsymbol{I}=(I_1,I_2,\cdots,I_S)^{\mathrm{T}}$，根据式(4-31)可推出 $\boldsymbol{I}$ 与辐射板 c 的位移模态幅值矢量 $\boldsymbol{q}_c=(\boldsymbol{q}_{c,1},\boldsymbol{q}_{c,2},\cdots,\boldsymbol{q}_{c,M_c})^{\mathrm{T}}$ 之间的关系为

$$\boldsymbol{I}=\mathrm{j}\omega\boldsymbol{T}_r\boldsymbol{q}_c \tag{4-33}$$

式中，矩阵 T_r 称为 $S\times M_c$ 阶转换矩阵，它的 (s,m) 阶元素可表示为

$$t(s,m)=\frac{h_c+h_{PVDF}}{2}\varphi_{p,m}(x_s,y_s)(s=1,2,\cdots,S;m=1,2,\cdots,M_c) \tag{4-34}$$

根据测量获得的 S 个矩形 PVDF 薄膜的输出电流 $\boldsymbol{I}$，由式(4-33)可求解出辐射板 c 的位移模态幅值 $\boldsymbol{q}_c$ 为

$$\boldsymbol{q}_c=\frac{(\boldsymbol{T}_r)^{-1}\boldsymbol{I}}{\mathrm{j}\omega} \tag{4-35}$$

要使式(4-35)有解，需满足 $S=M_c$，即矩形 PVDF 薄膜的个数与所取的振动模态个数上限相等。文献[14]指出，在 $S>M_c$ 的情况下，式(4-35)可获得最小二乘意义下的近似解。但 $S<M_c$，即使用少量的 PVDF 薄膜对振动信息进行采样，由于采样不足会导致所谓的“空间混叠”现象，即高阶振动模态的信息会泄露到低阶模态，此时通过式(4-35)得不到准确解。因而矩形 PVDF 薄膜与振动模态个数的选取要满足条件 $S\geqslant M_c$。

获得辐射板 c 的位移模态幅值后，根据式(4-3)可得第 k 阶辐射模态的幅值为

$$y_k = \boldsymbol{q}_k^{\mathrm{T}}\boldsymbol{V}_c = \mathrm{j}\omega q_k^{\mathrm{T}}\boldsymbol{\Phi}\boldsymbol{q}_c = \boldsymbol{q}_k^{\mathrm{T}}\boldsymbol{\Phi}\,(T_r)^{-1}\boldsymbol{I} \tag{4-36}$$

式中，$\boldsymbol{\Phi}$ 为辐射板 c 的模态函数在各面元点的值构成的 $N_e \times M_c$ 阶矩阵。式(4-36)表明第 k 阶辐射模态的幅值可通过矩形 PVDF 薄膜阵列的输出电流获得，假设矢量 $\boldsymbol{W}_k$ 为

$$\boldsymbol{W}_k = \boldsymbol{q}_k^{\mathrm{T}}\boldsymbol{\Phi}\,(\boldsymbol{T}_r)^{-1} \tag{4-37}$$

式中，$\boldsymbol{W}_k$ 为 $1 \times S$ 阶矢量，称为矩形 PVDF 薄膜输出电流的加权系数。式中矩阵 $\boldsymbol{\Phi}$ 与 $\boldsymbol{T}_r$ 不随频率变化，利用辐射模态的“嵌套特性”，计算时用某上限频率的模态形状作为低频段内统一的形状[15]，即 $\boldsymbol{q}_k$ 的取值也不随频率变化。因而加权向量 $\boldsymbol{W}_k$ 的值不随频率变化，设 $W_k = (W_{k,1}, W_{k,2}, \cdots, W_{k,S})$，则 y_k 可表示为

$$y_k = I_1 W_{k,1} + I_2 W_{k,2} + \cdots + I_S W_{k,S} \tag{4-38}$$

式(4-38)表明，辐射板 c 的第 k 阶辐射模态幅值可通过各矩形 PVDF 薄膜输出电流经固定的权向量加权求和获得。只要系统参数确定，加权向量 $\boldsymbol{W}_k$ 并不随频率变化。

4.2.2 PVDF 阵列优化

为保证分析频段 500 Hz 内的传感精度，计算时辐射板 c 的振动模态数 M_c 的取值应保证最高阶模态的特征频率大于此上限频率，即取 $M_c=7$。更高阶振动模态对 500 Hz 内的振动响应影响很小，可以忽略。要检测准确的辐射模态幅值信息，要求矩形 PVDF 薄膜的个数应满足 $S \geqslant 7$。同时敷设多块 PVDF 薄膜势必会增大系统的复杂性，而利用三层结构中声能量的传输规律，能有效精减矩形 PVDF 薄膜的数目。

奇-奇类模态组的能量传输通带为 0～230 Hz，因而使得辐射板 c 在 0～230 Hz 段内奇-奇模态的能量占主导。而辐射板 c 在此频段的奇-奇模态只有(1,1)模态，可知奇-奇类模态的能量应主要集中在(1,1)模态内。同理，辐射板 c 内偶-奇类模态所含的能量在 230～380 Hz 段占主导，此频段内虽没有偶-奇模态，但偶-奇类模态的能量应主要集中在固有频率与(1,0,0)声模态最接近的(2,1)模态内。在 380～470 Hz 频段内奇-偶类模态的能量占主导，而

此频段的奇-偶模态只有(3,2)模态，因而奇-偶模态的能量主要集中在(3,2)模态内。在所考虑的频段偶-偶类模态只有(2,2)模态，因而偶-偶类模态的能量应主要集中在此模态内。即 0～500 Hz 内辐射板 c 的能量主要集中在上述四个模态内，辐射板表面振速 $\boldsymbol{V}_c$ 应有如下近似关系：

$$\boldsymbol{V}_c \approx \boldsymbol{v}_{c,(1,1)} + \boldsymbol{v}_{c,(2,1)} + \boldsymbol{v}_{c,(3,2)} + \boldsymbol{v}_{c,(2,2)} \tag{4-39}$$

式中，$\boldsymbol{v}_{c,(1,1)}$，$\boldsymbol{v}_{c,(2,1)}$，$\boldsymbol{v}_{c,(3,2)}$ 与 $v_{c,(2,2)}$ 分别为上述四个模态在各面元点的值组成的 N_e 阶列矢量。如图 4－13 所示为辐射板 c 的动能与精选的四个模态动能和的比较，图中黑实线为辐射板 c 的振动动能曲线，灰虚线为四个模态的总动能曲线。比较发现，两者结果吻合良好，从而证实了上述推论的正确性。

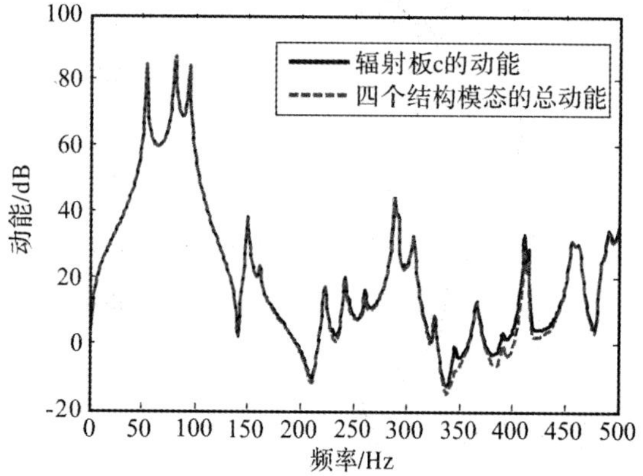

图 4－13　辐射板 c 的动能与四个模态动能之和的比较

由于辐射板 c 的振动能量主要集中在 4 个振动模态上，因而可等效认为此频段内只包含四个模态，误差传感设计时取 $M_c=4$ 即可。相应检测所需要的矩形 PVDF 薄膜的数量会大幅减少，只要满足 $S\geqslant 4$ 即可，有效简化了系统设计[16]。

4.2.3　检测结果及系统实现

精选结构振动模态后，PVDF 阵列只需检测(1,1)(2,1)(3,2)与(2,2)模态的模态幅值，相应 S 的取值应满足 $S\geqslant 4$。S 的取值越大，测量获得的声辐射模态幅值与理论值越接近，但最终 S 的取值应在检测精度与系统可实现性之间折中选取。矩形 PVDF 薄膜沿 x 与 y 方向均匀布置，同时避开上述四个模态的结线位置以保证足够的采样信息。以下分别取 4 块、6 块以及 8 块矩形 PVDF 薄膜进行计算，分析采样点数对控制效果的影响。

根据式(4－31)计算出 PVDF 薄膜输出电流的理论值，注意此时应取 500 Hz 内所有的振动模态进行计算。根据式(4－37)与式(4－38)，取精选的四个振动模态计算前三阶辐射模态幅值的检测值。取频率为 100 Hz 时的辐射模态形状 $q_k(k=1,2,3)$ 作为前三阶辐射模态在低频段统一的形状。

图 4－14～图 4－16 分别为通过 PVDF 阵列检测获得的前三阶辐射模态幅值的检测值与理论值的对比。图中粗实线表示辐射模态幅值的理论值，细实线表示 4 点检测获得的测量值，虚线与点线分别表示 6 点与 8 点检测获得的测量值。分析表明，4 点检测获得的前三阶辐射模态幅值的测量值与理论值吻合良好，测量点数的增加并没有显著提高传感精度。对于本书给定参数的三层有源隔声结构，均匀布置 4 块矩形 PVDF 薄膜即可精确检测前三阶辐射模态的幅值。

采用 4 块矩形 PVDF 薄膜检测时，虽然第一和第二阶辐射模态幅值的检测值与理论值在某些频段偏差较大，但在这两阶辐射模态主导的频段即 0～230 Hz 和 230～380 Hz 内检测值和理论值吻合良好，因而偏差不会对总的误差信号的构建带来较大影响，相应对有源控制的影响也较小。产生偏差的主要原因可能是对结构模态精选后，丢失少量结构振动信息。此外，本方法对 4 块矩形 PVDF 薄膜的布放没有严格限制，理论上只要避开上述四个模态的结线位置即可。由于辐射板边缘振动响应较小，因而 PVDF 薄膜还应稍远离辐射板边缘布置。

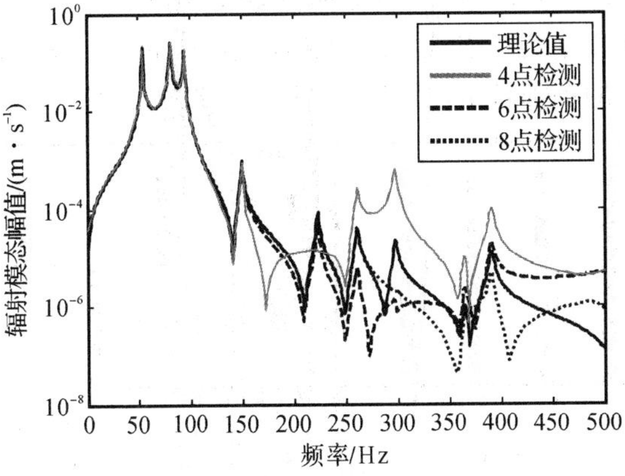

图 4－14　第一阶辐射模态幅值的检测值与理论值对比

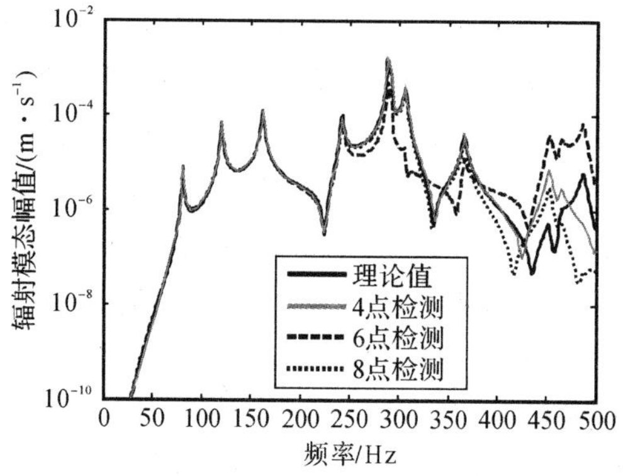

图 4-15　第二阶辐射模态幅值的检测值与理论值对比

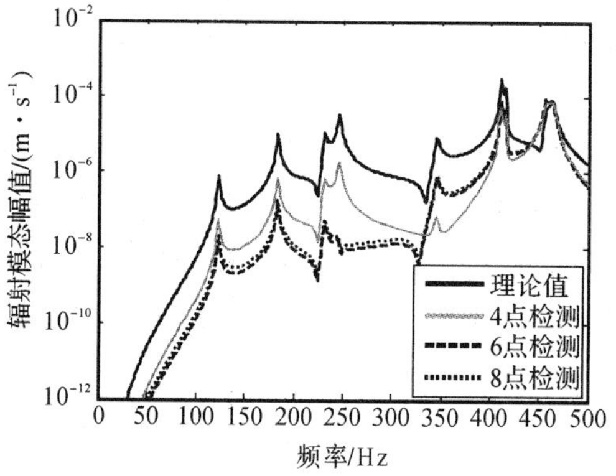

图 4-16　第三阶辐射模态幅值的检测值与理论值对比

根据式(4-37)可获得此时检测前三阶辐射模态幅值所对应的加权向量 $\boldsymbol{W}_k$，如图 4-17 所示为 4 点检测时加权向量的分布图。图中横坐标为对应输出电流 $I_1 \sim I_4$ 的各加权值的序数，纵坐标为加权值 $W_k(n)$。

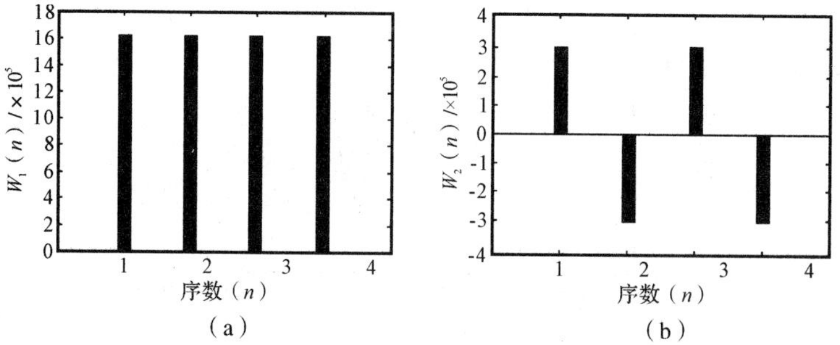

图 4-17　检测前三阶辐射模态对应的加权向量

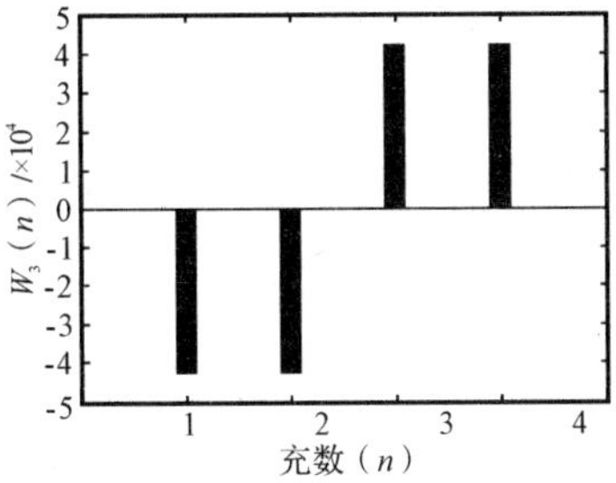

（c）

续图 4－17 检测前三阶辐射模态对应的加权向量

(a)第一阶辐射模态对应的权向量 $\boldsymbol{W}_1$；(b)第二阶辐射模态对应的权向量 $\boldsymbol{W}_2$；

(c)第三阶辐射模态对应的权向量 $\boldsymbol{W}_3$

将各 PVDF 薄膜的输出电流经上述固定的权向量加权后求和就获得了前三阶辐射模态的幅值。由于各辐射模态的辐射效率对误差信号的获取及有源控制效果的影响较小，因而可直接将各阶辐射模态幅值的平方求和作为误差信号。将其输入到多通道控制系统，通过已有的控制算法(滤波 x－LMS 算法)即可进行自适应控制，如图 4－18 所示为整个误差传感及控制系统示意图[16]。

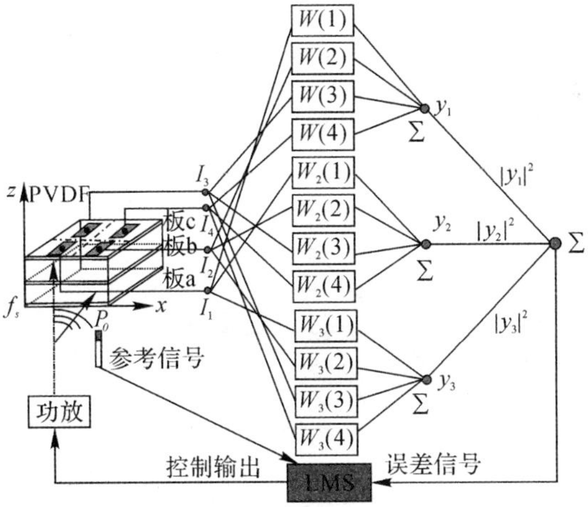

图 4－18 误差传感及控制系统示意图

此误差传感方案是一种简单且较精确的方法，所需 PVDF 薄膜数目少且无须形状设计，同时布放位置也较灵活。各 PVDF 薄膜输出电流的加权系数固定，且可忽略辐射效率滤波器的设计，这些均显著简化了系统。虽然此优化设计方法在特定参数的三层结构中展开，但由于三层结构中声能量传输规律的不变性，也可视此方法为一种通用的误差传感设计方法。另外，此误差传感策略只适合构建低频段的误差信号，对于高频段，由于平板振动模态和空腔声模态的模态密度增大，模态间复杂的相互耦合导致声能量传输不会产生类似低频段的带通特性，也就无法通过对辐射板 c 进行模态精选而优化矩形 PVDF 阵列。

4.3 波数域误差传感策略

首先将文献[17]中用 PVDF 阵列检测结构振动信息在波数域构建误差传感策略的方法进行二维拓展，然后用于单层结构并对传感系统进行优化设计，最后将这种传感策略用于三层有源隔声结构。

4.3.1 单层结构传感策略的构建及控制性能

4.3.1.1 结构振动及声辐射

镶嵌于无限大障板中的简支矩形平板如图 4-19 所示。平板的长和宽分别为 l_x 与 l_y，厚度为 h。在位于 (x_p, y_p) 且幅值为 f_p 的初级简谐点力作用下，平板振动产生声辐射。将压电陶瓷激励作为次级控制力源对平板的低频声辐射进行控制。设矩形 PZT 的长和宽分别为 $l_{x,c}$ 与 $l_{y,c}$，厚度为 h_{PZT}，敷设位置的中心坐标为 (x_c, y_c)。

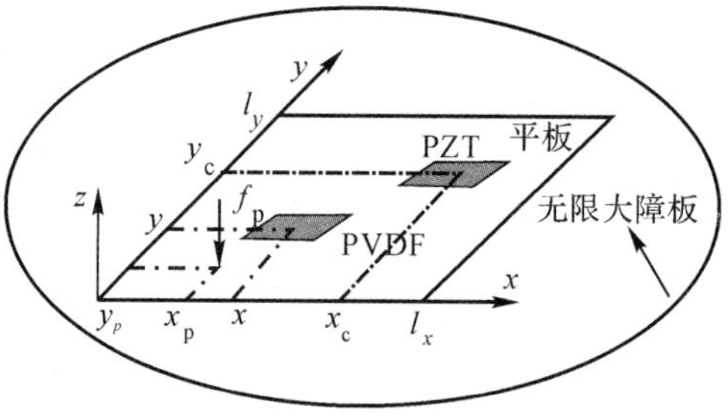

图 4-19 镶嵌于无限大障板中的平板模型

根据模态叠加原理，平板的振动位移可表示为[17]

$$w(x,y)=\sum_{m=1}^{M}q_m(\omega)\varphi_m(x,y) \tag{4-40}$$

式中，M 为所取的模态个数上限。将式(4-40)带入平板的振动位移方程，结

合模态函数的正交性可得初级激励下的位移模态幅值 $q_m^{\mathrm{p}}(\omega)$ 为

$$q_m^{\mathrm{p}}(\omega)=H_{\mathrm{p},m}f_{\mathrm{p}}=\frac{4\varphi_m(x_{\mathrm{p}},y_{\mathrm{p}})}{l_x l_y \rho h(\omega_m^2-\omega^2+2\mathrm{j}\xi_m\omega_m\omega)}f_{\mathrm{p}} \tag{4-41}$$

式中，ω_m 为第 m 阶模态的固有频率；ξ_m 为模态阻尼；ρ 和 h 分别为平板的密度与厚度。

同理，平板只受 PZT 次级控制力作用时，位移模态幅值 $q_m^{\mathrm{c}}(\omega)$ 可表示为

$$q_m^{\mathrm{c}}(\omega)=H_{\mathrm{c},m}V_{\mathrm{c}}=\frac{4\varphi_m^{\mathrm{c}}(x_{\mathrm{c}},y_{\mathrm{c}})}{l_x l_y \rho h(\omega_m^2-\omega^2+2\mathrm{j}\xi_m\omega_m\omega)}V_{\mathrm{c}} \tag{4-42}$$

式中，V_{c} 为 PZT 激励的控制电压；变量 $\varphi_m^{\mathrm{c}}(x_{\mathrm{c}},y_{\mathrm{c}})$ 可表示为

$$\varphi_m^{\mathrm{c}}(x_{\mathrm{c}},y_{\mathrm{c}})=\int_S \frac{(h+h_{\mathrm{PZT}})E_{\mathrm{PZT}}d_{31}}{1-\upsilon_{\mathrm{PZT}}}\varphi_m(x,y)(\nabla^2\chi)\mathrm{d}s \tag{4-43}$$

式中，E_{PZT}，d_{31} 与 υ_{PZT} 分别为 PZT 激励的弹性模量、介电常数和泊松比；$\nabla^2\chi$ 为阶跃函数，PZT 薄膜覆盖的位置 $\nabla^2\chi$ 取值为 1，其它取 0。当平板同时受初级激励与 PZT 次级控制力作用时，第 m 阶模态的位移模态幅值为

$$q_n(\omega)=q_n^{\mathrm{p}}(\omega)+q_n^{\mathrm{c}}(\omega) \tag{4-44}$$

利用离散元法计算结构的辐射声功率，将平板均匀分割为 N_{e} 个面元，则辐射声功率为

$$W=\boldsymbol{V}^{\mathrm{H}}\boldsymbol{R}\boldsymbol{V} \tag{4-45}$$

式中，$\boldsymbol{V}$ 为各面元法向振速所组成的 N_{e} 阶列矢量。根据式(4-44)获得的位移模态幅值，可得 $\boldsymbol{V}$ 的表达式为

$$V=\mathrm{j}\omega\boldsymbol{\Phi}(\boldsymbol{H}_{\mathrm{p}}f_{\mathrm{p}}+\boldsymbol{H}_{\mathrm{c}}V_{\mathrm{c}}) \tag{4-46}$$

式中，$\boldsymbol{\Phi}$ 为模态函数在各面元点上的值所组成的 $N_{\mathrm{e}}\times M$ 阶矩阵；列矢量 $\boldsymbol{H}_{\mathrm{p}}$ 与 $\boldsymbol{H}_{\mathrm{c}}$ 可表示为 $\boldsymbol{H}_{\mathrm{p}}=(H_{\mathrm{p},1},H_{\mathrm{p},2},\cdots,H_{\mathrm{p},M})^{\mathrm{T}}$ 与 $\boldsymbol{H}_{\mathrm{c}}=(H_{\mathrm{c},1},H_{\mathrm{c},2},\cdots,H_{\mathrm{c},M})^{\mathrm{T}}$。

4.3.1.2 PVDF 输出电荷

中心坐标为 (x,y) 的小块矩形 PVDF 薄膜的输出电荷为

$$Q(x,y)=\frac{h+h_{\mathrm{PVDF}}}{2}\int_{x-l_{x,p}/2}^{x+l_{x,p}/2}\int_{y-l_{y,p}/2}^{y+l_{y,p}/2}\left(e_{31}\frac{\partial^2 w(x,y)}{\partial x^2}+e_{32}\frac{\partial^2 w(x,y)}{\partial y^2}\right)\mathrm{d}x\,\mathrm{d}y \tag{4-47}$$

式中，$l_{x,p}$，$l_{y,p}$ 与 h_{PVDF} 分别为矩形 PVDF 的长、宽和厚度；e_{31} 与 e_{32} 为 PVDF 薄膜的压电常数。将平板位移的表达式(4-40)代入式(4-47)中进行模态展开，输出电荷可表示为

$$Q(x,y)=\frac{h+h_{\mathrm{PVDF}}}{2}\sum_{m=1}^{M}q_m(\omega)\varphi_m^{\mathrm{p}}(x,y) \tag{4-48}$$

式中，变量 $\varphi_m^{\mathrm{p}}(x,y)$ 可表示为

$$\varphi_m^{\mathrm{p}}(x,y)=B_m\varphi_m(x,y) \tag{4-49}$$

$$B_m=\frac{4l_xl_y}{m_1m_2\pi^2}\left[e_{31}\left(\frac{m_1\pi}{l_x}\right)^2+e_{32}\left(\frac{m_2\pi}{l_y}\right)^2\right]\times \sin\left(\frac{m_1\pi l_{x,\mathrm{p}}}{2l_x}\right)\sin\left(\frac{m_2\pi l_{y,\mathrm{p}}}{2l_y}\right) \tag{4-50}$$

其中，$m=(m_1,m_2)$ 为第 m 阶模态的模态序数。

4.3.1.3　结构振动及 PVDF 输出电荷的波数域分析

为后续在波数域构建误差传感策略，先对表征平板振动信息的参量及 PVDF 的输出电荷作波数变换，将其从空间域转换到波数域。平板加速度的连续波数变换(Continuous Wavenumber Transform，CWT)可表示为

$$\widetilde{A}(k_x,k_y)=\int_{-\infty}^{\infty}\int_{-\infty}^{\infty}\ddot{w}(x,y)\mathrm{e}^{-\mathrm{j}(k_xx+k_yy)}\mathrm{d}x\mathrm{d}y \tag{4-51}$$

式中，对于空间任意点 (r,θ,φ)，x 与 y 方向的结构波数为 $k_x=k\sin\theta\cos\varphi$ 与 $k_y=k\sin\theta\sin\varphi$，$\theta$ 与 φ 为空间方位角，$k=\omega/c_0$ 为波数。将位移的模态展开式(4-40)代入式(4-51)可得加速度的如下连续变换式：

$$\widetilde{A}(k_x,k_y)=-\omega^2\sum_{m=1}^{M}q_m(\omega)\widetilde{\varphi}_m(k_x,k_y) \tag{4-52}$$

式中，$\widetilde{\varphi}_m(k_x,k_y)$ 为第 m 阶模态函数 $\varphi_m(x,y)$ 的连续波数变换值，可表示为

$$\widetilde{\varphi}_m(k_x,k_y)=\int_{-\infty}^{\infty}\int_{-\infty}^{\infty}\varphi_m(x,y)\mathrm{e}^{-\mathrm{j}(k_xx+k_yy)}\mathrm{d}x\mathrm{d}y \tag{4-53}$$

模态函数的连续波数变换可用离散变换(Discrete Wavenumber Transform，DWT)的形式近似代替，即

$$\widetilde{\varphi}_m(t_1\Delta k_x,t_2\Delta k_y)=\sum_{s1=1}^{S1}\sum_{s2=1}^{S2}\varphi_m(s_1\Delta x,s_2\Delta y)\times \mathrm{e}^{-\mathrm{j}(s1\Delta x\cdot t1\Delta k_x+s2\Delta y\cdot t2\Delta k_y)}\Delta x\Delta y \tag{4-54}$$

相应加速度的 CWT 也可由 DWT 的形式近似代替，即

$$\begin{aligned}\widetilde{A}_{\mathrm{DWT}}(t_1\Delta k_x,t_2\Delta k_y)&=\sum_{s1=1}^{S1}\sum_{s2=1}^{S2}\ddot{w}(s_1\Delta x,s_2\Delta y)\mathrm{e}^{-\mathrm{j}(s1\Delta x\cdot t1\Delta k_x+s2\Delta y\cdot t2\Delta k_y)}\Delta x\Delta y\\&=-\omega^2\sum_{m=1}^{M}q_m(\omega)\widetilde{\varphi}_m(t_1\Delta k_x,t_2\Delta k_y)\end{aligned} \tag{4-55}$$

式(4－54)与(4－55)中，S_1 和 S_2 分别为作离散变换时沿平板 x 与 y 方向的采样点数；Δx 与 Δy 为采样间隔；$S_1 \times S_2$ 为总的采样点数目。由式(4－55)可知加速度的离散波数变换值可通过测量结构表面 $S_1 \times S_2$ 点的加速度值计算获得。$\Delta k_x = 1/l_x$ 与 $\Delta k_y = 1/l_y$ 称为波数域分辨率，t_1 与 t_2 为波数域内离散点取值的序数，$t_1, t_2 = \cdots -2, -1, 0, 1, 2\cdots$

矩形 PVDF 薄膜的输出电荷 Q 为中心坐标 (x, y) 的函数，对 $Q(x, y)$ 作连续波数变换，有

$$\tilde{Q}(k_x, k_y) = \int_{-\infty}^{\infty}\int_{-\infty}^{\infty} Q(x, y) e^{-j(k_x x + k_y y)} dx dy = \frac{h + h_{PVDF}}{2}\sum_{m=1}^{M} q_m(\omega)\tilde{\varphi}_m^{p}(k_x, k_y) \tag{4-56}$$

其中 $\tilde{\varphi}_m^{p}(k_x, k_y)$ 可由结构模态函数的连续波数变换值表示，即

$$\tilde{\varphi}_m^{p}(k_x, k_y) = B_m \tilde{\varphi}_m(k_x, k_y) \tag{4-57}$$

将模态函数的 CWT 用 DWT 形式代替后，相应矩形 PVDF 薄膜输出电荷的 CWT 也可由 DWT 形式近似代替，即

$$\begin{aligned}\tilde{Q}(t_1\Delta k_x, t_2\Delta k_y) &= \sum_{s_1=1}^{S_1}\sum_{s_2=1}^{S_2} Q(s_1\Delta x, s_2\Delta y) e^{-j(s_1\Delta x\cdot t_1\Delta k_x + s_2\Delta y\cdot t_2\Delta k_y)}\Delta x\Delta y \\ &= \frac{h + h_{PVDF}}{2}\sum_{m=1}^{M} q_m(\omega)\tilde{\varphi}_m^{p}(t_1\Delta k_x, t_2\Delta k_y)\end{aligned} \tag{4-58}$$

式中，$\tilde{\varphi}_m^{p}(t_1\Delta k_x, t_2\Delta k_y) = B_m\tilde{\varphi}(t_1\Delta k_x, t_2\Delta k_y)$。式(4－58)表明矩形 PVDF 薄膜输出电荷的离散波数变换值可通过布置于结构表面的 $S_1 \times S_2$ 个矩形 PVDF 的输出电荷值计算获得。加速度与 PVDF 薄膜输出电荷的离散波数变换值均可由离散点的振动采样信息计算获得，这是后续在波数域构建误差传感策略的基础。

4.3.1.4 目标函数及最优控制电压

波数域内平板的辐射声功率可表示为[17]

$$\Phi(\omega) = \frac{\rho_0 c_0 k}{4\pi\omega^2}\iint_{k_x^2+k_y^2\leqslant k^2}\frac{|\tilde{A}(k_x, k_y)|^2}{\sqrt{k^2 - k_x^2 - k_y^2}} dk_x dk_y \tag{4-59}$$

式(4－59)表明，当结构波数小于声波数时，即 $k^2 \geqslant k_x^2 + k_y^2$ 时，结构向远场辐射声，此波数区域称为超声速区；当结构波数大于声波数时，即 $k^2 \leqslant k_x^2 + k_y^2$ 时，结构不向远场输出声功率，相应的区域称为亚声速区[18]。波数域内结

构声功率的表达式反映出结构-流体的耦合效应，将结构振动信息分为可辐射声与不可辐射声两部分。通过检测超声速区域的结构振动来构建误差传感策略，即能获得与辐射声功率非常相关的误差信号。与声辐射模态的概念类似，在波数域构建误差传感策略也是考虑了结构-流体耦合的更有效的传感方式。

通过测量很难直接获得式(4-59)中超声速区域内声功率的精确值，实际中若将其作为控制目标难以获得相应的误差信号。按类似文献[17]中目标函数的构造方法，保留表征结构振动信息的主体函数部分 $|\widetilde{A}(k_x,k_y)|^2$，构造如下目标函数：

$$\Phi_{\widetilde{A}}(\omega)=\iint\limits_{k_x^2+k_y^2\leqslant k^2}|\widetilde{A}(k_x,k_y)|^2\mathrm{d}k_x\mathrm{d}k_y \tag{4-60}$$

简化后的函数 $\Phi_{\widetilde{A}}(\omega)$ 已没有实际的物理意义，但其与辐射声功率值 $\Phi(\omega)$ 相关度高[17]。式(4-60)仍无法通过测量求解，将加速度的连续波数变换用其离散形式代替，相应积分由离散点求和代替，其连续式可变换成如下离散形式：

$$\Phi_{\widetilde{A}(\mathrm{DWT})}(\omega)=\sum_{t_1=-T_1}^{T_1}\sum_{t_2=-T_2}^{T_2}|\widetilde{A}(t_1\Delta k_x,t_2\Delta k_y)|^2\Delta k_x\Delta k_y \tag{4-61}$$

其中 T_1 与 T_2 的取值应满足关系：$T_1\geqslant[k/\Delta k_x+1]$ 与 $T_2\geqslant[k/\Delta k_y+1]$，方括号表示实数取整。即要求保证在离散化函数 $\Phi_{\widetilde{A}}(\omega)$ 时，满足关系 $(t_1\Delta k_x)^2+(t_2\Delta k_y)^2\leqslant k^2$ 的所有超声速区域内的离散点都考虑在内。由于 $\Phi_{\widetilde{A}(\mathrm{DWT})}(\omega)$ 是 $\Phi_{\widetilde{A}}(\omega)$ 的离散近似代替，因而与辐射声功率也非常相关。加速度的离散波数变换值 $\widetilde{A}(t_1\Delta k_x,t_2\Delta k_y)$ 可通过加速度计阵列测量结构振动而计算获得，因而目标函数 $\Phi_{\widetilde{A}(\mathrm{DWT})}(\omega)$ 可通过实际测量获得。

虽然基于函数 $\Phi_{\widetilde{A}(\mathrm{DWT})}(\omega)$ 能构建传感策略，但数目较多的加速度计阵列不仅难以安装，且由于质量影响还会改变结构的振动特性而最终影响传感精度。由于 PVDF 薄膜传感器质量轻、易于安装且对结构振动影响较小，因此引入小块矩形 PVDF 薄膜代替加速度计来拾取结构振动信息。进而引入以下目标函数：

$$\Phi_{\widetilde{Q}}(\omega)=\iint\limits_{k_x^2+k_y^2\leqslant k^2}|\widetilde{Q}(k_x,k_y)|^2\mathrm{d}k_x\mathrm{d}k_y \tag{4-62}$$

比较式(4-52)与(4-56)可知，虽然两式的系数 $-\omega^2$ 与 $(h+h_{\mathrm{PVDF}})/2$ 不同，且 $\widetilde{\varphi}_m(k_x,k_y)$ 与 $\widetilde{\varphi}_m^p(k_x,k_y)$ 也不同，但两式关于 (k_x,k_y) 的函数主体部

分相同，均为模态函数的波数变换。因而 $\tilde{Q}(k_x,k_y)$ 与 $\tilde{A}(k_x,k_y)$ 相关且包含了结构振动信息。可推知函数 $\Phi_{\tilde{Q}}(\omega)$ 和 $\Phi_{\tilde{A}}(\omega)$ 也应相关，且包含了结构的辐射声功率信息。将函数 $\tilde{Q}(k_x,k_y)$ 的 CWT 用 DWT 形式代替，式(4－62)中的连续积分用离散求和代替，获得目标函数 $\Phi_{\tilde{Q}}(\omega)$ 的离散形式为

$$\Phi_{\tilde{Q}(\mathrm{DWT})}(\omega)=\sum_{t_1=-T_1}^{T_1}\sum_{t_2=-T_2}^{T_2}\left|\tilde{Q}(t_1\Delta k_x,t_2\Delta k_y)\right|^2\Delta k_x\Delta k_y \tag{4-63}$$

其中，T_1 与 T_2 取值所满足的关系与式(4－61)中相同。PVDF 薄膜输出电荷的离散波数变换值 $\tilde{Q}(t_1\Delta k_x,t_2\Delta k_y)$ 可通过矩形 PVDF 阵列检测结构振动信息而获得，因而式(4－63)所表示的目标函数也可通过测量获得。

目标函数式(4－61)与式(4－63)虽没有明确的物理含义，但实质上包含了结构辐射声功率信息。它们均可通过测量结构振动间接获得，这就是其作为误差信号的意义所在。由 PVDF 输出电荷构建的目标函数式(4－63)较式(4－61)而言，与结构辐射声功率的相关性有所减弱，但 PVDF 薄膜易于安装且对结构的振动响应影响较小，折中考虑，实际中宜选式(4－63)为控制目标。

将式(4－52)表示为矩阵的形式，即

$$\tilde{A}(k_x,k_y)=\tilde{\boldsymbol{\varphi}}(k_x,k_y)(\boldsymbol{H}_{\mathrm{p}}^{\mathrm{A}}f_{\mathrm{p}}+\boldsymbol{H}_{\mathrm{c}}^{\mathrm{A}}V_{\mathrm{c}}) \tag{4-64}$$

式中，
$$\tilde{\boldsymbol{\varphi}}(k_x,k_y)=[\tilde{\varphi}_1(k_x,k_y),\tilde{\varphi}_2(k_x,k_y),\cdots,\tilde{\varphi}_M(k_x,k_y)]$$
$$\boldsymbol{H}_{\mathrm{p}}^{\mathrm{A}}=-\omega^2\boldsymbol{H}_{\mathrm{p}}=-\omega^2(H_{\mathrm{p},1},H_{\mathrm{p},2},\cdots,H_{\mathrm{p},N})^{\mathrm{T}}$$
$$\boldsymbol{H}_{\mathrm{c}}^{\mathrm{A}}=-\omega^2\boldsymbol{H}_{\mathrm{c}}=-\omega^2(H_{\mathrm{c},1},H_{\mathrm{c},2},\cdots,H_{\mathrm{c},N})^{\mathrm{T}}$$

将式(4－64)代入式(4－60)，目标函数 $\Phi_{\tilde{A}}(\omega)$ 变为如下矩阵形式：

$$\Phi_{\tilde{A}}(\omega)=(\boldsymbol{H}_{\mathrm{p}}^{\mathrm{A}}f_{\mathrm{p}}+\boldsymbol{H}_{\mathrm{c}}^{\mathrm{A}}V_{\mathrm{c}})^{\mathrm{H}}\boldsymbol{C}_{\tilde{A}}(\boldsymbol{H}_{\mathrm{p}}^{\mathrm{A}}f_{\mathrm{p}}+\boldsymbol{H}_{\mathrm{c}}^{\mathrm{A}}V_{\mathrm{c}}) \tag{4-65}$$

式中，$\boldsymbol{C}_{\tilde{A}}$ 为 $M\times M$ 阶矩阵且可表示为

$$\boldsymbol{C}_{\tilde{A}}=\iint_{k_x^2+k_y^2\leqslant k^2}\tilde{\boldsymbol{\varphi}}(k_x,k_y)^{\mathrm{H}}\tilde{\boldsymbol{\varphi}}(k_x,k_y)\mathrm{d}k_x\mathrm{d}k_y \tag{4-66}$$

其第 (i,j) 元素为

$$C_{\tilde{A}}(i,j)=\iint_{k_x^2+k_y^2\leqslant k^2}\tilde{\varphi}_i(k_x,k_y)^*\tilde{\varphi}_j(k_x,k_y)\mathrm{d}k_x\mathrm{d}k_y \tag{4-67}$$

目标函数 $\Phi_{\tilde{A}}(\omega)$ 为 PZT 控制电压 V_{c} 的二次型函数，当最优输入电压取如下值时：

$$V_{\mathrm{c0}}=-[(\boldsymbol{H}_{\mathrm{c}}^{\mathrm{A}})^{\mathrm{H}}\boldsymbol{C}_{\tilde{A}}\boldsymbol{H}_{\mathrm{c}}^{\mathrm{A}}]^{-1}(\boldsymbol{H}_{\mathrm{c}}^{\mathrm{A}})^{\mathrm{H}}\boldsymbol{C}_{\tilde{A}}\boldsymbol{H}_{\mathrm{p}}^{\mathrm{A}}f_{\mathrm{p}} \tag{4-68}$$

目标函数 $\Phi_{\tilde{A}}(\omega)$ 达到最小。将最优控制电压 V_{c0} 代入式(4－45)和式(4－46)即可获得以式(4－65)为控制目标的最优控制效果。目标函数 $\Phi_{\tilde{A}(\mathrm{DWT})}(\omega)$ 及声功率 $\Phi(\omega)$，均可表示为式(4－65)所示的矩阵形式，且都是 PZT 输入电压 V_c 的二次型函数。当最优控制电压 V_c 的取值形如式(4－68)时，可获得以上两控制目标最小所对应的最优控制效果。对于目标函数 $\Phi_{\tilde{A}(\mathrm{DWT})}(\omega)$ 与 $\Phi(\omega)$，需将式(4－65)的中间矩阵变为 $\boldsymbol{C}_{\tilde{A}(\mathrm{DWT})}$ 与 $\boldsymbol{C}$，将式(4－66)中的积分项乘以因子 $(\rho_0 c_0 k/4\pi\omega^2)\cdot[1/\sqrt{k^2-k_x^2-k_y^2}]$ 就获得矩阵 $\boldsymbol{C}$，而 $\boldsymbol{C}_{\tilde{A}(\mathrm{DWT})}$ 是式(4－66)的离散形式，可表示为

$$\boldsymbol{C}=\frac{\rho_0 c_0 k}{4\pi\omega^2}\iint\limits_{k_x^2+k_y^2\leqslant k^2}\frac{1}{\sqrt{k^2-k_x^2-k_y^2}}\tilde{\boldsymbol{\varphi}}(k_x,k_y)^{\mathrm{H}}\tilde{\boldsymbol{\varphi}}(k_x,k_y)\mathrm{d}k_x\mathrm{d}k_y \tag{4-69}$$

$$\boldsymbol{C}_{\tilde{A}(\mathrm{DWT})}=\sum_{t_1=-T_1}^{T_1}\sum_{t_2=-T_2}^{T_2}\tilde{\boldsymbol{\varphi}}_{\mathrm{DWT}}(t_1\Delta k_x,t_2\Delta k_y)^{\mathrm{H}}\cdot \tilde{\boldsymbol{\varphi}}_{\mathrm{DWT}}(t_1\Delta k_x,t_2\Delta k_y)\Delta k_x\Delta k_y \tag{4-70}$$

式中，矢量 $\tilde{\boldsymbol{\varphi}}_{\mathrm{DWT}}(t_1\Delta k_x,t_2\Delta k_y)$ 可表示为

$$\tilde{\boldsymbol{\varphi}}_{\mathrm{DWT}}(t_1\Delta k_x,t_2\Delta k_y)=[\tilde{\varphi}_1(t_1\Delta k_x,t_2\Delta k_y),\tilde{\varphi}_2(t_1\Delta k_x,t_2\Delta k_y),\cdots,\tilde{\varphi}_M(t_1\Delta k_x,t_2\Delta k_y)] \tag{4-71}$$

将式(4－56)中的变量 $\tilde{Q}(k_x,k_y)$ 表示为矩阵的形式，即

$$\tilde{Q}(k_x,k_y)=\tilde{\varphi}^{\mathrm{p}}(k_x,k_y)(\boldsymbol{H}_{\mathrm{p}}^{\mathrm{p}}f_{\mathrm{p}}+\boldsymbol{H}_{\mathrm{c}}^{\mathrm{p}}V_{\mathrm{c}}) \tag{4-72}$$

式中，$\tilde{\boldsymbol{\varphi}}^{\mathrm{p}}(k_x,k_y)=[\tilde{\varphi}_1^{\mathrm{p}}(k_x,k_y),\tilde{\varphi}_2^{\mathrm{p}}(k_x,k_y),\cdots,\tilde{\varphi}_M^{\mathrm{p}}(k_x,k_y)]$

$$\boldsymbol{H}_{\mathrm{p}}^{\mathrm{p}}=[(h+h_{\mathrm{PVDF}})/2]\boldsymbol{H}_{\mathrm{p}}=[(h+h_{\mathrm{PVDF}})/2](H_{\mathrm{p},1},H_{\mathrm{p},2},\cdots,H_{\mathrm{p},N})^{\mathrm{T}}$$

$$\boldsymbol{H}_{\mathrm{c}}^{\mathrm{p}}=[(h+h_{\mathrm{PVDF}})/2]\boldsymbol{H}_{\mathrm{c}}=[(h+h_{\mathrm{PVDF}})/2](H_{\mathrm{c},1},H_{\mathrm{c},2},\cdots,H_{\mathrm{c},N})^{\mathrm{T}}$$

将式(4－72)带入式(4－62)，可得目标函数 $\Phi_{\tilde{Q}}(\omega)$ 的如下矩阵形式：

$$\Phi_{\tilde{Q}}(\omega)=(\boldsymbol{H}_{\mathrm{p}}^{\mathrm{p}}f_{\mathrm{p}}+\boldsymbol{H}_{\mathrm{c}}^{\mathrm{p}}V_{\mathrm{c}})^{\mathrm{H}}\boldsymbol{C}_{\tilde{Q}}(\boldsymbol{H}_{\mathrm{p}}^{\mathrm{p}}f_{\mathrm{p}}+\boldsymbol{H}_{\mathrm{c}}^{\mathrm{p}}V_{\mathrm{c}}) \tag{4-73}$$

式中，$\boldsymbol{C}_{\tilde{Q}}$ 为 $M\times M$ 阶矩阵，可表示为

$$\boldsymbol{C}_{\tilde{Q}} = \iint_{k_x^2+k_y^2 \leqslant k^2} \tilde{\boldsymbol{\varphi}}^{\mathrm{p}}(k_x, k_y)^{\mathrm{H}} \tilde{\boldsymbol{\varphi}}^{\mathrm{p}}(k_x, k_y) \mathrm{d}k_x \mathrm{d}k_y \tag{4-74}$$

目标函数 $\Phi_{\tilde{Q}}(\omega)$ 为 PZT 控制电压 V_c 的二次型函数，当 V_c 取如下值时：

$$V_{c0} = -[(\boldsymbol{H}_c^{\mathrm{p}})^{\mathrm{H}} \boldsymbol{C}_{\tilde{Q}} \boldsymbol{H}_c^{\mathrm{p}}]^{-1} (\boldsymbol{H}_c^{\mathrm{p}})^{\mathrm{H}} \boldsymbol{C}_{\tilde{Q}} \boldsymbol{H}_p^{\mathrm{p}} f \tag{4-75}$$

目标函数 $\Phi_{\tilde{Q}}(\omega)$ 取得最小值，将最优控制电压代入式(4-45)与式(4-46)中，可得此时最优的控制效果。目标函数 $\Phi_{\tilde{Q}(\mathrm{DWT})}$ 也可表示为形如式(4-73)的矩阵形式，当 PZT 控制电压取式(4-75)的形式时，即可获得使目标函数 $\Phi_{\tilde{Q}(\mathrm{DWT})}$ 最小的有源降噪效果。此时式(4-73)中的矩阵 $\boldsymbol{C}_{\tilde{Q}}$ 需变为离散形式 $\boldsymbol{C}_{\tilde{Q}(\mathrm{DWT})}$，可表示为

$$\boldsymbol{C}_{\tilde{Q}(\mathrm{DWT})} = \sum_{t_1=-T_1}^{T_1} \sum_{t_2=-T_2}^{T_2} \tilde{\boldsymbol{\varphi}}_{\mathrm{DWT}}^{\mathrm{p}}(t_1 \Delta k_x, t_2 \Delta k_y)^{\mathrm{H}} \cdot \tilde{\boldsymbol{\varphi}}_{\mathrm{DWT}}^{\mathrm{p}}(t_1 \Delta k_x, t_2 \Delta k_y) \Delta k_x \Delta k_y \tag{4-76}$$

式中，矢量 $\tilde{\boldsymbol{\varphi}}_{\mathrm{DWT}}^{\mathrm{p}}(t_1 \Delta k_x, t_2 \Delta k_y)$ 可表示为

$$\tilde{\boldsymbol{\varphi}}_{\mathrm{DWT}}^{\mathrm{p}}(t_1 \Delta k_x, t_2 \Delta k_y) = [\tilde{\varphi}_1^{\mathrm{p}}(t_1 \Delta k_x, t_2 \Delta k_y), \tilde{\varphi}_2^{\mathrm{p}}(t_1 \Delta k_x, t_2 \Delta k_y), \cdots, \tilde{\varphi}_M^{\mathrm{p}}(t_1 \Delta k_x, t_2 \Delta k_y)] \tag{4-77}$$

4.3.1.5 单频控制

矩形平板的模型参数与第 2 章中表 2-2 所列的辐射板 c 的参数一致，假设初级激励为幅度 $f_p = 1\mathrm{N}$ 的简谐点力，作用于平板 $(0.1l_x, 0.1l_y)$ 的位置。PZT 薄膜的长、宽与厚分别为 $l_{x,c} = 0.05$ m，$l_{y,c} = 0.038$ m 与 $h_{\mathrm{PZT}} = 0.25 \times 10^{-3}$ m，弹性模量为 $E_{\mathrm{PZT}} = 6.3 \times 10^{10}$ N/m^2，泊松比为 $\upsilon_{\mathrm{PZT}} = 0.3$，应变常数 $d_{31} = 1.66 \times 10^{-10}$ m/V，布置于中心坐标为 $(x_c, y_c) = (0.2l_x, 0.2l_y)$ 的位置。矩形 PVDF 薄膜的长和宽为 $l_{x,p} = l_{y,p} = 0.02$ m，厚度为 $h_{\mathrm{PVDF}} = 0.002\,8 \times 10^{-3}$ m，压电常数为 $e_{31} = 0.046\mathrm{N}/(\mathrm{V} \cdot \mathrm{m})$，$e_{32} = 0.006\mathrm{N}/(\mathrm{V} \cdot \mathrm{m})$。

为分析控制后结构振动在波数域的变化，先对单频点的声辐射进行控制[19]。设初级激励频率 $f = 298\mathrm{Hz}$，为(3,1)模态的共振频率。沿 x 与 y 方向分别取 9 点与 7 点均匀采样作离散波数变换，采样间隔为 0.06 m 与 0.067 m。PVDF 阵列中各 PVDF 的中心坐标即为这些采样点的坐标。如图 4-20(a) 所示为以 $\Phi_{\tilde{Q}}(\omega)$ 为控制目标，控制前、后 $|\tilde{Q}(k_x, k_y)|^2$ 的变化曲面。黑色曲面代表控制前，灰色曲面代表控制后。如图 4-20(b)所示为以 $\Phi_{\tilde{Q}(\mathrm{DWT})}(\omega)$ 为控制目标，控制前、后 $|\tilde{Q}_{\mathrm{DWT}}(t_1 \Delta k_x, t_2 \Delta k_y)|^2$ 的变化曲面，白色曲面代表控

制前，灰色曲面代表控制后。对比控制前的图 4-20(a)(b)可知，PVDF 输出电荷的 DWT 值与 CWT 值近似一致，表明离散式(4-58)可近似代替连续式(4-56)。

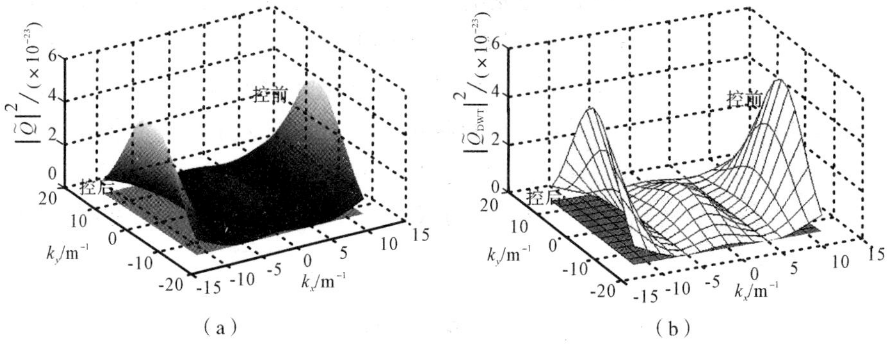

图 4-20 控制前、后 PVDF 输出电荷的波数变换值幅值平方的变化

(a)连续波数变换；(b)离散波数变换

激励频率为 $f=298\mathrm{Hz}$ 时，对应的声波数 $k=5.4$，则超声速区域为 $k_x^2+k_y^2=(5.4)^2$ 表示的圆形内部区域。控制后超声速区域内的 $|\tilde{Q}(k_x,k_y)|^2$ 与 $|\tilde{Q}_{\mathrm{DWT}}(t_1\Delta k_x,t_2\Delta k_y)|^2$ 的值都大幅下降，表明此共振频点(3,1)模态的辐射声功率大幅降低，控制效果显著。此时亚声速波数区域内的结构振动也得到抑制。

图 4-21 所示为以 $\Phi_{\tilde{Q}(\mathrm{DWT})}(\omega)$ 为目标函数，控制前、后平板加速度离散波数变换值 $|\tilde{A}_{\mathrm{DWT}}(t_1\Delta k_x,t_2\Delta k_y)|^2$ 的变化，其中白色曲面为控制前，灰色曲面为控制后。虽然控制前 $|\tilde{A}_{\mathrm{DWT}}(t_1\Delta k_x,t_2\Delta k_y)|^2$ 与 $|\tilde{Q}_{\mathrm{DWT}}(t_1\Delta k_x,t_2\Delta k_y)|^2$ 的幅值不同，但构成的曲面相似，表明 $\tilde{Q}(k_x,k_y)$ 与 $\tilde{A}(k_x,k_y)$ 的相关性较强且包含结构振动信息，进而说明 $\Phi_{\tilde{Q}}(\omega)$ 与结构的辐射声功率信息相关。控制后，超声速区内 $|\tilde{A}_{\mathrm{DWT}}(t_1\Delta k_x,t_2\Delta k_y)|^2$ 的值大幅衰减，表明此频点的声功率大幅下降。

考虑激励频率为非共振频点 $f=380\mathrm{Hz}$，介于(2,2)与(3,2)模态的共振频率之间。图 4-22(a)为以 $\Phi_{\tilde{Q}}(\omega)$ 为目标函数控制前、后 $|\tilde{Q}(k_x,k_y)|^2$ 的变化，图(b)为以 $\Phi_{\tilde{Q}(\mathrm{DWT})}(\omega)$ 为目标函数控制前、后 $|\tilde{Q}_{\mathrm{DWT}}(t_1\Delta k_x,t_2\Delta k_y)|^2$ 的变化。此频点对应的声波数 $k=7$，超声速区域为 $k_x^2+k_y^2=7^2$ 表示的圆形

内部区域。与共振频点相比，超声速区域的 $|\tilde{Q}(k_x,k_y)|^2$ 与 $|\tilde{Q}_{\mathrm{DWT}}(t_1\Delta k_x, t_2\Delta k_y)|^2$ 的值较小，说明平板的辐射声功率值在共振频点要远大于非共振频点，这符合结构声辐射的一般规律。控制后，超声速区域内上述两个量的变化也较小，说明此非共振频点的降噪量有限。

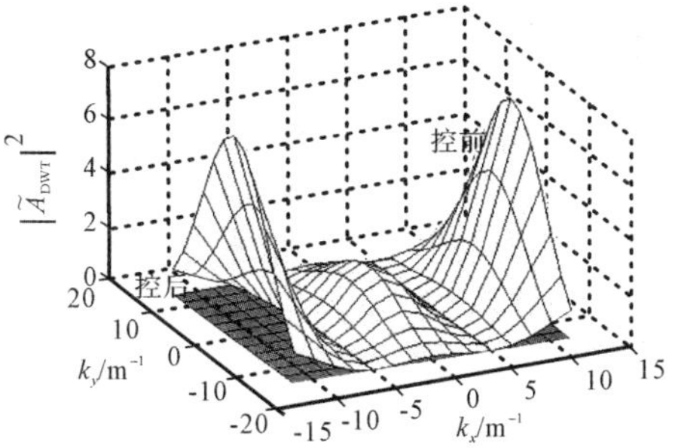

图 4-21　控制前、后加速度的离散波数变换值幅值平方的变化

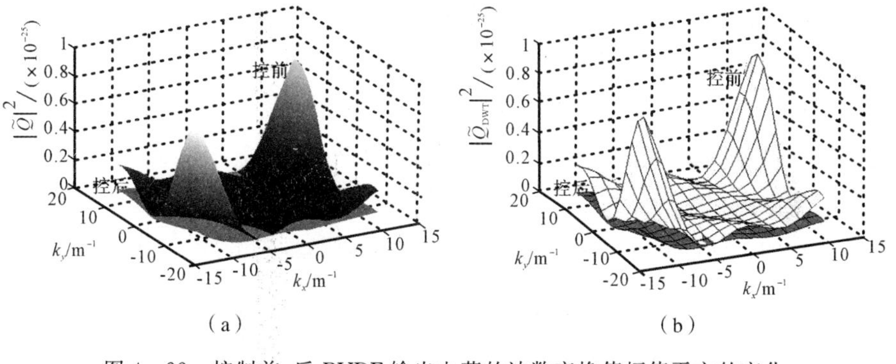

图 4-22　控制前、后 PVDF 输出电荷的波数变换值幅值平方的变化

(a)连续波数变换；(b)离散波数变换

如图 4-23 所示为控制前后加速度的离散波数变换值 $|\tilde{A}_{\mathrm{DWT}}(t_1\Delta k_x, t_2\Delta k_y)|^2$ 的变化情况。图中控制前、后超声速区域内 $|\tilde{A}_{\mathrm{DWT}}(t_1\Delta k_x,t_2\Delta k_y)|^2$ 的值有重叠部分(控制前、后两个曲面相交的灰色区)，说明控制后超声速区内 $|\tilde{A}_{\mathrm{DWT}}(t_1\Delta k_x,t_2\Delta k_y)|^2$ 的值只有部分区域降低，进一步表明此频点的降噪量较小。对于结构声的控制，一般共振频点的降噪量比非共振频点大。共振频点的声辐射由单个模态主导，而非共振频点的声辐射同时受几个模态的耦

合影响，因而控制单个模态相对较易且能获得较好的降噪效果。但如果能同时抑制多个模态的声辐射，在非共振频点也能获得较好的效果。

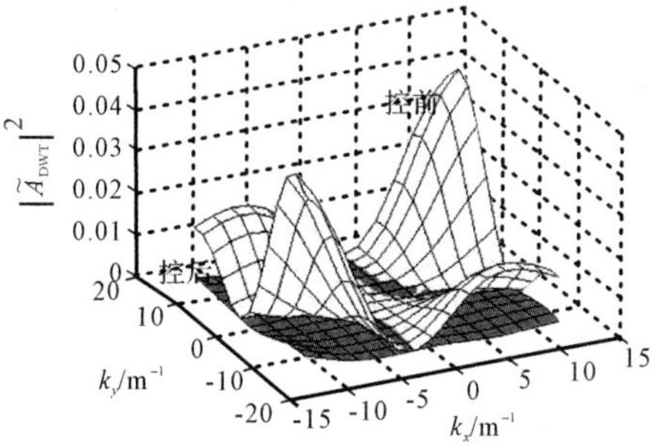

图 4－23　控制前、后加速度的离散波数变换值幅值平方的变化

4.3.1.6　宽带控制

考虑低频段 0～500 Hz 内构建的误差传感策略所获得的有源控制效果，假设作离散波数变换的采样点数同样为 9×7 点，沿 x 与 y 方向均匀采样。如图 4－24 所示为 0～500 Hz 内分别以辐射声功率 $\Phi(\omega)$ 和目标函数 $\Phi_{\tilde{A}}(\omega)$ 为控制目标，控制前、后平板辐射声功率的变化曲线。图中黑实线表示控制前，黑点线表示以辐射声功率为目标的控制效果，灰实线表示以 $\Phi_{\tilde{A}}(\omega)$ 为目标控制后的声功率。结果表明，两种目标函数得到的控制效果基本一致，证实了所构建的目标函数 $\Phi_{\tilde{A}}(\omega)$ 与结构的辐射声功率非常相关。

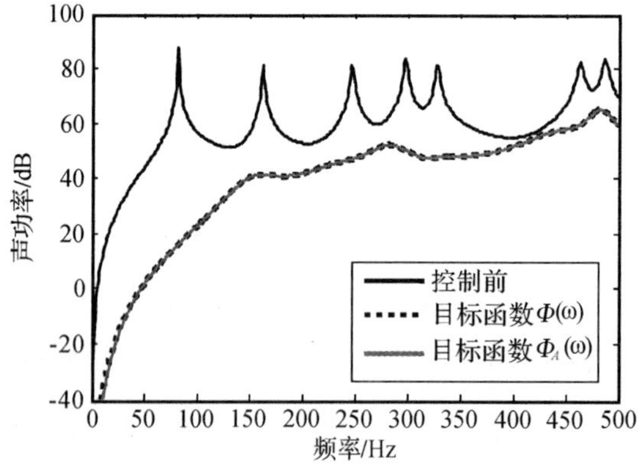

图 4－24　目标函数 $\Phi(\omega)$ 与 $\Phi_{\tilde{A}}(\omega)$ 的控制效果比较

如图 4 - 25 所示为分别以 $\Phi_{\tilde{A}}(\omega)$，$\Phi_{\tilde{A}(\mathrm{DWT})}(\omega)$，$\Phi_{\tilde{Q}}(\omega)$ 和 $\Phi_{\tilde{Q}(\mathrm{DWT})}(\omega)$ 为控制目标，控制前、后平板辐射声功率的变化曲线。其中细线表示控制前，粗黑虚线、点线、细黑虚线、细灰虚线分别表示用以上各函数为目标控制后的声功率曲线。研究表明[19]，与 PVDF 输出电荷相比，由加速度构建的目标函数能获得更好的控制效果。原因在于，与目标函数 $\Phi_{\tilde{Q}}(\omega)$，$\Phi_{\tilde{Q}(\mathrm{DWT})}(\omega)$ 相比，$\Phi_{\tilde{A}}(\omega)$ 与 $\Phi_{\tilde{A}(\mathrm{DWT})}(\omega)$ 更直接与平板辐射声功率 $\Phi(\omega)$ 相关，因而能更准确反应辐射声功率的信息。另外，连续形式的目标函数 $\Phi_{\tilde{A}}(\omega)$ 与 $\Phi_{\tilde{Q}}(\omega)$ 分别和各自离散形式的目标函数 $\Phi_{\tilde{A}(\mathrm{DWT})}(\omega)$ 与 $\Phi_{\tilde{Q}(\mathrm{DWT})}(\omega)$ 所获得的控制效果基本吻合，表明连续变换可由离散形式近似代替。

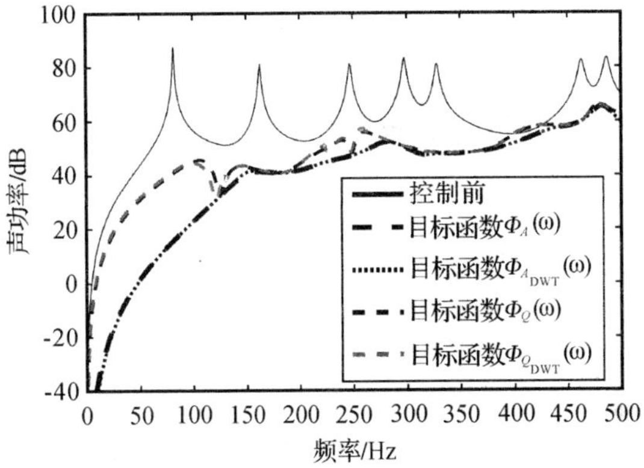

图 4 - 25　四种目标函数下的控制效果比较

此外，PVDF 靠板的弯曲变形输出信号，对于波数域内结构振动较小的分量检测不灵敏，这也可能导致用 PVDF 输出电荷构建的误差信号其控制效果较差。理论上虽然目标函数 $\Phi_{\tilde{A}(\mathrm{DWT})}(\omega)$ 与结构声辐射信息更相关且能获得良好的控制效果，但实际构建误差信号时多个加速度计布置于结构表面，不仅成本高且难以安装，而更大的弊端在于加速度计的质量会影响结构的振动特性，使最终控制效果大打折扣。由 PVDF 输出电荷构建的目标函数虽与结构声辐射的相关性有所减弱，但 PVDF 薄膜成本低且易于安装，更重要的是它对结构振动响应的影响可忽略不计。折中考虑，实际更偏向于采用 PVDF 薄膜阵列构建目标函数 $\Phi_{\tilde{Q}(\mathrm{DWT})}(\omega)$ 实现误差传感。

4.3.1.7　采样点数选取

理论上，由函数 $\Phi_{\tilde{Q}(\mathrm{DWT})}(\omega)$ 近似代替连续形式 $\Phi_{\tilde{Q}}(\omega)$，作离散波数变换

的采样点数越多，两者的近似程度越好，得到的误差信号也越精确。但布置过多的矩形 PVDF 薄膜将导致系统庞杂而难以实现，因而采样点数的选取应在控制效果和系统的可实现性之间折中选取。

与时域信号傅里叶变换类似，对布置于有限尺寸平板上的矩形 PVDF 薄膜输出电荷 $Q(x,y)$ 作连续波数变换，$|\widetilde{Q}(k_x,k_y)|$ 的图形沿 k_x 与 k_y 方向具有无限非周期特性。用 DWT 形式代替 CWT，相应 $|\widetilde{Q}(t_1\Delta k_x,t_2\Delta k_y)|$ 的图形沿 k_x 与 k_y 方向具有周期性。设沿平板 x 与 y 方向的采样间隔为 Δx 与 Δy，则相应波数域内沿 k_x 与 k_y 方向的周期应为 $2\pi/\Delta x$ 和 $2\pi/\Delta y$，且一个周期内的有效段只有 $\pi/\Delta x$ 与 $\pi/\Delta y$。即 $|\widetilde{Q}(t_1\Delta k_x,t_2\Delta k_y)|$ 的图形沿 k_x 与 k_y 方向只包含了 $|\widetilde{Q}(k_x,k_y)|$ 中 $\pi/\Delta x$ 与 $\pi/\Delta y$ 段的有效信息，且采样间隔越大，有效信息段越小。对于上限频率 500 Hz，其声波数为 $k_{500}=2\pi f/c_0=9.1$，为了构建此频段内的目标函数 $\Phi_{\widetilde{Q}(\mathrm{DWT})}(\omega)$，应保证 $|\widetilde{Q}(t_1\Delta k_x,t_2\Delta k_y)|$ 的有效值段 $\pi/\Delta x$ 与 $\pi/\Delta y$ 大于声波数上限 k_{500}，即沿 x 与 y 方向最大采样间隔需满足：

$$\frac{\pi}{\Delta x}\geqslant k_{500},\ \frac{\pi}{\Delta y}\geqslant k_{500} \tag{4-78}$$

换言之，需要对波数域带宽为 $0\sim k_{500}$ 的空间函数 $Q(x,y)$ 沿 x 与 y 方向离散化，为了保证采样后的函数在波数域 $0\sim k_{500}$ 内没有混叠，即采样数据能完全重构此波数带的振动信息，根据 Nyquist 定律，采样间隔应满足

$$\frac{2\pi}{\Delta x}\geqslant 2k_{500},\frac{2\pi}{\Delta y}\geqslant 2k_{500} \tag{4-79}$$

计算可得采样间隔满足的条件为 $\Delta x\leqslant 0.345$，$\Delta y\leqslant 0.345$。对于表 2-2 中给定尺寸的平板，沿 x 与 y 方向只需各均匀采样两点，间隔分别为 0.3 m 和 0.21 m即可满足上述条件，且也是最少的采样点数。

如图 4-26 所示为以 $\Phi_{\widetilde{Q}(\mathrm{DWT})}(\omega)$ 为目标函数，沿 x 与 y 方向均匀采样且采样点数分别取 2×2，3×3，4×4 与 9×7 时的控制效果，图中黑色细线表示控制前的辐射声功率，黑色点线、黑色实线、灰色点线及灰色实线分别为 63 点、16 点、9 点及 4 点 PVDF 采样时的控制效果。分析表明，对结构进行 4 点采样即可获得较好的降噪效果，采样点数的增加并没有显著提高控制性能。

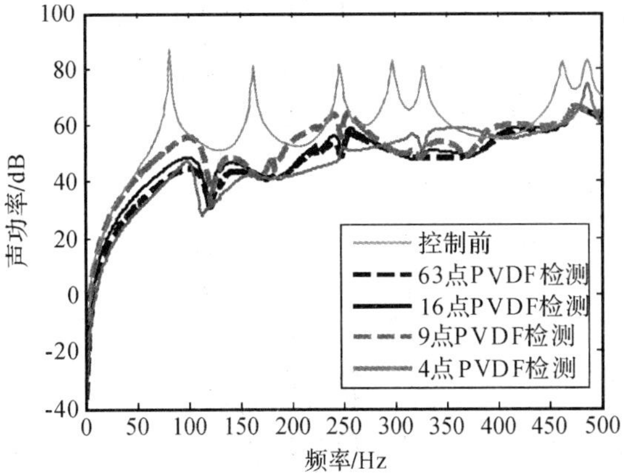

图 4-26 不同采样点数的有源控制效果比较

图中 9 点采样的控制效果较差，原因在于等间隔采样时沿 x 与 y 方向的中间一排采样点正好落在平板 x 与 y 方向的中线上。因而这些采样点落在(2,1)、(1,2)、(2,2)、(3,2)模态的结线上，造成对上述模态信息的采样不足导致控制效果较差。4 点采样时对(4,1)模态的控制效果甚微，也是因采样点正好落在此模态的结线上所致，系统实现时，测点应避开这些结线布置。

总体来说，满足采样要求的 4 点采样即可实现 0～500 Hz 宽带较好的控制效果。由于 PVDF 的输出电压与布置位置的弯矩有关，因而其布放位置对误差信号的构建及控制效果的影响也很大。具体控制效果还跟频率，特别是板的振动模态有关。图 4-26 中 270～380 Hz 频段内结构声辐射主要由第 3～第 5 个共振峰对应的(3,1)、(2,2)与(3,2)模态主导。均匀 4 点采样时，4 块 PVDF 均位于(3,1)与(3,2)模态的节线附近，这些位置的弯矩变化较小导致 PVDF 采集的模态信息不足，使得此频段内的控制效果偏差。4 块 PVDF 对(2,2)模态能有效检测，因而在 328 Hz 控制效果较好，降噪后的功率曲线出现小低谷。相比(3,1)与(3,2)模态，(2,2)模态的辐射效率较低，因而此模态的抑制对于上述频段降噪贡献较小。而在 170～270 Hz 频段内 4 点采样能获得稍大的降噪量，也是由于与多点采样相比 4 点能更有效采集(1,2)模态的振动信息。另外，各种采样情况下在非共振频点 125 Hz 均出现较大的降噪量值，可能是由于不同点的采样均能同时有效抑制(1,1)与(2,1)模态的声辐射。

4.3.1.8 误差传感策略实现

通过 PVDF 输出电荷构建目标函数 $\Phi_{\tilde{Q}(\mathrm{DWT})}(\omega)$ 需要两个步骤，第一步要

实现离散波数变换，第二步是超声速区内离散点 $|\widetilde{Q}(t_1\Delta k_x, t_2\Delta k_y)|^2$ 值求和。波数域内沿 k_x 与 k_y 方向离散点的间隔分别取 $1/\Delta x$ 与 $1/\Delta y$，4 点采样时取 $T_1=6$ 与 $T_2=4$ 即能保证构建的目标函数中 500Hz 对应的超声速区内的离散点都能包括在内。波数域内函数 $|\widetilde{Q}(t_1\Delta k_x, t_2\Delta k_y)|^2$ 的图形关于原点对称，因而 $\Phi_{\widetilde{Q}(\mathrm{DWT})}(\omega)$ 又可表示为

$$\Phi_{\widetilde{Q}(\mathrm{DWT})}(\omega)=4\Delta k_x\Delta k_y\sum_{t1=0}^{T1}\sum_{t2=0}^{T2}|\widetilde{Q}(t_1\Delta k_x, t_2\Delta k_y)|^2 \qquad (4-80)$$

由于波数域内的分辨率 Δk_x 与 Δk_y 为常数，因而只用第一象限内 $|\widetilde{Q}(t_1\Delta k_x, t_2\Delta k_y)|^2$ 的点求和作为目标函数，与 $\Phi_{\widetilde{Q}(\mathrm{DWT})}(\omega)$ 在控制效果上是等价的，且它所包含的有关辐射声功率的信息不会丢失，实现时只需构造 $\Phi_{\widetilde{Q}(\mathrm{DWT})}(\omega)/4\Delta k_x\Delta k_y$ 即可获得所需的误差信号。如图 4－27 所示为两个步骤的实现过程。

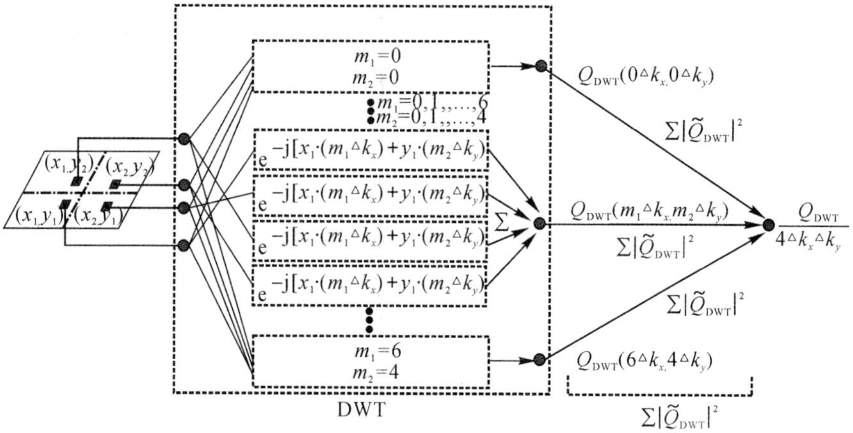

图 4－27　误差传感策略的实现步骤

4.3.2　三层结构传感策略的构建

单层结构在波数域构建的传感策略可直接应用于三层有源隔声结构。在本书所涉及的小尺寸平板情况下，此传感策略只需沿长边与宽边的方向布置 2 个矩形 PVDF 薄膜，即可构建出与辐射声功率相关度高的宽频带误差信号。与辐射模态幅值传感策略相比，它的优势不仅在于采样点少，且可直接构建出与辐射声功率相关的误差信号。

将矩形 PVDF 薄膜阵列敷设于辐射板 c 的表面，以 PVDF 输出电荷的离散波数变换值构建如下目标函数 $\Phi_{\tilde{Q}(\mathrm{DWT})}(\omega)$：

$$\Phi_{\tilde{Q}(\mathrm{DWT})}(\omega)=\sum_{t_1=-T_1}^{T_1}\sum_{t_2=-T_2}^{T_2}\left|\tilde{Q}_{\mathrm{c}}(t_1\Delta k_x,t_2\Delta k_y)\right|^2\Delta k_x\Delta k_y \tag{4-81}$$

式中，$\tilde{Q}_{\mathrm{c}}(t_1\Delta k_x,t_2\Delta k_y)$ 为辐射板 c 上的 PVDF 薄膜输出电荷的离散波数变换值，且可表示为

$$\tilde{Q}_{\mathrm{c}}(t_1\Delta k_x,t_2\Delta k_y)=\frac{h+h_{\mathrm{PVDF}}}{2}\sum_{m=1}^{M}q_{\mathrm{c},m}(\omega)\tilde{\varphi}_m^{\mathrm{p}}(k_x,k_y) \tag{4-82}$$

将式(4－82)表示为矩阵的形式，并带入式(4－81)，可得目标函数 $\Phi_{\tilde{Q}(\mathrm{DWT})}(\omega)$ 的矩阵形式

$$\Phi_{\tilde{Q}(\mathrm{DWT})}(\omega)=(\boldsymbol{a}_{\mathrm{w}}+\boldsymbol{b}_{\mathrm{w}}f_s)^{\mathrm{H}}\boldsymbol{C}_{\tilde{Q}(\mathrm{DWT})}(\boldsymbol{a}_{\mathrm{w}}+\boldsymbol{b}_{\mathrm{w}}f_s) \tag{4-83}$$

式中，矩阵 $\boldsymbol{a}_{\mathrm{w}}$ 与 $\boldsymbol{b}_{\mathrm{w}}$ 可表示为

$$\boldsymbol{a}_{\mathrm{w}}=\frac{h+h_{\mathrm{PVDF}}}{2}\boldsymbol{G}_7\boldsymbol{\Lambda}_2\boldsymbol{X}_{21}\boldsymbol{G}_1\boldsymbol{Q}_p \tag{4-84}$$

$$\boldsymbol{b}_{\mathrm{w}}=\frac{h+h_{\mathrm{PVDF}}}{2}\boldsymbol{G}_7\boldsymbol{\Lambda}_2(\boldsymbol{X}_{21}\boldsymbol{G}_2+\boldsymbol{X}_{22}\boldsymbol{G}_3)\boldsymbol{\Phi}_2(r_s) \tag{4-85}$$

式(4－83)中，目标函数 $\Phi_{\tilde{Q}(\mathrm{DWT})}(\omega)$ 为中间板上次级点力幅值 f_s 的二次型函数，当 f_s 取以下值时：

$$f_{s0}=-\left[(\boldsymbol{b}_{\mathrm{w}})^{\mathrm{H}}\boldsymbol{C}_{\tilde{Q}(\mathrm{DWT})}\boldsymbol{b}_{\mathrm{w}}\right]^{-1}(\boldsymbol{b}_{\mathrm{w}})^{\mathrm{H}}\boldsymbol{C}_{\tilde{Q}(\mathrm{DWT})}\boldsymbol{a}_{\mathrm{w}} \tag{4-86}$$

目标函数 $\Phi_{\tilde{Q}(\mathrm{DWT})}(\omega)$ 获得最小值。此时将最优次级力幅值代入式(2－102)即可获得上述目标函数最小的最优控制效果。

采样点数的选取原则与误差传感策略的实现步骤均与单板的情况一致。仿真计算时，单层板的尺寸与三层结构相同，因而对于三层结构也只需 4 点均匀采样就可准确构建出 500 Hz 内目标函数 $\Phi_{\tilde{Q}(\mathrm{DWT})}(\omega)$ 的值。

4.3.3 辐射功率检测结果

如图 4－28 所示为以式(4－83)为目标函数，控制前、后辐射板 c 的声功率曲线。图中黑线代表控制前辐射板 c 的声功率，灰虚线表示以式(4－83)为目标控制后辐射板 c 的声功率，黑虚线为以辐射板 c 声功率为目标控制后的声功率曲线。作离散波数变换的采样点数为 9×7 点，且沿 x 与 y 方向均匀采

样。分析频率上限取 500 Hz,对应 T_1 与 T_2 的最小取值也为 6 与 4。

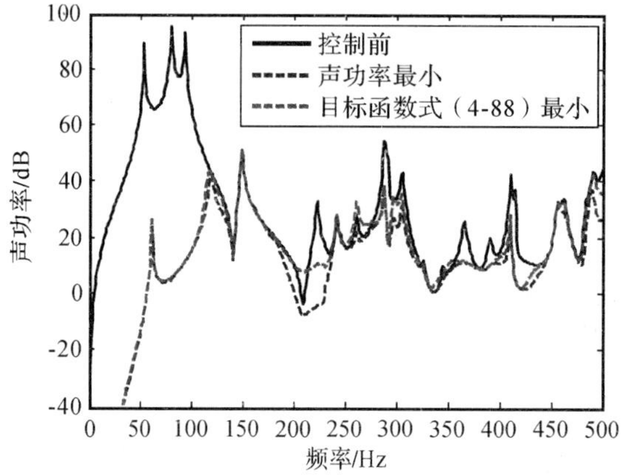

图 4－28　辐射声功率与 $\Phi^{\sim}_{Q(\mathrm{DWT})}(\omega)$ 两目标函数的有源降噪效果比较

研究表明[20],以式(4－83)为目标可取得良好的控制效果,尤其在三块板的(1,1)模态共振峰频率处的效果尤为明显,降噪量和声功率最小获得的结果也非常相近,两种控制目标在其余频段的降噪量也非常相近。这说明构建的误差信号与辐射声功率信息非常相关,证实了上述误差传感策略的可行性。

如图 4－29 所示为以式(4－83)为目标函数,沿 x 与 y 方向进行 2×2 点与 9×7 点均匀采样下控制后辐射板 c 的声功率曲线。对比发现,过多的采样点并没有显著提高控制效果,说明对于表 2－2 中给定尺寸的三层结构仅需 4 块 PVDF 薄膜均匀采样来获取误差信号就能获得良好的控制效果。

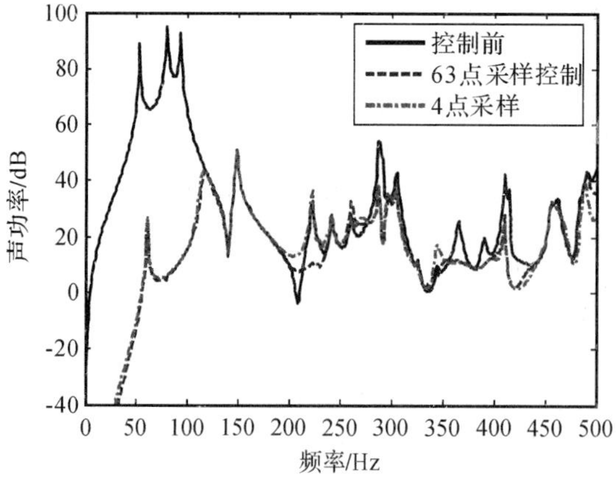

图 4－29　不同采样点数的控制效果比较

4 点采样时控制后个别频点的辐射功率会增大,原因在于这些 PVDF 薄膜可能布置于某些模态的结线位置,导致对这些模态的信息采集不足而无法控制其辐射功率,可能会出现控制溢出的现象。

4.4 本章小结

本章以三层结构声能量的特殊传输规律为依据,对条形 PVDF 薄膜及 PVDF 薄膜阵列检测辐射模态幅值的传感策略进行了优化设计。同时本章在波数域构建了误差传感策略,对作离散波数变换的采样点数的选取及误差传感策略实现等关键问题进行了研究。得出的主要结论有:

(1)前三阶 PVDF 辐射模态幅值传感器的形状可分频段设计,保证传感精度的同时能简化 PVDF 形状。且根据辐射模态的"嵌套特性",在特定频率下设计的 PVDF 传感器同样适合宽带噪声控制。

(2)精选辐射板的振动模态后对 PVDF 阵列进行优化设计,只需将少数矩形 PVDF 薄膜的输出电流通过固定的权向量加权求和即可获得前三阶辐射模态幅值的检测值。所需 PVDF 薄膜个数少且布放位置较灵活,显著简化了传感系统。

(3)用少数采样点作离散波数变换即可构建出与平板辐射声功率相关的误差信号。基于加速度构建的目标函数更直接反应辐射声功率信息,但加速度阵列难以安装且对结构的振动特性影响较大,最终控制效果大打折扣。PVDF 阵列容易安装且对结构的振动影响较小,虽然构建的误差信号与声辐射的相关性有所减弱,但更适合实际应用。

参考文献

[1] Clark R L, Fuller C R. Modal sensing of efficient acoustic radiators with polyvinylidene fluoride distributed sensors in active structural acoustic control approaches [J]. J. Acoust. Soc. Am., 1992, 91(6): 3321-3329.

[2] Hill S G, Snyder S D, Tanaka N. Acoustic based sensing of orthogonal radiating functions for three-dimensional noise sources: background and experiments [J]. J. Sound Vib., 2008, 318(4-5): 1050-1076.

[3] Elliott S J, Johnson M E. Radiation modes and the active control of

sound power [J]. J. Acoust. Soc. Am., 1993, 94(4): 2194 - 2204.

[4] Johnson M E, Elliott S J. Active control of sound radiation using volume velocity cancellation [J]. J. Acoust. Soc. Am., 1995, 98(4): 2174 - 2186.

[5] Charette F, Berry A, Gou C G. Active control of sound radiation from a plate using a polyvinylidene fluoride volume displacement sensor [J]. J. Acoust. Soc. Am., 1998, 103(3): 1493 - 1503.

[6] Pan X, Sutton T J, Elliott S J. Active control of sound transmission through a double - leaf partition by volume velocity cancellation [J]. J. Acoust. Soc. Am., 1998, 104(5): 2828 - 2835.

[7] 靳国永，刘志刚，杜敬涛，等. 基于分布式体积速度传感的结构声辐射有源控制实验研究 [J]. 声学学报，2009，34(4)：342 - 349.

[8] Mao Q, Xu B, Jiang Z, et al. A piezoelectric array for sensing radiation modes [J]. Appl. Acoust., 2003, 64(7): 669 - 680.

[9] Fuller C R, Burdisso R A. A wave number domain approach to the active control of structure - borne sound [J]. J. Sound Vib., 1992, 148 (2): 335 - 360.

[10] 陈克安，陈国跃，李双，等. 分布式位移传感下的有源声学结构误差传感策略 [J]. 声学学报，2007，32(1)：42 - 48.

[11] 李双，陈克安. 结构振动模态和声辐射模态之间的对应关系及其应用 [J]. 声学学报，2007，32(2)：171 - 177.

[12] 马玺越，陈克安，丁少虎，等. 基于平面声源的三层有源隔声结构误差传感策略研究 [J]. 机械工程学报，2013，49(11)：70 - 78.

[13] Lee C K, Moon F C. Modal Sensors and Actuators [J]. J. Appl. Mech., 1990, 57(2): 434 - 441.

[14] Fuller C R, Hansen C H, Snyder S D. Experiments on active control of sound radiated from a panel using a piezoelectric actuator [J]. J. Sound Vib., 1991,150(2): 179 - 190.

[15] Borgiotti G V, Jones K E. Frequency independence property of radiation spatial filters [J]. J. Acoust. Soc. Am., 1994, 96(6): 3516 - 3524.

[16] 马玺越，陈克安，丁少虎，等. 用于三层有源隔声结构误差传感的压电传感薄膜阵列及其优化设计 [J]. 物理学报，2013，62(12)：124301 -1 -

124301－10.

[17] Wang B T.The PVDF－based wave number domain sensing techniques for active sound radiation control from a simply supported beam [J]. J. Acoust. Soc. Am., 1998, 103(4): 1904－1915.

[18] Clark R L, Fuller C R. Modal sensing of efficient acoustic radiators with polyvinylidene fluoride distributed sensors in active structural acoustic control approaches [J]. J. Acoust. Soc. Am., 1992, 91(6): 3321－3329.

[19] 马玺越，陈克安，玉昊昕，等. PVDF 阵列构建结构声辐射有源控制误差传感策略 [J]. 振动工程学报，2013，26(6)：797－806.

[20] Ma Xiyue, Chen Kean, Ding Shaohu, et al. Error sensing strategy in wave－number domain for active sound insulation with triple－layer structure [C]. //Shenzhen: 2012 IET International Conference on Information Science and Control Engineering, 2012: 7－9.

第 5 章 双层加筋有源隔声结构研究

在双层结构的实际应用中，为了增加刚度，通常利用梁进行加固，形成双层加筋结构[1-3]。然而，目前国内外尚未见到有关双层加筋结构低频隔声及有源隔声性能的研究，因而本章就这些问题展开探讨。

已有研究给出了解析解[4-5]及用数值模型[6]预测了单层加筋结构的自由振动响应。但对于双层加筋结构，研究相对较少。Gardonio[7]与 Xin[8]提出的建模方法过于复杂，不能直观体现出声能量传输过程的物理本质。近来，Lin[9-10]与 Dozio[1]提出用模态叠加法对加筋结构建模，可简单快速预测其低频振动响应。鉴于此，本章先用模态叠加法对加筋板建模并分析其隔声特性，然后用声振耦合理论对双层加筋结构建模，着重研究筋条数目及布放位置对双层结构低频隔声性能的影响。由于筋耦合作用的影响，双层加筋结构的有源隔声性能与现有结论相比发生改变。因而本章在分析筋条数目及布放位置对低频隔声性能影响的基础上，进一步探讨这两个因素对有源控制策略选取及有源隔声性能的影响规律。在有源隔声的物理机理方面，虽然双层加筋结构中声能量的传输归根结底仍通过双层基板与空腔的模态耦合进行，但由于筋的耦合影响，基板的振动模态与空腔声模态的耦合及相应的能量传输规律发生改变，有源隔声机理势必发生变化。为此本章结合筋的耦合作用对现有的模态抑制与重构机理进行修正与补充。

5.1 单层加筋有源隔声结构

首先利用模态叠加法对单层加筋有源隔声结构建模，并分析有源隔声性能。然后探讨加筋结构在次级点力控制下的有源隔声机理。分析结果可为后续双层加筋结构的研究作铺垫。

5.1.1 有源隔声结构建模

如图 5-1 所示为加筋结构模型,加筋板由固支基板与固支筋构成。筋与板的接触部分近似为不可滑动的线连接,连接部分存在相互作用的线力 F 与线力矩 M ,模型示意如图 5-1 所示。这个近似只有在筋的宽度不大于板厚的条件下成立,但在没有扭转激励的情况上述限制条件的影响并不大[11]。为分析方便,加筋板采用单根筋加强,筋条沿平行于 y 轴的方向布置且位于 $x=x_b$ 处。

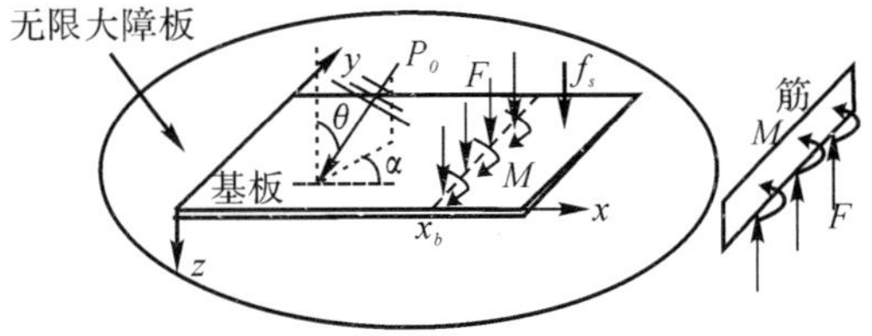

图 5-1 加筋板及基板与筋的耦合作用模型

在斜入射平面波激励下,基板受入射声压、筋的耦合力与力矩及次级控制点力的作用,其振动位移 $w(x,y,t)$ 满足如下方程:

$$D\nabla^4 w+\rho h\frac{\partial^2 w}{\partial t^2}=f(x,y,t)+F(y,t)\delta(x-x_b)+$$
$$M(y,t)\delta'(x-x_b)+f_s(x,y,t) \tag{5-1}$$

式中, D 为基板的弯曲刚度, $D=Eh^3/12(1-\upsilon^2)$; ρ 与 h 分别为基板的密度与厚度; E 和 υ 分别为基板的弹性模量和泊松比; $f(x,y,t)$ 为初级激励,斜入射平面波的具体表达式见式(2-8); $f_s(x,y,t)$ 为次级控制点力,在简谐初级激励作用下 $f_s(x,y,t)$ 也具有简谐变化特性,可表示为

$$f_s(x,y,t)=F_s\delta(x-x_s,y-y_s)e^{j\omega t} \tag{5-2}$$

式中, F_s 与 (x_s,y_s) 分别为次级点力幅值与作用位置。根据模态叠加原理,基板的振动位移 $w(x,y,t)$ 可表示为

$$w(x,y,t)=\sum_{m=1}^{M}\sum_{n=1}^{N}q_{mn}(t)\varphi_{mn}(x,y) \tag{5-3}$$

式中, M 与 N 为模态序数的上限; $q_{mn}(t)$ 为第 (m,n) 阶模态的模态幅值; $\varphi_{mn}(x,y)$ 为模态函数,固支边界下的表达式见式(2-12)与式(2-14)~式(2-16)。将式(5-2)代入式(5-1)进行模态展开,同时方程两边乘以模态函

数 $\varphi_{mn}(x,y)$ 并对平板表面积分，利用模态函数的正交性化解方程并经傅里叶变换可得 $q_{mn}(\omega)$ 满足的频域方程，即

$$(k_{mn}-\omega^2\mu_{mn})q_{mn}(\omega)=Q_{p,mn}+F_{mn}+M_{mn}+Q_{s,mn} \tag{5-4}$$

式中，

$$k_{mn}=D(I_{1m}I_{2n}+2I_{3m}I_{4n}+I_{5m}I_{6n})$$

$$\mu_{mn}=\rho h I_{5m}I_{2n}$$

其中 I_{1m} ，I_{2n} ，I_{3m} ，I_{4n} ，I_{5m} 与 I_{6n} 的表达式见式(2-17)与式(2-18)。

$$F_{mn}=\varphi_m(x_b)\int_0^{l_y}F(y,\omega)\varphi_n(y)\mathrm{d}y$$

$$M_{mn}=\varphi'_m(x_b)\int_0^{l_y}M(y,\omega)\varphi_n(y)\mathrm{d}y$$

其中，$\varphi'_m(x)$ 表示对函数 $\varphi_m(x)$ 求一阶导数。$Q_{p,mn}$ 为第 (m,n) 阶广义初级模态力，

$$Q_{p,mn}=\int_S f(x,y,\omega)\varphi_m(x)\varphi_n(y)\mathrm{d}x\mathrm{d}y$$

$Q_{s,mn}$ 为第 (m,n) 阶广义次级模态力

$$Q_{s,mn}=\int_S f_s(x,y,\omega)\varphi_m(x)\varphi_n(y)\mathrm{d}x\mathrm{d}y$$

模型中筋为截面为矩形的均匀梁单元，假设筋的弯曲与扭转振动之间无耦合，在线力 F 与线力矩 M 的作用下，其弯曲与扭转位移 (U,θ_w) 满足如下方程[1]：

$$E_b I_b\frac{\partial^4 U}{\partial y^4}+\rho_b A_b\frac{\partial^2 U}{\partial t^2}=-F(y,t) \tag{5-5}$$

$$E_b I_w\frac{\partial^4\theta_w}{\partial y^4}-G_b J_b\frac{\partial^2\theta_w}{\partial y^2}+\rho_b I_0\frac{\partial^2\theta_w}{\partial t^2}=-M(y,t) \tag{5-6}$$

式(5-5)中，E_b 为梁的弹性模量；I_b 为截面惯性矩；ρ_b 与 A_b 分别为梁的密度和截面积；E_bI_b 为梁的弯曲刚度。式(5-6)中，I_w 为翘曲惯性矩；E_bI_w 为翘曲刚度；G_b 为剪切模量，与弹性模量的关系为 $G_b=E_b/2(1+\upsilon)$ ；J_b 为圣维南(Saint-Venant)扭转常数；G_bJ_b 为扭转刚度；I_0 为极惯性距。翘曲刚度的量级与扭转刚度相比很小，为计算方便可忽略其影响，省略方程式(5-6)中的 $\partial^4\theta_w/\partial y^4$ 。

根据模态叠加原理，筋的弯曲与扭转位移 (U,θ_w) 可表示为

$$U=\sum_{n=1}^{N}u_n(t)\varphi_n(y) \tag{5-7}$$

$$\theta_w=\sum_{n=1}^{N}\theta_n(t)\varphi_n(y) \tag{5-8}$$

式中，$u_n(t)$ 与 $\theta_n(t)$ 分别为弯曲与扭转位移幅值；$\varphi_n(y)$ 为一维固支梁的振型函数。将式(5-7)与式(5-8)分别代入式(5-5)与式(5-6)进行模态展开,同时方程两边同乘以第 n 阶模态函数 $\varphi_n(y)$ 并对梁的长度积分,利用模态函数的正交性化解方程并经傅里叶变换可得模态幅值 $u_n(\omega)$ 与 $\theta_n(\omega)$ 满足的方程为

$$(k_{Bn}-\omega^2\mu_{Bn})u_n(\omega)=-F_n \tag{5-9}$$

$$(k_{Tn}-\omega^2\mu_{Tn})\theta_n(\omega)=-M_n \tag{5-10}$$

式中，
$$k_{Bn}=E_bI_bI_{6n},\quad \mu_{Bn}=\rho_bA_bI_{2n}$$
$$k_{Tn}=E_bI_wI_{6n}-G_bJ_bI_{4n},\quad \mu_{Tn}=\rho_bI_0I_{2n}$$
$$F_n=\int_0^{l_y}F(y,\omega)\varphi_n(y)dy,\quad M_n=\int_0^{l_y}M(y,\omega)\varphi_n(y)dy$$

其中式(5-4)中 F_{mn}，M_{mn} 与式(5-9)和式(5-10)中 F_n，M_n 满足如下关系：

$$F_{mn}=\varphi_m(x_b)F_n,\quad M_{mn}=\varphi'_m(x_b)M_n \tag{5-11}$$

基板与筋在连接线位置,满足位移与转角连续的边界条件：

$$U(y,\omega)=w(x_b,y,\omega),\quad \theta_w(y,\omega)=\frac{\partial w(x_b,y,\omega)}{\partial y} \tag{5-12}$$

对位移进行模态展开,经推导可得位移与转角的模态幅值 $u_n(\omega)$，$\theta_n(\omega)$ 和基板位移模态幅值 $q_{mn}(\omega)$ 之间满足的关系：

$$u_n(\omega)=\sum_{m=1}^{M}q_{mn}(\omega)\varphi_m(x_b),\quad \theta_n(\omega)=\sum_{m=1}^{M}q_{mn}(\omega)\varphi'_m(x_b) \tag{5-13}$$

根据式(5-11)的关系将式(5-9)与式(5-10)代入式(5-4)中,同时利用关系式(5-13)可得基板模态幅值满足的方程为

$$(k_{mn}-\omega^2\mu_{mn})q_{mn}+\sum_{p=1}^{M}[\varphi_m(x_b)(k_{Bn}-\omega^2\mu_{Bn})\varphi_p(x_b)-$$
$$\varphi'_m(x_a)(k_{Tn}-\omega^2\mu_{Tn})\varphi'_p(x_b)]q_{pn}=Q_{p,mn}+Q_{s,mn}$$

基板的 $M\times N$ 个模态幅值均满足上述方程，$M\times N$ 阶模态幅值列矢量 $\boldsymbol{q}$

则满足以下矩阵方程：

$$(\boldsymbol{K}-\omega^2\boldsymbol{M})\boldsymbol{q}=\boldsymbol{Q}_p+F_s\boldsymbol{Q}_s \tag{5-14}$$

式中，

$$\boldsymbol{Q}_p=(Q_{p,11},Q_{p,12},\cdots,Q_{p,mn},\cdots,Q_{p,MN})^{\mathrm{T}}$$

$$\boldsymbol{Q}_s=[\varphi_{11}(x_s,y_s),\varphi_{12}(x_s,y_s),\cdots,\varphi_{mn}(x_s,y_s),\cdots,\varphi_{MN}(x_s,y_s)]^{\mathrm{T}}$$

矩阵 $\boldsymbol{K}$ 与 $\boldsymbol{M}$ 分别称为 $(M\times N)\times(M\times N)$ 阶刚度矩阵和质量矩阵，其第 (mn,pq) 元素可表示为

$$\left.\begin{aligned}k(mn,pq)=&k_{mn}\delta(m-p)\delta(n-q)+\varphi_m(x_{\mathrm{b}})k_{Bn}\varphi_p(x_{\mathrm{b}})\delta(n-q)-\\&\varphi'_m(x_{\mathrm{b}})k_{Tn}\varphi'_p(x_{\mathrm{b}})\delta(n-q)\\M(mn,pq)=&\mu_{mn}\delta(m-p)\delta(n-q)+\varphi_m(x_{\mathrm{b}})\mu_{Bn}\varphi_p(x_{\mathrm{b}})\delta(n-q)-\\&\varphi'_m(x_{\mathrm{b}})\mu_{Tn}\varphi'_p(x_{\mathrm{b}})\delta(n-q)\end{aligned}\right\} \tag{5-15}$$

根据式(5-14)可求出基板的位移模态幅值为

$$\boldsymbol{q}=(\boldsymbol{K}-\omega^2\boldsymbol{M})^{-1}\boldsymbol{Q}_p+F_{\mathrm{s}}(\boldsymbol{K}-\omega^2\boldsymbol{M})^{-1}\boldsymbol{Q}_{\mathrm{s}} \tag{5-16}$$

式中，刚度矩阵 $\boldsymbol{K}$ 与质量矩阵 $\boldsymbol{M}$ 已经包含了筋的耦合作用项，因而计算获得基板的振动响应即为整个加筋板的振动响应。式(5-16)中还含有未知的次级点力幅值 F_{s}，获得使声功率最小的最优控制力幅值即可计算出加筋板的振动响应。

根据离散元法对基板进行面元划分，并利用基板的位移模态幅值计算获得各面元的振速，则辐射声功率可表示为

$$\boldsymbol{W}=(\boldsymbol{a}+\boldsymbol{b}F_{\mathrm{s}})^{\mathrm{H}}\boldsymbol{R}(\boldsymbol{a}+\boldsymbol{b}F_{\mathrm{s}}) \tag{5-17}$$

式中，矩阵 a 与 b 为

$$\boldsymbol{a}=\mathrm{j}\omega\boldsymbol{\Phi}(\boldsymbol{K}-\omega^2\boldsymbol{M})^{-1}\boldsymbol{Q}_{\mathrm{p}} \tag{5-18}$$

$$\boldsymbol{b}=\mathrm{j}\omega\boldsymbol{\Phi}(\boldsymbol{K}-\omega^2\boldsymbol{M})^{-1}\boldsymbol{Q}_{\mathrm{s}} \tag{5-19}$$

式(5-17)中，基板的辐射功率为次级控制点力幅值的二次型函数，当控制力幅值取以下值时

$$F_{\mathrm{s0}}=-(\boldsymbol{b}^{\mathrm{H}}\boldsymbol{R}\boldsymbol{b})^{-1}\boldsymbol{b}^{\mathrm{H}}\boldsymbol{R}\boldsymbol{a} \tag{5-20}$$

基板的辐射声功率达到最小。

5.1.2 加筋板的共振模态

由于筋的耦合作用，加筋板的固有频率、模态振型与基板相比发生改变。

对于基板和筋构成的耦合系统，去掉方程式(5-14)中等式右边的外激励项，即可获得基板与筋耦合振动的广义特征方程：

$$(\boldsymbol{K}-\omega^2\boldsymbol{M})\boldsymbol{q}=0 \tag{5-21}$$

式中，筋的耦合作用项已合并到刚度矩阵 $\boldsymbol{K}$ 与质量矩阵 $\boldsymbol{M}$ 内。获得广义特征方程(5-21)的第 t 阶特征值 ω_t^2 及相应的特征向量 $\boldsymbol{X}_t$，则加筋板第 t 阶模态的固有频率 f_t 及模态振型函数 $\psi_t(x,y)$ 可表示为[1]

$$f_t=\frac{\sqrt{\omega_t^2}}{2\pi} \tag{5-22}$$

$$\psi_t(x,y)=\boldsymbol{\varphi}(x,y)^{\mathrm{T}}\boldsymbol{X}_t \tag{5-23}$$

其中，$\boldsymbol{\varphi}(x,y)=[\varphi_{11}(x,y),\varphi_{12}(x,y),\cdots,\varphi_{mn}(x,y),\cdots,\varphi_{MN}(x,y)]^{\mathrm{T}}$，为基板模态函数在 (x,y) 点的值组成的列矢量。式(5-23)表明加筋板的固有模态振型是固支基板模态振型函数的线性叠加。

假设基板与筋均为铝材，铝的密度、弹性模量及泊松比为 $\rho=2\ 790\ \mathrm{kg/m^3}$，$E=7.2\times10^{10}\ \mathrm{N/m^2}$ 与 $\upsilon=0.34$。平板的长×宽尺寸为 0.6 m×0.42 m，厚度为 0.003 m。筋条位于 $x_b=0.15\mathrm{m}$ 且长度为 0.42 m 处，矩形截面的面积为 $A=0.003\times0.02\ \mathrm{m^2}$。假设基板与筋具有恒定的内损耗因子 $\eta=0.01$，构成复弹性模量 $E(1+\eta i)$ 使结果更接近实际。初级激励为斜入射的平面波，入射波幅值 $P_0=1\ \mathrm{Pa}$，入射角度 $(\theta,\alpha)=(\pi/4,\pi/4)$。基板的模态个数选取为 $M=N=10$ 即可保证低频段的计算精度。

加筋板前 6 阶模态的共振频率及模态振型如表 5-1 及图 5-2 所示。同时用商用有限元软件 ANSYS 对加筋板建模，通过模态分析计算获得前 6 阶模态的共振频率如表 5-1 所示。理论与数值结果基本吻合，说明了理论模型的准确性。

表 5-1 加筋板前 6 阶模态的共振频率

共振频率/Hz	模态序号					
	1	2	3	4	5	6
理论结果	132.1	245.5	296.1	406.8	407.2	483.4
ANSYS 结果	134.3	248.3	298.1	408.9	412.2	482.9

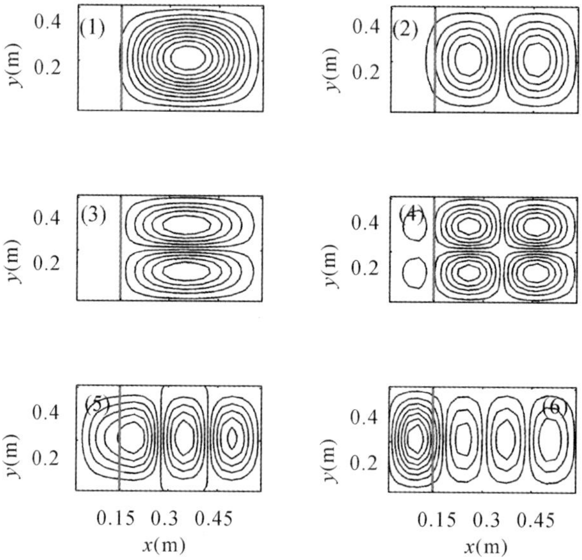

图 5-2 加筋板前 6 阶模态的模态振型

由式(5-23)加筋板模态振型的计算公式可知，加筋板的共振模态是有限阶基板模态的叠加。在加筋板的共振频点，由于筋耦合作用的影响，基板的多阶模态被同时激起，多阶模态叠加形成了加筋板的这阶共振模态。加筋板模态的共振频率可能不同于这几阶基板模态的频率，但应处于它们之间，从而能同时激起这些模态。

以加筋板第 1 阶模态为例，当初级激励为此模态的共振频率 $f=132\text{Hz}$ 时，计算获得基板前 14 阶模态的位移幅值及相位如图 5-3 所示。为分析方便，将基板的前 10 阶共振模态的模态序数列出，如表 5-2 所示。此时基板的(1,1)(2,1)与(3,1)模态被激起，且(2,1)与(3,1)模态的位移幅值分别为(1,1)模态位移幅值的 1/2 与 1/8，但(2,1)模态与(1,1)模态及(3,1)模态与(1,1)模态的相差均为 180°。这三个模态振动的叠加恰好形成加筋板的第一阶共振模态，其示意图如图 5-4 所示。图中只画出 $y=0.21\text{m}$ 时 x-z 平面的剖面图，图中(2,1)与(3,1)中的负号代表反相振动，各模态的位移幅值并不是计算获得的真值而只满足之间的比例关系，因而对加筋板共振模态的形成只给出了概念性的解释。

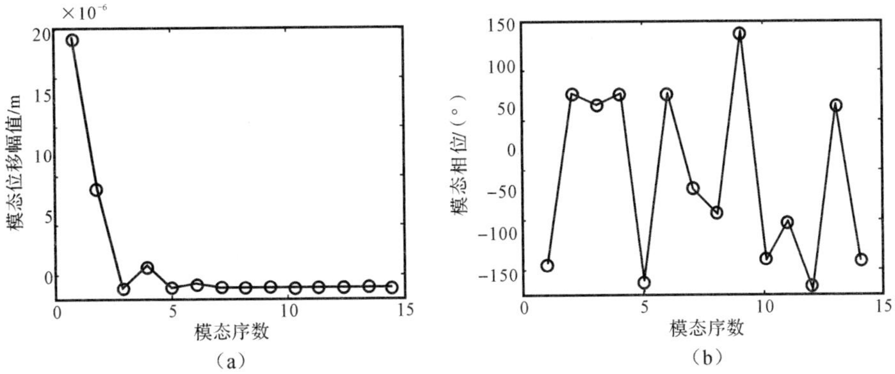

图 5-3 基板前 14 阶模态的位移幅值与相位

(a)模态位移幅值;(b)模态相位

表 5-2 基板的前 10 阶模态的模态序数

序号	模态	序号	模态
1	(1,1)	6	(4,1)
2	(2,1)	7	(1,3)
3	(1,2)	8	(3,2)
4	(3,1)	9	(2,3)
5	(2,2)	10	(5,1)

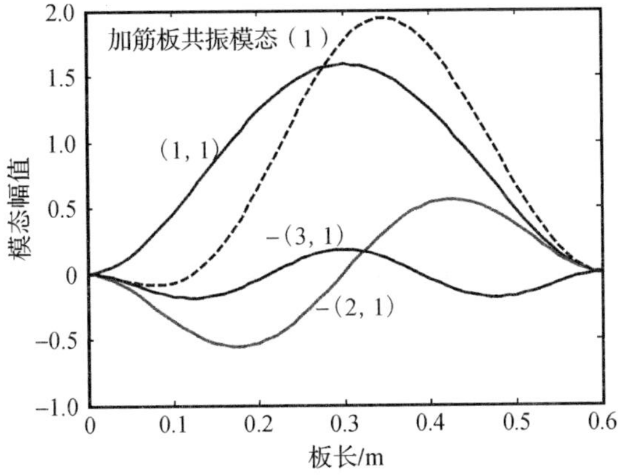

图 5-4 加筋板的共振模态形成示意

5.1.3 有源隔声性能及隔声机理

在靠近与远离筋条的位置各选一点，即 s_1(0.5,0.32) 与 s_2(0.1,0.32)。当单点力及两个次级力同时作用时，计算获得控制前、后加筋板的辐射声功率曲线如图 5-5 所示。研究表明[12]，次级点力远离筋条布置的控制效果要优于靠近筋条时的控制效果。次级点力布置于 s_2 位置时，即使在加筋板的共振频点，其降噪量也非常有限。由图 5-2 可知，s_2 点正好位于加筋板前 4 阶模态的结面(类似于结线，即在这个面上模态的振动位移为零)上，因而可能是由于无法控制这些模态的振动而导致降噪效果偏差。两个次级力共同作用下的控制效果要优于单点力的控制效果，在非共振频点尤为明显。

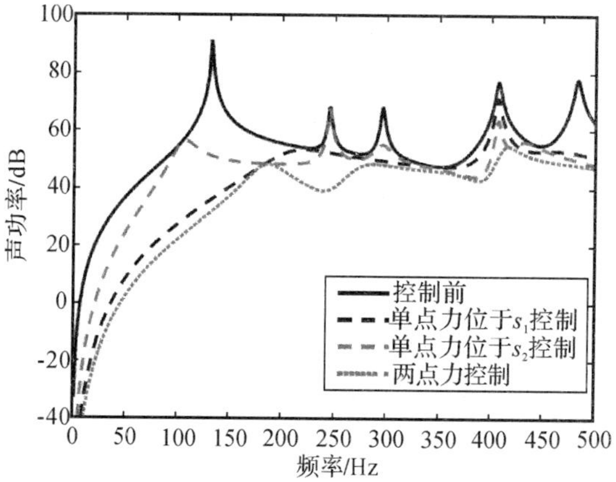

图 5-5 不同的次级点力配置的有源控制效果

力控制策略下单层结构有源隔声的机理之一是模态抑制，即抑制共振频点对应模态的幅值可获得较大的降噪量，此机理对于降低结构共振频点的声辐射非常有效。对于加筋结构，其共振模态由基板的有限几阶模态叠加构成，因而需同时抑制多阶基板的模态振动才能在共振频点获得较好的降噪效果。而未加筋板在共振频点只有单个模态占主导，则只需抑制这阶模态即可获得良好的降噪效果，因而加筋增大了有源控制的难度。

以加筋板第 2 阶共振模态为例，初级激励为此模态的共振频率 $f=245$Hz，在 s_1 位置施加次级点力，控制后基板前 14 阶模态的位移幅值及相位的变化如图 5-6 所示。加筋板的这阶模态由基板的(2,1)与(3,1)模态叠加构成，控制后这两个模态的位移幅值大幅降低，相应加筋板在此频点获得了很好的降噪效果。

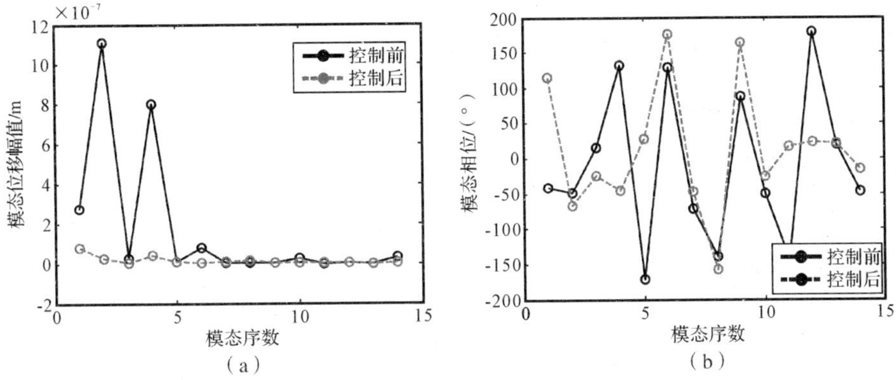

图 5-6 控制前、后基板前 14 阶模态的位移幅值及相位的变化

(a)模态位移幅值；(b)模态相位

力控制策略下单层结构有源隔声的另一种机理为模态重构，有效的作用频段主要在非共振频段。通过调整有限几阶结构模态的幅值与相位，使它们的声辐射相互抵消而达到辐射声功率的抑制。非共振频点的声辐射应主要来自此频点附近产生共振的有限几阶模态的声辐射的总贡献。由于每个加筋板的共振模态均由基板的几阶模态叠加构成，因而加筋板在非共振频点的声辐射应来自于很多阶基板模态声辐射的叠加。单点力控制下，由于控制权度有限而无法同时将很多阶模态的幅度与相位调整到各自的恰当值而达到相互抵消，因而非共振频点的降噪效果并不明显。当引入两个次级力时，模态重构机理起作用，有源降噪量与单点力相比明显增大。

设初级激励频率 $f=270\text{Hz}$，它介于加筋板第 2 阶与第 3 阶模态的共振频率之间。单点力作用于位置 s_1 及两点力作用下，控制前、后基板前 14 阶模态的位移幅值及相位的变化如图 5-7 所示。基板的前 5 阶结构模态即(1,1)(2,1)(1,2)(3,1)与(2,2)模态均被激起且具有较大的模态幅值。在单点力作用下，虽然(2,1)与(1,2)模态的幅值被大幅抑制，但此频点的辐射声功率却并没有显著降低。由于(1,1)与(3,1)模态的辐射效率较(2,1)与(1,2)模态高，对此频点的声辐射贡献应更大。控制后这些模态没有被有效抑制，而导致此频点的降噪量有限。

两点力控制时，控制后(3,1)模态的模态幅值大幅增大。由于(3,1)模态的辐射效率相比(1,1)模态较低，因此两模态可能对此频点的声辐射贡献量相当。但控制后两模态的相位相反，因而它们的声辐射相互抵消而造成辐射功率的大幅降低。此时对这些模态幅值与相位的调整使其声辐射相互抵消获得的降噪效果远大于模态抑制的降噪效果。

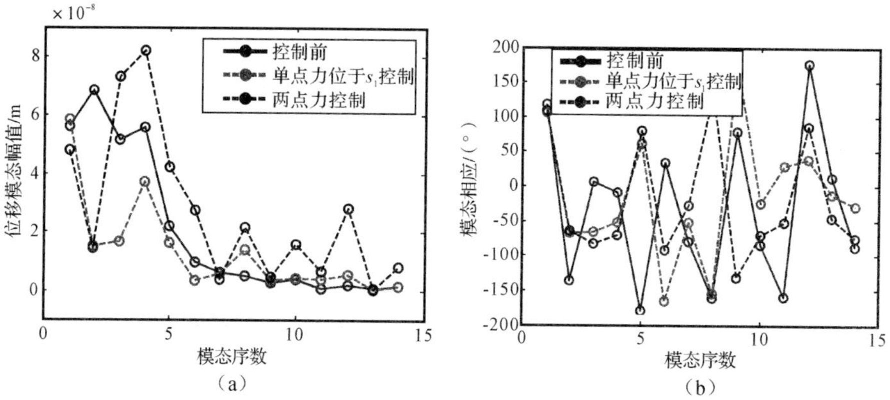

图 5-7　控制前、后基板前 14 阶模态的位移幅值及相位的变化

(a)位移模态幅值；(b)模态相位

单点力布置于 s_2 位置时控制效果较差，特别是在加筋板前 4 阶模态的共振频率处也很难获得好的降噪效果。由于筋条的左侧区域属于这些模态的结面，因而在此区域布置点力 s_2 时，这些模态均不可控，导致这些模态共振频点的降噪量不明显。然而控制加筋板共振频点的声辐射，实质是抑制了构成这阶共振模态的基板模态，s_2 位置并不在这些基板模态的结线上，且这些基板模态是可控的。因而寻找控制效果较弱的更合理的原因还需从分析控制基板模态的具体过程入手。

仍以加筋板的第 2 阶模态为例，当初级激励为此模态的共振频率 $f=245$ Hz 时，计算获得基板(2,1)与(3,1)模态的位移幅值及相位如图 5-6(a)所示。两模态的位移幅值相近但它们相对入射波的初相位分别为$-50°$与 132°。在初始状态参数下，两模态的振动状态(包括振动幅度及振动方向)形象示意如图 5-8 所示。图中(2,1)与(3,1)模态的位移幅值非计算获得的真实值而只满足之间的比例关系，两模态的相差为 180°。对于布放位置 s_1，(2,1)与(3,1)模态均具有朝上的波峰。引入一个朝下的具有合适强度的次级力源可同时抑制这两模态，因而 s_1 位置能获得良好的降噪效果。

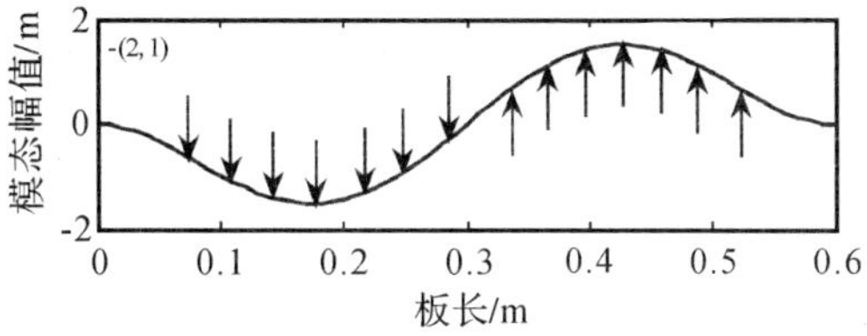

(a)

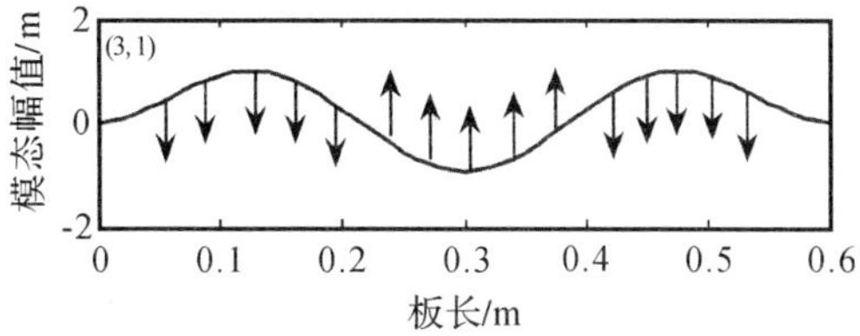

(b)

图 5-8 (2,1)与(3,1)模态的初始振动状态

对于布置位置 s_2,(2,1)模态具有朝下的波峰,但(3,1)模态却具有朝上的波峰。因而在引入一个朝上的具有恰当强度的次级力抑制(2,1)模态振动的同时却增强了(3,1)模态的振动。尽管这两模态的振动方向均朝下,但对于(2,1)模态,不仅要抑制其位移幅值还要改变模态的振动方向,因而用于抑制(2,1)模态的控制力幅度应远大于用于抑制(3,1)模态的控制力。控制后,虽然(2,1)模态的振动得到抑制,但对于(3,1)模态而言,过载的控制力进一步增强了此模态的振动,最终导致加筋板在此共振频点的辐射功率没有得到抑制。如图 5-9 所示为单点力布置于 s_2 位置时,控制前、后基板模态幅值的变化,证实了上述结论。

在筋条左侧区域存在结面的加筋板共振模态,它们均由位移幅值的量级相当但具有反相的两个或三个基板模态构成。当次级控制力作用于 s_2 位置时,抑制其中一个基板模态的同时必定会激励其它反相的模态,因而加筋板总的辐射功率没有明显下降,最终导致了这些模态的不可控。这些加筋板模态实际的不可控程度与构成这些模态的有限阶基板模态之间的幅度和相位差有关,但对于这些模态不可控性都存在。

总的说来,点力控制下加筋板的有源隔声机理与未加筋板相比有明显差异。由于加筋板的共振模态为基板有限几阶模态的叠加,有源控制的难度增大,单点力的控制效果下降。同时次级力的布放位置应避开加筋板共振模态的结面区域,使这些模态具有可控性,才能获得好的降噪效果。

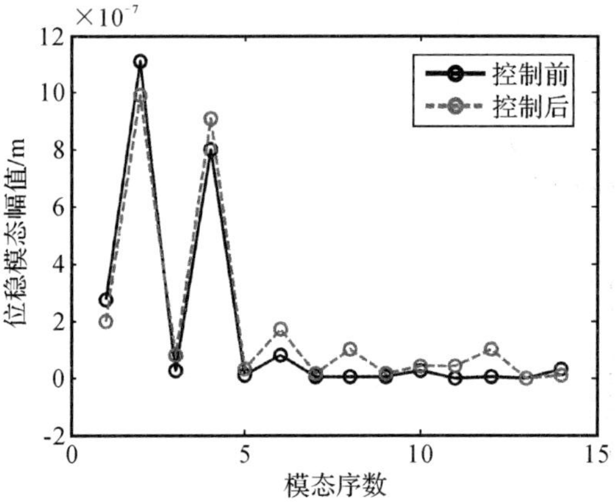

图 5-9 控制前后基板前 14 阶模态位移幅值的变化

5.2 双层加筋有源隔声结构

首先用模态叠加及声振耦合理论对双层加筋结构建模，分析筋条数目及布放位置对双层结构低频隔声性能的影响。然后引入次级声源与次级力源构成双层加筋有源隔声结构，进一步分析上述两因素对有源控制策略选取及控制性能的影响。最后从模态的角度对有源隔声的物理机理进行阐述。

5.2.1 双层加筋结构建模

图 5-10(a)为双层加筋结构模型(为统一模型，图中同时引入有源控制部分的次级声源与力源，后续 5.2.3 节将详述)，系统中上、下两层结构为多根筋加强的固支板，其余四壁均为刚性壁。加筋板由固支基板与固支筋构成，使研究结果更具实际意义[13]。筋与板的接触部分近似为不可滑动的线连接，且存在相互作用的线力 F 与线力矩 M，模型示意如图 5-10(b)所示。加筋板 a 中沿基板的长边与宽边布置的筋条数目为 I 与 J，且第 i 与 j 条筋分别位于 $x=x_{a,i}$ 与 $y=y_{a,j}$ 处。加筋板 b 中筋的数目及布放方式相同，且沿长边与宽边的 I 与 J 条筋分别位于 $x=x_{b,i}$ 与 $y=y_{b,j}$ 处，所有筋的截面尺寸均相同。

在斜入射平面波作用下，基板 a 受平面波、筋的耦合力与力矩及腔内声场声压的作用，基板 b 受筋的耦合力与力矩及腔内声场声压的作用，其弯曲振动位移 w_a 与 w_b 满足如下方程：

$$D_a \nabla^4 w_a + \rho_a h_a \frac{\partial^2 w_a}{\partial t^2} = f_p(x,y,t) + \sum_{i=1}^{I} [F_{a,i}\delta(x - x_{a,i}) + M_{a,i}\delta'(x - x_{a,i})] + \sum_{j=1}^{J} [F_{a,j}\delta(y - y_{a,j}) + M_{a,j}\delta'(y - y_{a,j})] - p(x,y,z,t) \tag{5-24}$$

$$D_b \nabla^4 w_b + \rho_b h_b \frac{\partial^2 w_b}{\partial t^2} = \sum_{i=1}^{I} [F_{b,i}\delta(x - x_{b,i}) + M_{b,i}\delta'(x - x_{b,i})] + \sum_{j=1}^{J} [F_{b,j}\delta(y - y_{b,j}) + M_{b,j}\delta'(y - y_{b,j})] + p(x,y,z,t) \tag{5-25}$$

式中，∇^4 为拉普拉斯算子；D_a 与 D_b 为基板的弯曲刚度；$D_a = E_a h_a{}^3/12(1-\upsilon_a^2)$，$D_b = E_b h_b^3/12(1-\upsilon_b{}^2)$，$E_a$，$h_a$ 与 υ_a（E_b，h_b 与 υ_b）分别为基板的弹性模量、厚度与泊松比；ρ_a 与 ρ_b 为两板的密度，h_a 与 h_b 为两板的厚度；$f_p(x,y,t)$ 为初级激励，入射角度为 (θ,α) 且幅值 P_0 的斜入射平面波的表达式见式(2-8)；$p(x,y,z,t)$ 为腔内声压；$F_{a,i}$ 与 $M_{a,i}$ 为基板 a 与沿 y 轴第 i 条筋之间相互作用的线力与线力矩；其余类似符号的含义相同。

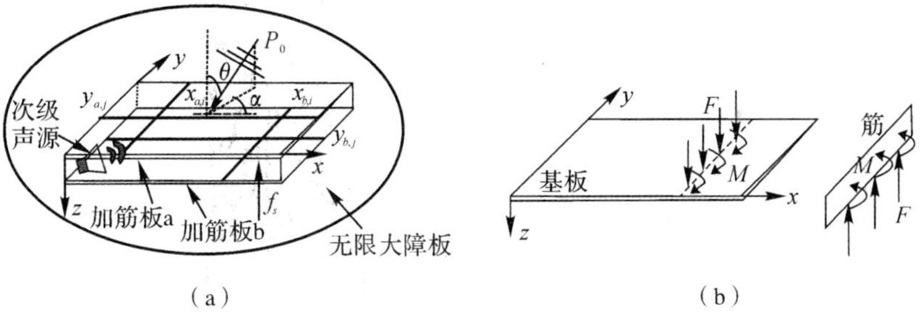

(a)　　(b)

图 5-10　系统模型

(a)双层加筋隔声结构；(b)基板与筋的耦合作用

基板 a 与 b 中的筋条既可布置于板的外侧，也可置于朝向空腔的内侧。当布置于内侧时，筋条还受到空腔声场声压的作用，但其量级与耦合力和力矩作用相比很小，可以忽略。模型中筋设定为截面为矩形的均匀梁单元，以与 y 轴平行布置的筋条为例（与 x 轴平行的筋条其方程类似），假设弯曲与扭转振动之间无耦合，在线力 F 与线力矩 M 作用下单根筋的弯曲与扭转振动位移 (U,θ_w) 满足如下方程[9]：

$$EI \frac{\partial^4 U}{\partial y^4} + \rho A \frac{\partial^2 U}{\partial t^2} = -F \tag{5-26}$$

$$EI_{\mathrm{w}}\frac{\partial^4\theta_{\mathrm{w}}}{\partial y^4}-GJ\frac{\partial^2\theta_{\mathrm{w}}}{\partial y^2}+\rho I_0\frac{\partial^2\theta_{\mathrm{w}}}{\partial t^2}=-M \tag{5-27}$$

式(5-26)和式(5-27)中各系数的含义与式(5-5)和式(5-6)中的相同。

空腔内声压 $p(x,y,z,t)$ 满足封闭空间的波动方程：

$$\nabla^2 p(x,y,z,t)-\frac{1}{c_0^2}\frac{\partial^2 p(x,y,z,t)}{\partial t^2}=0 \tag{5-28}$$

同时沿基板 a 与 b 的外侧法向梯度满足条件 $\partial p(r,t)/\partial n=\rho_0(\partial^2 w_{\mathrm{a}}/\partial t^2)$ 和 $\partial p(r,t)/\partial n=-\rho_0(\partial^2 w_{\mathrm{b}}/\partial t^2)$，在其余刚性壁面 $\partial p(r,t)/\partial n=0$。如果筋条布置于朝向空腔的基板内侧，在筋与基板的连接线位置，空腔声场与基板并未接触，上述边界条件不再适用。为分析方便，此时仍认为上述边界条件成立，仅对这条作用线作近似处理，因而误差较小。式中 ρ_0 与 c_0 分别为空气介质的密度与声速。

由模态叠加原理，基板的弯曲位移（w_{a} 与 w_{b}）、矩形截面梁的弯曲与扭转位移（U,θ_{w}）及空腔声场声压 $p(x,y,z,t)$ 均可表示为模态展开的形式：

$$w(x,y,t)=\sum_{m}^{M}\sum_{n}^{N}q_{mn}(t)\varphi_{mn}(x,y) \tag{5-29}$$

$$U(y,t)=\sum_{n=1}^{N}u_n(t)\varphi_n(y) \tag{5-30}$$

$$\theta_{\mathrm{w}}(y,t)=\sum_{n=1}^{N}\theta_n(t)\varphi_n(y) \tag{5-31}$$

$$p(x,y,z,t)=\sum_{l=1}^{L}P_l(t)\varphi_l(x,y,z) \tag{5-32}$$

式(5-29)中，$\varphi_{mn}(x,y)=\varphi_m(x)\varphi_n(y)$ 为基板的模态振型函数，$\varphi_l(x,y,z)$ 为空腔声模态函数，对于具有刚性壁的封闭矩形空腔，声模态函数 $\varphi_l(x,y,z)$ 可表示为 $\varphi_l(x,y,z)=\cos(l_1\pi x/l_x)\cos(l_2\pi y/l_y)\cos(l_3\pi z/h)$，其中 l_x 与 l_y 分别为基板的长和宽，h 为空腔的厚度，$l=(l_1,l_2,l_3)$ 为声模态序数。$q_{mn}(t)$，$u_n(t)$，$\theta_n(t)$ 与 $P_l(t)$ 为各部分系统模态所对应的模态幅值，在简谐平面波激励下，这些量随时间均简谐变化，即均包含时间因子 $\mathrm{e}^{\mathrm{j}\omega t}$。式(5-30)与式(5-31)仅对与 y 轴平行的筋为例进行模态展开，与 x 轴平行的筋的弯曲与扭转位移的模态展开式类似。

对于加筋板 a，联立基板的振动方程式(5-24)、梁的振动和扭转方程式(5-26)和式(5-27)，将式(5-29)～式(5-31)分别代入上述三式进行模态展开。然后利用基板模态函数的正交性、基板与梁在连接线位置满足的连续条件(位移与转角连续[9]，$U_{\mathrm{a}}(y)=w_{\mathrm{a}}(x_{\mathrm{a}},y)$ 与 $\theta_{\mathrm{w,a}}(y)=\partial w_{\mathrm{a}}/\partial x(x_{\mathrm{a}},y)$)，经一系列数学推导并对等式两边做傅里叶变换，可得基板 a 的位移模态幅值 $q_{\mathrm{a},mn}$ 满足的方程为

$$(k_{\mathrm{a},mn}-\omega^2\mu_{\mathrm{a},mn})q_{\mathrm{a},mn}+\sum_{i=1}^{I}\sum_{p=1}^{M}[\varphi_m(x_{\mathrm{a},i})(k_{\mathrm{a},Bn}-\omega^2\mu_{\mathrm{a},Bn})\varphi_p(x_{\mathrm{a},i})-\varphi'_m(x_{\mathrm{a},i})(k_{\mathrm{a},Tn}-\omega^2\mu_{\mathrm{a},Tn})\varphi'_p(x_{\mathrm{a},i})]q_{\mathrm{a},pn}+\sum_{j=1}^{J}\sum_{q=1}^{N}[\varphi_n(y_{\mathrm{a},j})(k_{\mathrm{a},Bm}-\omega^2\mu_{\mathrm{a},Bm})\varphi_q(y_{\mathrm{a},j})-\varphi'_n(y_{\mathrm{a},j})(k_{\mathrm{a},Tm}-\omega^2\mu_{\mathrm{a},Tm})\varphi'_q(y_{\mathrm{a},j})]q_{\mathrm{a},mq}=Q_{p,mn}-\sum_{l=1}^{L}P_l(\omega)L_{\mathrm{a},mnl} \tag{5-33}$$

式中，变量 $k_{\mathrm{a},mn}$，$\mu_{\mathrm{a},mn}$，$k_{\mathrm{a},Bn}$，$\mu_{\mathrm{a},Bn}$，$k_{\mathrm{a},Tn}$ 与 $\mu_{\mathrm{a},Tn}$ 的表达式如下：

$$k_{\mathrm{a},mn}=D_{\mathrm{a}}(I_{1m}I_{2n}+2I_{3m}I_{4n}+I_{5m}I_{6n}),\quad \mu_{\mathrm{a},mn}=\rho_{\mathrm{a}}h_{\mathrm{a}}I_{5m}I_{2n}$$

$$k_{\mathrm{a},Bn}=E_{\mathrm{a}}I_{\mathrm{a}}I_{6n},\quad \mu_{\mathrm{a},Bn}=\rho_{\mathrm{a}}A_{\mathrm{a}}I_{2n}$$

$$k_{\mathrm{a},Tn}=E_{\mathrm{a}}I_{\mathrm{a},w}I_{6n}-G_{\mathrm{a}}J_{\mathrm{a}}I_{4n},\quad \mu_{\mathrm{a},Tn}=\rho_{\mathrm{a}}I_{\mathrm{a},0}I_{2n}$$

$\varphi'_m(x_{\mathrm{a}})$ 表示 $\varphi_m(x)$ 的一阶导数在 x_{a} 点的值，$\varphi'_p(x_{\mathrm{a}})$、$\varphi'_n(y_{\mathrm{a},j})$ 与 $\varphi'_q(y_{\mathrm{a},j})$ 表示式含义类似；$Q_{p,mn}$ 为广义初级模态力，$Q_{p,mn}=\int_S f_p(x,y,\omega)\varphi_m(x)\varphi_n(y)\mathrm{d}s$；$L_{\mathrm{a},mnl}$ 为基板 a 与空腔的模态耦合系数，$L_{\mathrm{a},mnl}=\int_S\varphi_m(x)\varphi_n(y)\varphi_l(x,y,0)\mathrm{d}s$。

同理，对于加筋板 b，联立基板的位移方程式(5-25)及梁的弯曲与扭转位移方程式(5-26)、式(5-27)，将式(5-29)～式(5-31)代入上述三式进行模态展开。利用模态函数的正交性、基板 b 与梁在连接线上满足的位移及转角连续条件[9]($U_{\mathrm{b}}(y)=w_{\mathrm{b}}(x_{\mathrm{b}},y)$ 与 $\theta_{\mathrm{w},b}(y)=\partial w_{\mathrm{b}}/\partial x(x_{\mathrm{b}},y)$)，经一系列数学推导并对等式两边做傅里叶变换，可得基板 b 的位移模态幅值 $q_{\mathrm{b},mn}$ 满足的方程为

$$(k_{\mathrm{b},mn}-\omega^2\mu_{\mathrm{b},mn})q_{\mathrm{b},mn}+\sum_{i=1}^{I}\sum_{p=1}^{M}[\varphi_m(x_{\mathrm{b},i})(k_{\mathrm{b},Bn}-\omega^2\mu_{\mathrm{b},Bn})\varphi_p(x_{\mathrm{b},i})-\varphi'_m(x_{\mathrm{b},i})(k_{\mathrm{b},Tn}-\omega^2\mu_{\mathrm{b},Tn})\varphi'_p(x_{\mathrm{b},i})]q_{\mathrm{b},pn}+\sum_{j=1}^{J}\sum_{q=1}^{N}[\varphi_n(y_{\mathrm{b},j})(k_{\mathrm{b},Bm}-\omega^2\mu_{\mathrm{b},Bm})\varphi_q(y_{\mathrm{b},j})-\varphi'_n(y_{\mathrm{b},j})(k_{\mathrm{b},Tm}-\omega^2\mu_{\mathrm{b},Tm})\varphi'_q(y_{\mathrm{b},j})]q_{\mathrm{b},mq}=\sum_{l=1}^{L}P_l(\omega)L_{\mathrm{b},mnl} \tag{5-34}$$

式中，$P_l(\omega)$ 为空腔声模态幅值；$L_{\mathrm{b},mnl}$ 为空腔声模态与基板 b 的振动模态的耦合系数，$L_{\mathrm{b},mnl}=\int_S \varphi_m(x)\varphi_n(y)\varphi_l(x,y,h)\mathrm{d}s$；各变量 $k_{\mathrm{b},mn}$，$\mu_{\mathrm{b},mn}$，$k_{\mathrm{b},Bn}$，$\mu_{\mathrm{b},Bn}$，$k_{\mathrm{b},Tn}$ 与 $\mu_{\mathrm{b},Tn}$ 的表达式为

$$k_{\mathrm{b},mn}=D_{\mathrm{b}}(I_{1m}I_{2n}+2I_{3m}I_{4n}+I_{5m}I_{6n}),\quad \mu_{b,mn}=\rho_{\mathrm{b}}h_{\mathrm{b}}I_{5m}I_{2n}$$

$$k_{\mathrm{b},Bn}=E_{\mathrm{b}}I_{\mathrm{b}}I_{6n},\quad \mu_{\mathrm{b},Bn}=\rho_{\mathrm{b}}A_{\mathrm{b}}I_{2n}$$

$$k_{\mathrm{b},Tn}=E_{\mathrm{b}}I_{\mathrm{b},w}I_{6n}-G_{\mathrm{b}}J_{\mathrm{b}}I_{4n},\quad \mu_{\mathrm{b},Tn}=\rho_{\mathrm{b}}I_{\mathrm{b},0}I_{2n}$$

对于腔内声场，根据声波动方程，结合格林第二公式及声模态函数的正交性，可得腔内声模态幅值 $P_l(\omega)$ 在频域内满足的方程为

$$M_{\mathrm{c},l}(\omega_l^2-\omega^2+2\mathrm{j}\xi_l\omega_l\omega)P_l(\omega)=-\rho_0c_0^2\omega^2\sum_{m=1}^{M}\sum_{n=1}^{N}q_{\mathrm{a},mn}L_{\mathrm{a},mnl}+\rho_0c_0^2\omega^2\sum_{m=1}^{M}\sum_{n=1}^{N}q_{\mathrm{b},mn}L_{\mathrm{b},mnl} \tag{5-35}$$

式中，ω_l 为第 l 阶声模态的固有频率；ξ_l 为声模态阻尼；$M_{\mathrm{c},l}$ 为广义声模态质量，$M_{\mathrm{c},l}=\int_V\varphi_l(x,y,z)^2\mathrm{d}V$。

假定在所考虑的低频段内，基板 a 与 b 的模态个数上限取 $M\times N$，沿 x 轴与 y 轴的梁单元的模态个数分别取 M 与 N，空腔声模态个数取 L，即能保证获得的系统响应较精确。根据式(5-33)～式(5-35)可得 $M\times N$ 阶基板 a 与 b 的模态幅值列矢量 $\boldsymbol{q}_{\mathrm{a}}$ 与 $\boldsymbol{q}_{\mathrm{b}}$ 及 L 阶空腔声模态幅值列矢量 $\boldsymbol{P}$ 所满足的矩阵方程为

$$(\boldsymbol{K}_{\mathrm{a}}-\omega^2\boldsymbol{M}_{\mathrm{a}})\boldsymbol{q}_{\mathrm{a}}=\boldsymbol{Q}_p-(\boldsymbol{L}_{\mathrm{a}})^{\mathrm{T}}\boldsymbol{P} \tag{5-36}$$

$$(\boldsymbol{K}_{\mathrm{b}}-\omega^2\boldsymbol{M}_{\mathrm{b}})\boldsymbol{q}_{\mathrm{b}}=(\boldsymbol{L}_{\mathrm{b}})^{\mathrm{T}}\boldsymbol{P} \tag{5-37}$$

$$\boldsymbol{HP}=\boldsymbol{L}'_{\mathrm{b}}\boldsymbol{q}_{\mathrm{b}}-\boldsymbol{L}'_{\mathrm{a}}\boldsymbol{q}_{\mathrm{a}} \tag{5-38}$$

式中，$\boldsymbol{K}_{\mathrm{a}}$ 与 $\boldsymbol{K}_{\mathrm{b}}$ 为基板 a 与 b 的 $(M\times N)\times(M\times N)$ 阶刚度矩阵；$\boldsymbol{M}_{\mathrm{a}}$ 与 $\boldsymbol{M}_{\mathrm{b}}$ 为两板的 $(M\times N)\times(M\times N)$ 阶质量矩阵，第 (mn,pq) 元素的具体表达式分别如下：

$$k_{\mathrm{a}}(mn,pq)=k_{\mathrm{a},mn}\delta(m-p)\delta(n-q)+\sum_{i=1}^{I}[\varphi_m(x_{\mathrm{a},i})k_{\mathrm{a},Bn}\varphi_p\times(x_{\mathrm{a},i})\delta(n-q)-\varphi'_m(x_{\mathrm{a},i})k_{\mathrm{a},Tn}\varphi'_p(x_{\mathrm{a},i})\delta(n-q)]+\sum_{j=1}^{J}[\varphi_n(y_{\mathrm{a},j})k_{\mathrm{a},Bm}\varphi_q(y_{\mathrm{a},j})\delta(m-p)-\varphi'_n(y_{\mathrm{a},j})k_{\mathrm{a},Tm}\varphi'_q(y_{\mathrm{a},j})\delta(m-p)] \tag{5-39}$$

$$M_{\mathrm{a}}(mn,pq)=\mu_{\mathrm{a},mn}\delta(m-p)\delta(n-q)+\sum_{i=1}^{I}\varphi_m(x_{\mathrm{a},i})\mu_{\mathrm{a},Bn}\varphi_p(x_{\mathrm{a},i})\delta(n-q)-$$
$$\varphi'_m(x_{\mathrm{a},i})\mu_{\mathrm{a},Tn}\varphi'_p(x_{\mathrm{a},i})\delta(n-q)]+\sum_{j=1}^{J}[\varphi_n(y_{\mathrm{a},i})\mu_{\mathrm{a},Bm}\varphi_q(y_{\mathrm{a},i})\delta(m-p)-$$
$$\varphi'_n(y_{\mathrm{a},j})\mu_{\mathrm{a},Tm}\varphi'_q(y_{\mathrm{a},j})\delta(m-p)] \tag{5-40}$$

$$k_{\mathrm{b}}(mn,pq)=k_{\mathrm{b},mn}\delta(m-p)\delta(n-q)+\sum_{i=1}^{I}[\varphi_m(x_{\mathrm{b},i})k_{\mathrm{b},Bn}\varphi_p(x_{\mathrm{b},i})\delta(n-q)-$$
$$\varphi'_m(x_{\mathrm{b},i})k_{\mathrm{b},Tn}\varphi'_p(x_{\mathrm{b},i})\delta(n-q)]+\sum_{j=1}^{J}[\varphi_n(y_{\mathrm{b},j})k_{\mathrm{b},Bm}\varphi_q(y_{\mathrm{b},j})\delta(m-p)-$$
$$\varphi'_n(y_{\mathrm{b},j})k_{\mathrm{b},Tm}\varphi'_q(y_{\mathrm{b},j})\delta(m-p)] \tag{5-41}$$

$$M_{\mathrm{b}}(mn,pq)=\mu_{\mathrm{b},mn}\delta(m-p)\delta(n-q)+\sum_{i=1}^{I}[\varphi_m(x_{\mathrm{b},i})\mu_{\mathrm{b},Bn}\varphi_p(x_{\mathrm{b},i})\delta(n-q)-$$
$$\varphi'_m(x_{\mathrm{b},i})\mu_{\mathrm{b},Tn}\varphi'_p(x_{\mathrm{b},i})\delta(n-q)]+\sum_{j=1}^{J}[\varphi_n(y_{\mathrm{b},j})\mu_{\mathrm{b},Bm}\varphi_q(y_{\mathrm{b},j})\delta(m-p)-$$
$$\varphi'_n(y_{\mathrm{b},j})\mu_{\mathrm{b},Tm}\varphi'_q(y_{\mathrm{b},j})\delta(m-p)] \tag{5-42}$$

式中，$\boldsymbol{Q}_p$ 为广义初级模态力幅值列矢量，$\boldsymbol{Q}_p=(Q_{p,11},Q_{p,12},\cdots,Q_{p,mn},\cdots,Q_{p,MN})^{\mathrm{T}}$；$\boldsymbol{L}_{\mathrm{a}}$ 与 $\boldsymbol{L}_{\mathrm{b}}$ 分别为基板 a 与 b 和空腔的 $L\times(M\times N)$ 阶模态耦合系数矩阵；$\boldsymbol{L}'_{\mathrm{a}}$ 和 $\boldsymbol{L}'_{\mathrm{b}}$ 为与模态耦合系数矩阵 $\boldsymbol{L}_{\mathrm{a}}$ 和 $\boldsymbol{L}_{\mathrm{b}}$ 相关的矩阵，且 $\boldsymbol{L}'_{\mathrm{a}}=\rho_0c_0^2\omega^2\boldsymbol{L}_{\mathrm{a}}$，$\boldsymbol{L}'_{\mathrm{b}}=\rho_0c_0^2\omega^2\boldsymbol{L}_{\mathrm{b}}$；$\boldsymbol{H}$ 称为系数矩阵，第 (i,j) 元素的表达式为

$$h(i,j)=M_{\mathrm{c},i}(\omega_i^2-\omega^2+2\mathrm{j}\xi_i\omega\omega_i)\delta(i-j) \tag{5-43}$$

方程式(5-36)～式(5-38)表征了双层加筋板与空腔的耦合振动特性，联立求解上述方程组获得两基板及空腔的模态幅值就可获得整个系统的振动响应。方程式(5-36)与式(5-37)中已将表征筋耦合作用的参量合并到刚度矩阵 $\boldsymbol{K}_{\mathrm{a}}$，$\boldsymbol{K}_{\mathrm{b}}$ 及质量矩阵 $\boldsymbol{M}_{\mathrm{a}}$，$\boldsymbol{M}_{\mathrm{b}}$ 内，因而求解获得的两基板的振动响应即为包含筋和空腔耦合作用的加筋板的振动响应。根据式(5-36)～式(5-38)可得空腔声模态幅值列矢量 $\boldsymbol{P}$ 为

$$\boldsymbol{P}=-\boldsymbol{Z}_p\boldsymbol{Q}_p \tag{5-44}$$

式中，$\boldsymbol{Z}_p$ 为初级激励与空腔声模态幅值之间的传输阻抗矩阵，可表示为

$$\boldsymbol{Z}_p=[\boldsymbol{H}-\boldsymbol{L}'_{\mathrm{a}}(\boldsymbol{K}_{\mathrm{a}}-\omega^2\boldsymbol{M}_{\mathrm{a}})^{-1}(\boldsymbol{L}_{\mathrm{a}})^{\mathrm{T}}-\boldsymbol{L}'_{\mathrm{b}}(\boldsymbol{K}_{\mathrm{b}}-\omega^2\boldsymbol{M}_{\mathrm{b}})^{-1}(\boldsymbol{L}_{\mathrm{b}})^{\mathrm{T}}]^{-1}\times$$
$$\boldsymbol{L}'_{\mathrm{a}}(\boldsymbol{K}_{\mathrm{a}}-\omega^2\boldsymbol{M}_{\mathrm{a}})^{-1} \tag{5-45}$$

获得腔内声模态幅值 P 后，将其带入式(5-36)与式(5-37)即可获得基板模态幅值的表达式。

平面波的入射功率为 $W_i = |P_0|^2 l_x l_y \cos(\theta)/2\rho_0 c_0$，对加筋板 b 进行面元划分，根据离散元法计算其辐射声功率 W_r，双层加筋结构的隔声量（TL，又称传声损失）可表示为

$$\mathrm{TL(dB)} = 10\lg \frac{W_i}{W_r} \tag{5-46}$$

5.2.2 低频隔声性能

5.2.2.1 参数赋值与模型验证

两基板及筋均为铝材，基板 a 与 b 的尺寸与 5.1.2 节中的参数相同，厚度分别为 $h_a = 0.003$ m 与 $h_b = 0.004$ m。加筋板中的筋条沿与长边或宽边平行的方向布置，且所有筋条均为矩形均匀梁，其截面尺寸为 0.003 m × 0.02 m。假设基板与筋具有恒定的内损耗因子 $\eta = 0.01$，并构成复弹性模量 $E(1 + i\eta)$ 使仿真结果更接近实际情况[11]。假设空腔的厚度 $h = 0.2$ m，空气的密度与声速为 $\rho_0 = 1.21$ kg/m^3 与 $c_0 = 344$ m/s，空腔声模态的阻尼比均取 0.001。初级激励为斜入射的平面波，波阵面法线与 z 轴的夹角为 $\pi/4$，法线投影与 x 轴的夹角为 $\pi/4$，入射波的幅值为 1 Pa。取基板的模态个数 $M = N = 10$，沿长边与宽边一维梁的模态个数为 $M = 10$ 与 $N = 10$，空腔声模态个数取 $L = 40$，即可保证 500 Hz 内的计算精度。

为验证双层加筋板与空腔的耦合理论模型，以加单根筋为例，加筋板 a 与 b 中筋条沿平行于 y 轴方向布置且分别位于 $x_a = 0.15$ m 与 $x_b = 0.45$ m 处。在加筋板 a 上(0.5，0.32)的位置处施加幅值为 10N 的简谐点力，通过求解耦合方程组（式(5-36)～式(5-38)）获得辐射加筋板 b 上(0.285，0.2625)位置处的位移。同时用有限元软件 ANSYS 对耦合系统建模，固支基板与筋采用 shell63 单元模拟，基板与筋之间为几何线连接，从而使有限元模型更接近理论模型，腔内空气介质用 ANSYS Fluid 中的 acoustic30 单元模拟。在结构与空腔的连接面上建立耦合并添加外载荷（幅值为 10 N 的简谐点力），通过谐响应分析获得加筋板 b 同样位置的位移。理论结果与 ANSYS 结果对比如图 5-11所示，位移以 $w_b = 1 \times 10^{-6}$ m 为参考转化为分贝(dB)值。

理论解与数值解获得的位移曲线基本吻合，说明理论模型较准确。在个别共振峰处两方法的共振频率存在偏差，主要是由于理论模型预测加筋板的共振频率与 ANSYS 的预测值存在偏差。在 100 Hz 内的频段，两方法获得的

位移偏差较大,可能是由于理论模型预测系统低频响应的误差较大。

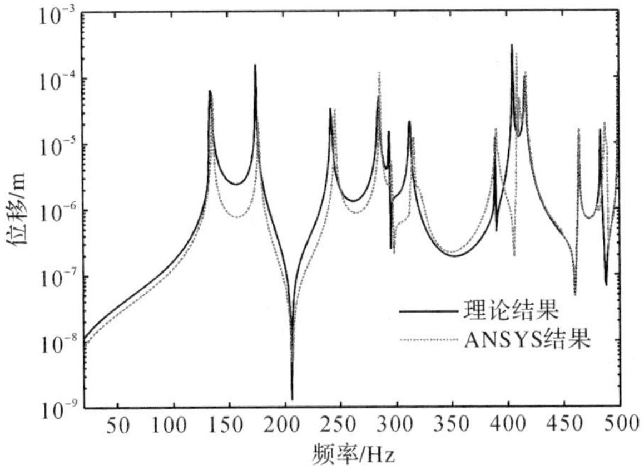

图 5-11 位移曲线理论值与 ANSYS 值的比较

5.2.2.2 筋条数目对隔声性能的影响

加筋板的固有频率与共振模态、基板相比均发生变化,且筋条数目不同的加筋板其共振特性也大不相同。因而双层加筋结构的低频隔声性能将受筋条数目的影响。计算获得的双层基板加单根筋、两条筋与四条筋时的隔声量,及其与双层基板的隔声量对比如图 5-12 所示。单根筋的位置为 $x_a = 0.15$ m, $x_b = 0.45$ m;两条筋的位置为 $x_a = 0.15$ m, $y_a = 0.14$ m, $x_b = 0.45$ m, $y_b = 0.28$ m;四条筋的位置为 $x_{a,1} = 0.15$ m, $x_{a,2} = 0.45$ m, $y_{a,1} = 0.14$ m, $y_{a,2} = 0.28$ m, $x_{b,1} = 0.15$ m, $x_{b,2} = 0.45$ m, $y_{b,1} = 0.14$ m, $y_{b,2} = 0.28$ m。

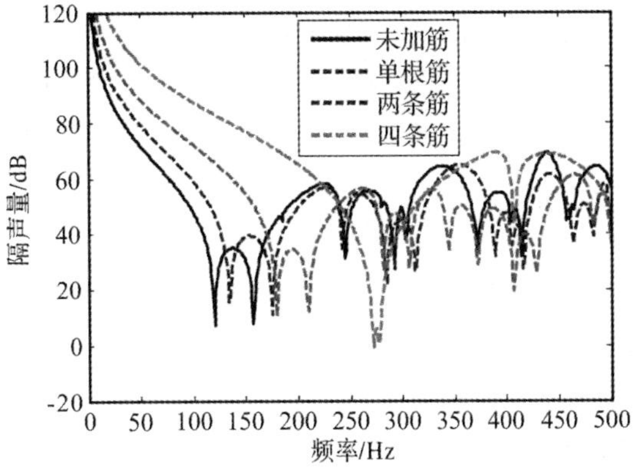

图 5-12 加不同数目筋条时双层结构的隔声量对比

图 5 - 12 表明，与基板相比，加筋板低频段内的共振模态数目减少，即加筋板共振模态的频率向高频偏移。布置的筋条数目越多，低频段内的共振峰数越少，因而双层加筋板的低频隔声性能有所提高。尤其是布置四条筋时，加筋板 a 与 b 在 500 Hz 内各只有一个共振峰，除共振频点的隔声量较低外，其余非共振频点的隔声量均提高。

总的来说[14]，加筋有利于提高双层基板的低频隔声性能，但加筋板产生新的共振模态，这些新共振峰频点的隔声量依旧较低。特别是加四条筋时，加筋板 b 辐射功率曲线中第 1 个共振峰处的隔声量几乎为零。原因在于，布置四条筋时，加筋板第 1 阶共振模态可能由几阶辐射效率较高的基板的奇-奇模态叠加构成。而加一条或两条筋时，加筋板第 1 阶共振模态可能由基板的几阶辐射效率较低的偶-奇、奇-偶或偶-偶模态构成。布置四条筋的加筋板，这阶共振模态的辐射效率较高且辐射声功率较大，此频点的隔声量相应较低。此时可引入有源控制措施进一步提高这些共振频点的隔声性能。如果筋条多到一定数目，在所研究的低频段，加筋板将没有共振模态，双层结构的低频隔声性能将大幅提高，此时有源控制措施对隔声性能的改善非常有限。

5.2.2.3 筋条位置对隔声性能的影响

由于沿基板长边和宽边方向的奇数阶与偶数阶模态的振型分布不同，因而筋的不同布放位置对基板各模态的振动影响也不尽相同，导致不同加筋位置的双层结构的隔声性能差异较大。但沿基板长边与宽边方向的筋条趋于板中间位置布放，对奇数阶模态的影响较大，可预期对加筋板固有频率(特别是对由筋条刚度控制的模态[11](rib - stiffness control modes)、模态振型及双层加筋结构的隔声性能的影响较大。以下以两条筋为例，探寻筋的不同位置对双层结构隔声性能的影响。计算时，两条筋的布放分中间布置与非中间布置，非中间布置的位置与 5.2.2.2 节一致，中间布放方式的位置为：$x_a=0.3$ m，$y_a=0.21$ m，$x_b=0.3$ m，$y_b=0.21$ m。如图 5 - 13 所示为筋条的两种布放位置对应的双层结构隔声量与未加筋结构隔声量的对比。

分析可知[14]，当筋条趋于中间布置时，加筋板在低频段内所含的共振模态数减少，因而双层结构的低频的隔声性能有所提高。但新共振峰频点处的隔声量却下降，原因在于筋条布置于中间位置，对沿基板长边与宽边方向的偶数阶模态无耦合影响。这可能导致加筋板的新共振模态由基板的有限阶辐射效率较高的奇-奇模态叠加构成，这些频点处辐射声能力增强而相应隔声量下降。此时亦可引入有源控制措施进一步提高这些共振频点的隔声性能。

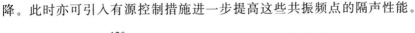

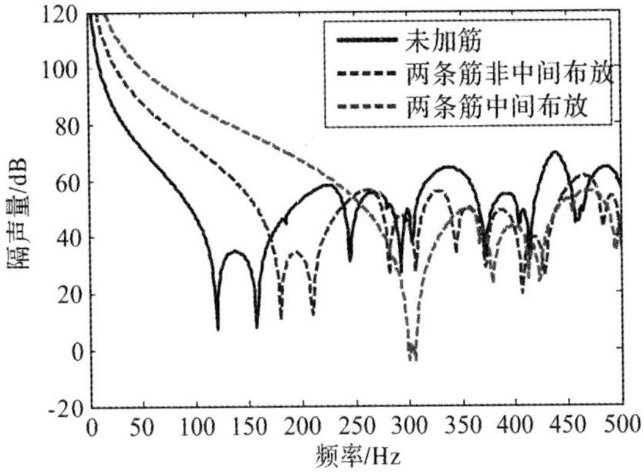

图 5-13 筋的不同布放位置对应的双层结构隔声量的比较

5.2.3 有源隔声建模及隔声性能

5.2.3.1 有源隔声模型

将次级点声源引入中间空腔(声控制策略)或次级点力源引入加筋板 b(力控制策略)进行控制可提高系统的低频隔声性能,如图 5-10(a)所示。为统一声控制与力控制策略下耦合方程组的建立,同时引入次级声源强度 Q_s 与次级力源强度 $f_s(x,y,t)$ 。其中,$Q_s=Q_{s,a}\delta(x-x_s,y-y_s,z-z_s)e^{j\omega t}$,$Q_{s,a}$ 为点源强度幅值,(x_s,y_s,z_s) 为点源在腔内的布放位置,且 $f_s(x,y,t)=F_s\delta(x-x_s,y-y_s)e^{j\omega t}$,F_s 与 (x_s,y_s) 为点力的幅值与作用位置,为分析方便,次级源均为单点作用。

在 5.2.1 节的模型基础上将变量 $f_s(x,y,t)$ 与 $-\rho_0\dfrac{\partial Q_s}{\partial t}$ 分别引入方程式(5-25)与式(5-28)的右边,同时在方程式(5-33)与(5-34)的右边分别增加 $-Q_{s,mn}$ 与 $j\omega\rho_0c_0^2\varphi_l(x_s,y_s,z_s)Q_{s,a}(\omega)$ 项,其中 $Q_{s,mn}=\int_S f_s(x,y,\omega)\varphi_m(x)\varphi_n(y)\mathrm{d}s=F_s\varphi_m(x_s)\varphi_n(y_s)$,称为广义次级模态力。最后在方程式(5-36)与式(5-37)的右边分别引入 $-F_s\boldsymbol{Q}_s$ 与 $\boldsymbol{Y}Q_{s,a}$ 项即获得了表征系统耦合振动特性的方程组。其中 $\boldsymbol{Q}_s=[\varphi_{11}(x_s,y_s),\varphi_{12}(x_s,y_s),\cdots,\varphi_{MN}(x_s,y_s)]^{\mathrm{T}}$,为固支基板 b 的模态函数在控制力点处的值所组成的列矢量;矩阵 $\boldsymbol{Y}$ 可表示为

$$\boldsymbol{Y}=[\mathrm{j}\omega\rho_0 c_0^2\varphi_1(x_s,y_s,z_s),\mathrm{j}\omega\rho_0 c_0^2\varphi_2(x_s,y_s,z_s),\cdots,\mathrm{j}\omega\rho_0 c_0^2\varphi_L(x_s,y_s,z_s)]^{\mathrm{T}} \tag{5-47}$$

由式(5-36)～式(5-38)，可获得空腔声模态幅值列矢量 $\boldsymbol{P}$ 为

$$\boldsymbol{P}=(\boldsymbol{Z}_{s,1}\quad \boldsymbol{Z}_{s,2})\begin{pmatrix}Q_{s,\mathrm{a}}\\ F_s\end{pmatrix}-\boldsymbol{Z}_p\boldsymbol{Q}_p \tag{5-48}$$

式中，$\boldsymbol{Z}_{s,1}$ 与 $\boldsymbol{Z}_{s,2}$ 为次级控制源与腔内声模态幅值之间的传输阻抗矩阵，可表示为

$$\boldsymbol{Z}_{s,1}=[\boldsymbol{H}-\boldsymbol{L}'_{\mathrm{a}}(\boldsymbol{K}_{\mathrm{a}}-\omega^2\boldsymbol{M}_{\mathrm{a}})^{-1}(\boldsymbol{L}_{\mathrm{a}})^{\mathrm{T}}-\boldsymbol{L}'_{\mathrm{b}}(\boldsymbol{K}_{\mathrm{b}}-\omega^2\boldsymbol{M}_{\mathrm{b}})^{-1}(\boldsymbol{L}_{\mathrm{b}})^{\mathrm{T}}]^{-1}\boldsymbol{Y} \tag{5-49}$$

$$\boldsymbol{Z}_{s,2}=[\boldsymbol{H}-\boldsymbol{L}'_{\mathrm{a}}(\boldsymbol{K}_{\mathrm{a}}-\omega^2\boldsymbol{M}_{\mathrm{a}})^{-1}(\boldsymbol{L}_{\mathrm{a}})^{\mathrm{T}}-\boldsymbol{L}'_{\mathrm{b}}(\boldsymbol{K}_{\mathrm{b}}-\omega^2\boldsymbol{M}_{\mathrm{b}})^{-1}(\boldsymbol{L}_{\mathrm{b}})^{\mathrm{T}}]^{-1}\boldsymbol{L}'_{\mathrm{b}}(\boldsymbol{K}_{\mathrm{b}}-\omega^2\boldsymbol{M}_{\mathrm{b}})^{-1}\boldsymbol{Q}_s \tag{5-50}$$

由式(5-36)与式(5-37)即可获得基板 a 与 b 的模态幅值列矢量。式(5-48)中含有未知的次级声源强度幅值 $Q_{s,\mathrm{a}}$ 与力源强度幅值 F_s，$(Q_{s,\mathrm{a}},F_s)^{\mathrm{T}}$ 的求解依赖于有源控制目标函数的选取。

以加筋板 b 的辐射声功率为控制目标，引入次级点源控制使加筋板 b 的辐射功率最小，即可获得系统的最大隔声性能。由基板 b 的模态幅值矢量 $\boldsymbol{q}_{\mathrm{b}}$ 推导、获得表面振速矢量 $\boldsymbol{V}$，并将其带入离散元法计算声功率的表达式，可得：

$$W=\left(\boldsymbol{a}+\boldsymbol{b}\begin{pmatrix}Q_{s,\mathrm{a}}\\ F_s\end{pmatrix}\right)^{\mathrm{H}}\boldsymbol{R}\left(\boldsymbol{a}+\boldsymbol{b}\begin{pmatrix}Q_{s,\mathrm{a}}\\ F_s\end{pmatrix}\right) \tag{5-51}$$

式中，矩阵 $\boldsymbol{a}$ 与 $\boldsymbol{b}$ 的表达式为

$$\boldsymbol{a}=-\mathrm{j}\omega\boldsymbol{\Phi}(\boldsymbol{K}_{\mathrm{b}}-\omega^2\boldsymbol{M}_{\mathrm{b}})^{-1}(\boldsymbol{L}_{\mathrm{b}})^{\mathrm{T}}\boldsymbol{Z}_p\boldsymbol{Q}_p \tag{5-52}$$

$$\boldsymbol{b}=\mathrm{j}\omega\boldsymbol{\Phi}(\boldsymbol{K}_{\mathrm{b}}-\omega^2\boldsymbol{M}_{\mathrm{b}})^{-1}[(\boldsymbol{L}_{\mathrm{b}})^{\mathrm{T}}\boldsymbol{Z}_{s,1},(L_{\mathrm{b}})^{\mathrm{T}}Z_{s,2}-\boldsymbol{Q}_s] \tag{5-53}$$

式中，$\boldsymbol{\Phi}$ 为基板 b 的模态函数在各面元点的值组成的 $N_{\mathrm{e}}\times(M\times N)$ 阶矩阵。式(5-51)中，声功率为次级控制源强度的二次型函数，由线性最优二次理论可知，当 $(Q_{s,\mathrm{a}},F_s)^{\mathrm{T}}=-(\boldsymbol{b}^{\mathrm{H}}\boldsymbol{R}\boldsymbol{b})^{-1}\boldsymbol{b}^{\mathrm{H}}\boldsymbol{R}\boldsymbol{a}$ 时，加筋板 b 的辐射声功率最小，系统获得最大的隔声性能，由式(5-46)即可获得系统最大的隔声量。

5.2.3.2 有源控制策略选取

对于未加筋双层结构，声控制策略的控制效果优于力控制策略[15]，且其对控制宽带噪声及非平稳噪声更有效。由于筋的耦合作用，双层加筋结构中

声控制策略与力控制策略的控制效果势必受到影响。

加筋板 a 与 b 布置单根筋，筋的位置分别为 $x_a=0.15\text{m}$ 与 $x_b=0.45\text{m}$。次级点声源位于空腔 $(0.1l_x, 0.1l_y, 0.1h)$ 处，以便激起低频段内的大多数声模态；次级力源作用于基板 b 的(0.5，0.32)处。计算获得单点次级声源与单点次级力源单独作用时的有源控制效果如图 5-14 所示。黑线表示控制前加筋板 b 的辐射功率，黑虚线为次级点力源控制后加筋板 b 的辐射功率，灰虚线为次级点声源的控制效果。就整个低频段而言，声腔控制策略的控制效果要优于力控制策略。声控制策略不仅在加筋板共振频点的降噪量大于力控制策略，而且在绝大多数非共振频点均有降噪效果。而力控制策略仅在加筋板 b 主导模态的共振频点降噪效果明显，在其余频点效果并不明显。

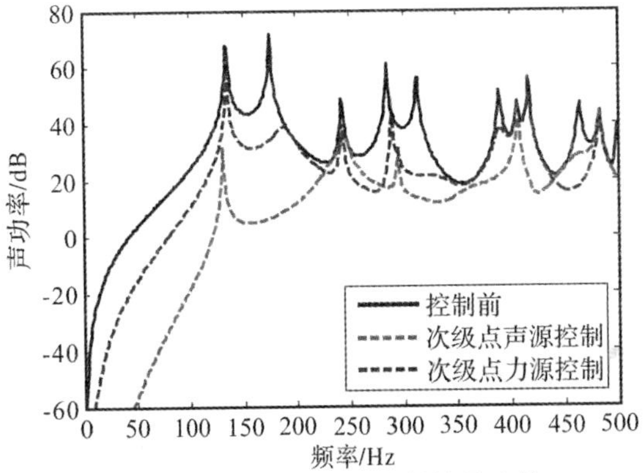

图 5-14　两种策略的控制效果比较

对布置两条筋及四条筋(位置均与 5.2.2.2 节所述相同)的有源控制效果分析(限于篇幅，略去计算结果)亦可得出同样的结论。因而对于双层加筋结构，一般情况下声控制策略应能获得更好的有源隔声效果。加筋板的任意阶共振模态均由基板的有限几阶模态叠加构成，对于加筋板非共振频点的声辐射，是很多个基板模态的辐射声功率的叠加。力控制策略控制加筋板声辐射的难度增大，控制效果势必下降。但由于筋的耦合作用，辐射板中基板模态的能量可能只来自一对或两个声模态，声控制策略下只需对少数几个对声能量传输起主导作用的声模态进行控制即可，即使是单点声源亦能获得较好的降噪效果。

虽然有源隔声效果还与次级源位置相关，且次级力源布置于最优位置的控制效果可能会优于次级声源的控制效果，但究其物理本质，声腔策略的控制效率更高且控制效果更好。

5.2.3.3 筋条数目对有源隔声性能的影响

5.2.2.2 节得出，加筋有利于双层结构低频隔声性能的提高，但新的共振峰频点隔声性能有下降的趋势，需引入有源控制措施对其改善。由于筋的耦合作用，声腔控制策略下双层加筋结构的有源隔声性能同样也受筋条数目影响。

在单点次级声源控制下(点声源位置与 5.2.3.2 节相同)，有源控制后加单根筋、两条筋及四条筋的双层结构(筋条位置与 5.2.2.2 节相同)的隔声量与未加筋时控制后的隔声量对比如图 5-15 所示。与图 5-12 比较后发现，控制后各双层加筋结构的隔声量均显著提高，在加筋板的共振峰位置尤为明显。但随着筋条数目增加，在多条筋耦合作用的影响下，将会有更多阶声模态在双层加筋结构的声能量传输中起作用。因而声控制策略的控制难度亦增大，单点源的控制效果亦会下降[14]。

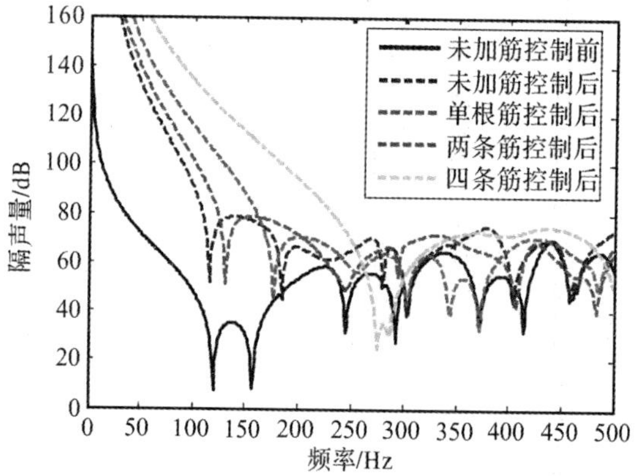

图 5-15　布置不同数目筋条时双层结构有源控制后的隔声量对比

作为验证，将加两条筋与四条筋的加筋板 b 控制前、后的辐射功率进行比较，如图 5-16 与图 5-17 所示。由图可知，筋条数目增多后控制效果下降。尤其布置四条筋时，虽然在 500 Hz 内只有两个共振峰，但这些共振频点的降噪量却并不高。

总的来说，加多条筋的双层结构与未加筋结构相比，其有源控制后总的隔声性能显著提高。加多条筋的双层结构有源控制难度增大，共振频点的控制效果有所减弱，此时可加多点次级源提高降噪效果。

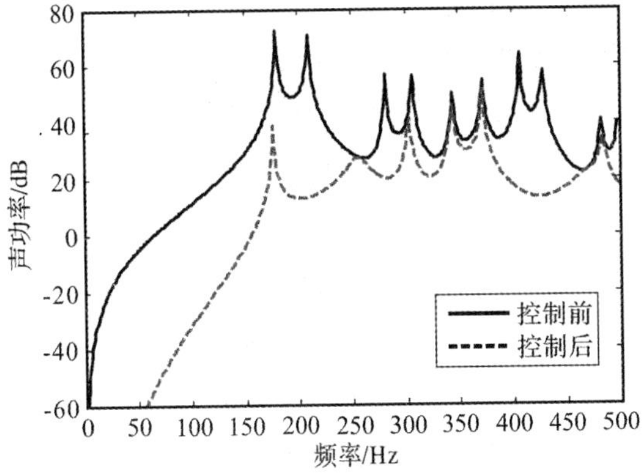

图 5-16 两条筋的有源控制效果

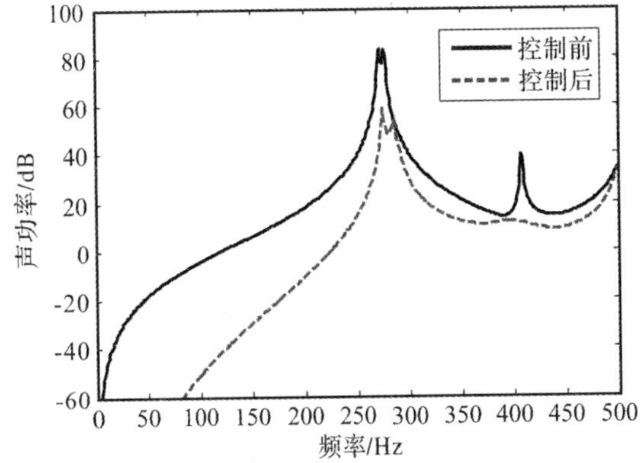

图 5-17 四条筋的有源控制效果

5.2.3.4 筋条位置对有源隔声性能的影响

5.2.2.3 节得出筋条趋于基板中间布置，双层结构的低频隔声性能提高较大，但加筋板新的共振峰频点隔声性能明显降低，需引入有源控制措施进一步改善。不同的筋条位置也势必会对有源隔声性能产生影响，仍以 5.2.2.3 节中两条筋的两布放方式为例，在单点声源控制下(位置与 5.2.3.2 节相同)计算分析。

图 5-18 为有源控制后的隔声量曲线。有源控制后，两种筋条布置方式的隔声效果均大幅提高。对比图 5-13 与图 5-18 发现，与非中间布置方式相比，筋条布置于中间位置时有源降噪效果变差，即使是共振频点其降噪量也

明显下降。说明由于筋的复杂耦合作用，有多阶声模态主导双层加筋结构中声量的传输，因而需施加多点声源控制才能获得满意的降噪效果[14]。值得注意的是，上述结论虽然在两条筋的情况下得出，但不同数目筋条下，其布放位置对隔声性能的影响规律是类似的。

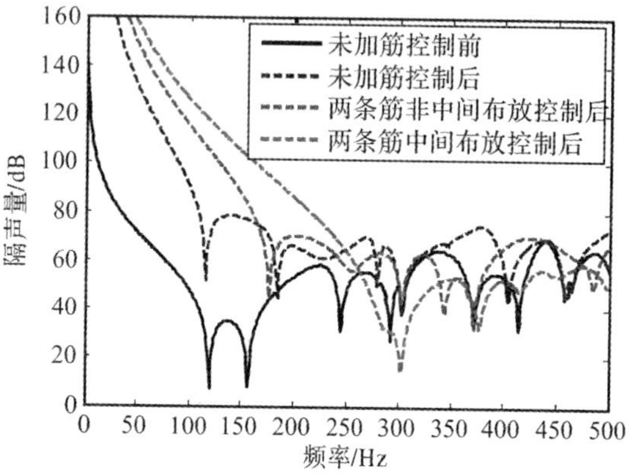

图 5-18　筋的不同布放位置对应的双层结构控制后的隔声量

5.2.4　有源隔声物理机理

为便于探究声控制策略下双层加筋结构的有源隔声机理，假设加筋板 a 与 b 均为单根筋加强，筋沿与 y 轴平行的方向布置，位置分别为 $x_a=0.15$ m 与 $x_b=0.45$ m，模型示意如图 5-19 所示。单点次级声源的布放位置与 5.2.3.2 节相同，虽然模型较简单但可以体现出有源控制过程的物理本质。

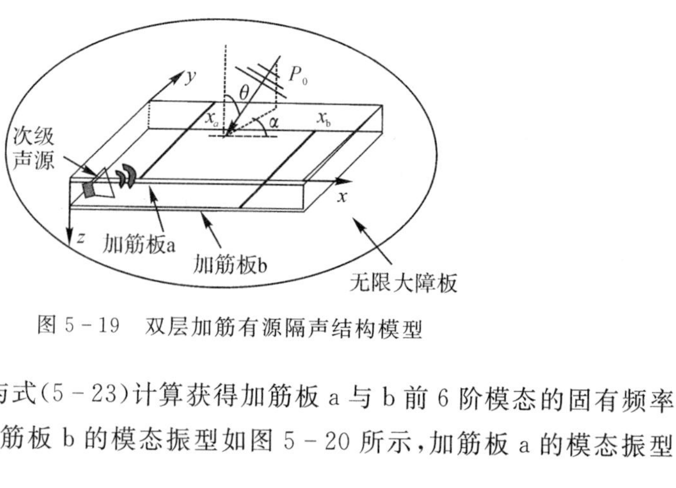

图 5-19　双层加筋有源隔声结构模型

由式(5-22)与式(5-23)计算获得加筋板 a 与 b 前 6 阶模态的固有频率如表 5-3 所示，加筋板 b 的模态振型如图 5-20 所示，加筋板 a 的模态振型如图 5-2 所示。5.1.2 节已经指出，加筋板的共振模态均由有限几个具有特定初相且幅值满足一定比例关系的固支基板的模态构成。进一步分析可知，某阶模态的幅值较大且占主导，其余模态的幅值较小。经计算获得了加筋板 a 与 b 的前 6 阶模态所对应的固支基板的模态构成，如表 5-4 所示。由于加筋板 a 与 b 中的筋条对称布置，因而它们各阶共振模态的基板模态构成均相同，只是由于筋的位置不同造成基板模态组中各模态的幅值比例与初相不同。

表 5-3　加筋板 a 与 b 的前 6 阶模态的固有频率

共振频率/Hz	模态序号					
	1	2	3	4	5	6
加筋板 a	132.1	245.5	296.1	406.8	407.2	483.4
加筋板 b	173.7	308.3	395.2	465.1	540.4	624.4

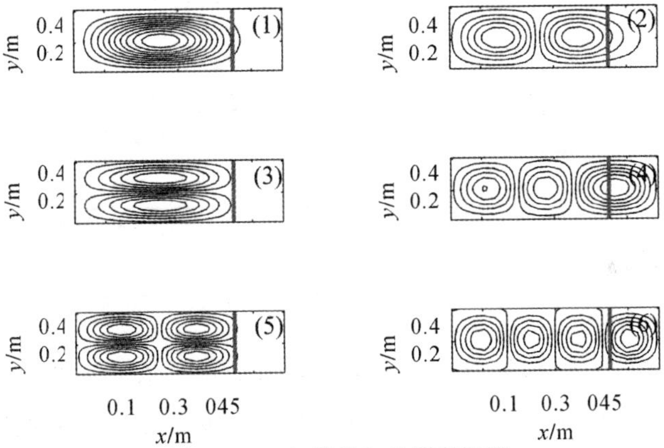

图 5-20　加筋板 b 的模态振型

表 5-4　加筋板前 6 阶模态的固支基板模态构成

加筋板的模态	固支基板模态构成
1	[1,1]+(2,1)+(3,1)
2	[2,1]+(3,1)
3	[1,2]+(2,2)
4	[3,1]+(2,1)+(4,1)
5	[2,2]+(1,2)
6	[4,1]+(3,1)+(1,1)

注："[]"表示主导模态，在模态构成中起主要作用；"()"表示次要模态。

由 5.2.2.1 节给定的参数计算获得控制前、后加筋板 b 的声功率曲线如图 5－21 所示。控制后加筋板 b 的辐射功率大幅降低，且在所考虑的低频 0～500 Hz 范围内均有降噪效果。特别在辐射功率曲线的前两个共振峰处能获得近 40 dB 的降噪量。这两个共振峰分别是加筋板 a 与 b 的第 1 阶模态的共振峰，由于振型简单因而易于控制。在其余加筋板的共振峰处有平均 20 dB 的降噪量，且在绝大多数非共振频点也有控制效果。采用空腔控制策略对提高双层加筋结构的低频隔声性能非常有效，这与声控制策略下有源隔声的物理本质相关。

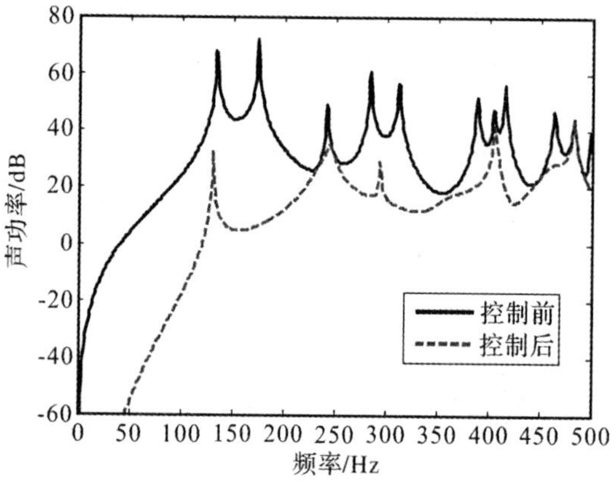

图 5－21　控制前、后加筋板 b 的辐射声功率

对于加筋板 a 与 b，任意频点的振动总可分解为有限几阶固支基板模态的振动叠加，因而声能量在双层加筋结构中的传输实质也是由两固支基板与空腔的模态耦合进行。但由于筋耦合作用，空腔与固支基板之间的模态耦合与能量传输规律已不同于未加筋双层板腔结构，相应有源控制的物理机理亦大不相同。

已有研究表明，采用空腔控制策略时存在两种隔声机制，其一为腔内声场抑制[15]，它抑制辐射板的声辐射，又称“模态抑制”机理；其二为腔内声场重构[15]，它调整辐射板的振动使其变为弱的辐射体，此时辐射板的振动响应未必得到抑制但辐射效率降低，又称“模态重构”机理。对于双层加筋结构，筋的耦合作用使得上述机理发生改变且具有新的规律[16]，以下从不同频点入手对其进行分析。

(1)初级激励为空腔模态的共振频率。设初级平面波激励频率 $f=$

20Hz,此时空腔(0,0,0)声模态被激起并产生共振。控制前、后空腔前14阶声模态幅值及固支基板b前14阶模态幅值的变化如图5-22所示。基板b的前10阶模态的序数如表5-2所示,为分析方便将空腔前6阶声模态的序数与固有频率列于表5-5中。

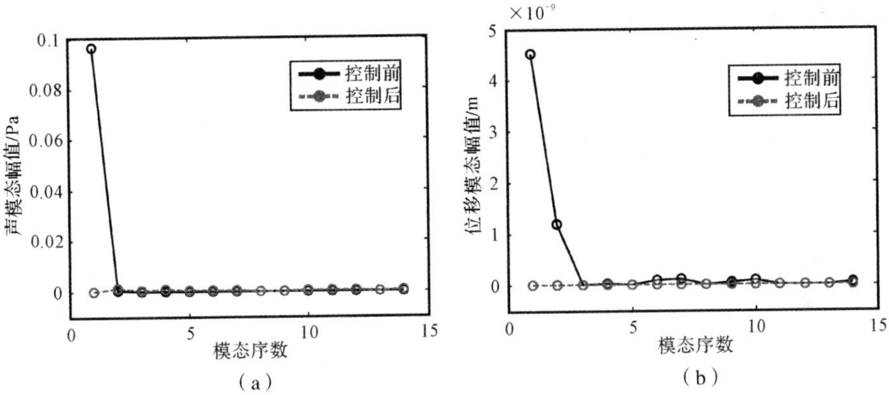

图5-22 控制前后模态幅值的变化(f = 20 Hz)

(a) 空腔前14阶声模态的幅值;(b)固支基板b前14阶模态的位移幅值

表5-5 空腔前6阶声模态的模态序数与固有频率

序号	模态	固有频率/Hz
1	(0,0,0)	0
2	(1,0,0)	286.7
3	(0,1,0)	409.5
4	(1,1,0)	499.9
5	(2,0,0)	573.3
6	(2,1,0)	704.6

控制前,由于激励频率接近空腔(0,0,0)声模态的固有频率,此声模态产生共振,其模态幅值最大,其余声模态均未被激起。由加筋板b的位移分布(限于篇幅未给出)可知,此时第1阶模态被激起,相应基板的(1,1)与(2,1)模态被激起。由空腔声模态与结构振动模态耦合理论知,只有对应的模态序数奇偶性相反的模态之间存在耦合且有能量的传输[17]。因而基板b的(1,1)模

态能量通过与(0,0,0)声模态的耦合从此模态获得。低频段内(2,1)模态的能量需通过与空腔第2阶(1,0,0)声模态的耦合而传输获得。但空腔(1,0,0)声模态并未被激起,由此可推知,固支基板(2,1)模态的能量也应来自空腔(0,0,0)声模态。但这两模态并未耦合,因而它们之间有能量传输的深层次原因必定和筋的耦合作用相关。

由固支基板b与筋条在连接线上满足的位移及转角连续条件 $U_{\mathrm{b}}(y)=w_{\mathrm{b}}(x_{\mathrm{b}},y)$ 与 $\theta_{w,\mathrm{b}}(y)=\partial w_{\mathrm{b}}/\partial x(x_{\mathrm{b}},y)$ 可得,筋的弯曲与扭转位移的模态幅值与固支基板的位移模态幅值之间满足如下关系:

$$u_{\mathrm{b},n}=\sum_{m=1}^{M}q_{\mathrm{b},mn}\varphi_m(x_{\mathrm{b}}),\quad \theta_{\mathrm{b},n}=\sum_{m=1}^{M}q_{\mathrm{b},mn}\varphi'_m(x_{\mathrm{b}}) \tag{5-54}$$

式(5-54)表明,梁的第 n 阶弯曲和扭转位移的模态幅值为固支基板中沿 y 轴模态序数为 n 的所有模态的幅值的线性叠加,即梁的这阶模态的能量是通过与这些固支基板模态的耦合传输而来的。由于相互的耦合作用,梁的这阶模态也可将能量反传输到固支基板的这些模态中。因而不难理解,固支基板(2,1)模态的能量应来自于(1,1)模态,即通过筋的耦合作用,(1,1)模态的能量传输到梁 $n=1$ 的模态上,然后梁 $n=1$ 的模态与(2,1)模态耦合而将能量传输到此模态。总的来说,(1,1)与(2,1)模态的能量均来自于空腔(0,0,0)声模态,(1,1)模态的能量由传输直接获得的,而(2,1)模态的能量是通过筋的耦合作用间接获得的,因而幅值相对较小。这也揭示了加筋板共振模态的形成本质,即由于筋的耦合作用,固支基板沿 y 轴模态序数为 n 的模态之间产生耦合且有能量的相互传输,最终这些模态以一定的幅值比例构成加筋板的模态,同时这些固支基板模态沿 y 轴的序数 n 均相同,如表5-4所示。

施加控制后,由于空腔(0,0,0)声模态被抑制,相应基板b的(1,1)与(2,1)模态也得到抑制(见图5-22(b)),加筋板b的辐射声功率大幅降低。这就是空腔声场的模态抑制机理,此时基板b中这两阶模态的能量均来自同一声模态,因而抑制此声模态即能同时抑制这两个结构模态。经分析可知,当激励频率为其余空腔声模态的固有频率时,有源隔声机理均为声模态的抑制。

(2)初级激励为加筋板a的共振频率。设初级激励频率 $f=296\,\mathrm{Hz}$,此时加筋板a的第3阶模态发生共振。控制前、后空腔的声模态幅值及基板b的模态幅值如图5-23所示。控制前,由于加筋板a的第3阶模态产生共振,由表5-4可知,基板a的(1,2)模态被主要激起,同时(2,2)模态也被激起。这些模态与空腔声模态耦合,在所考虑的低频范围内,(1,2)模态的能量应主要传输到空腔第 3 阶(0,1,0)声模态内,因而其模态幅值最大。由于初级激励频率接近加筋板 b 的第 2 阶模态的共振频率,因而此模态被激起,相应基板 b 的(2,1)与(3,1)模态被激起,如图 5-23(b)所示。

基板 b 中(2,1)模态的能量主要通过与空腔第 2 阶声模态(1,0,0)的耦合传输而来,且(3,1)模态的能量主要通过筋的耦合作用从(2,1)模态传输而来,其能量传输根源也来自(1,0,0)声模态。而模态幅值较大的空腔第 3 阶(0,1,0)声模态的能量却并未传到固支基板 b 的(1,2)模态内(图 5-23(b)中第 3 个模态的幅值较低),这也是筋的作用导致出现的特殊规律。控制后,空腔第 2 阶(1,0,0)声模态得到抑制,模态幅值大幅降低。因而基板 b 中(2,1)与(3,1)模态也被抑制,从而使加筋板 b 的辐射声功率大幅降低。这也属于空腔声模态的抑制机理,此时施加次级点声源控制,只将对能量传输起主要作用的空腔第 2 阶声模态抑制即可大幅提高此频点的隔声量。其余幅值较高的声模态对声能量传输贡献较小因而无须控制,控制后这些声模态的幅值并未改变,可见声控制策略的控制效率较高。

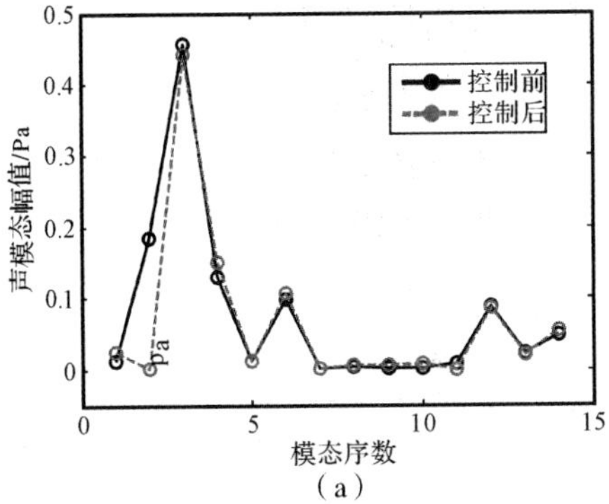

(a)

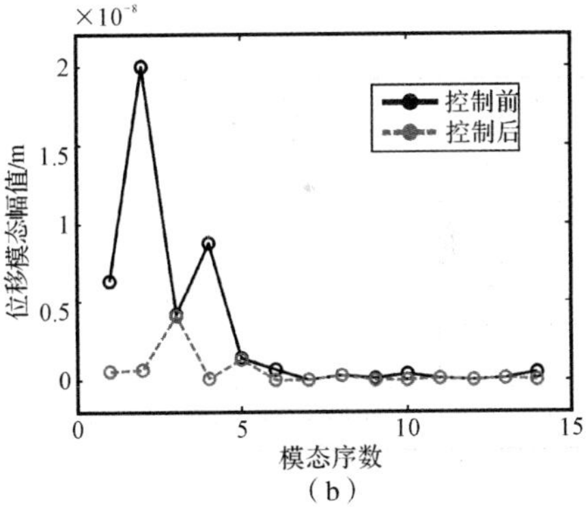

(b)

图 5-23 控制前、后模态幅值的变化($f=296$ Hz)

(a) 空腔前 14 阶声模态幅值;(b)固支基板 b 前 14 阶位移模态幅值

上述空腔与加筋板 b 之间特殊的能量传输规律,可通过求解固支基板 b 的模态幅值 $\boldsymbol{q}_b$ 来验证。由方程式(5-37),可得固支基板 b 的位移模态幅值 $\boldsymbol{q}_b$ 与空腔声模态幅值 $\boldsymbol{P}$ 的关系为

$$\boldsymbol{q}_b=(\boldsymbol{K}_b-\omega^2\boldsymbol{M}_b)^{-1}(\boldsymbol{L}_b)^T\boldsymbol{P} \tag{5-55}$$

设 $\boldsymbol{Z}_{cp}=(\boldsymbol{K}_b-\omega^2\boldsymbol{M}_b)^{-1}(\boldsymbol{L}_b)^T$ 为空腔声模态幅值与基板 b 的模态幅值之间的传输阻抗矩阵。由表 5-2 中的模态顺序可知固支基板 b 中(2,1)模态

的模态幅值 $q_{b,(2,1)}=\boldsymbol{Z}_{cp}(2,:)\boldsymbol{P}$，$\boldsymbol{Z}_{cp}(2,:)$ 表示阻抗矩阵 $\boldsymbol{Z}_{cp}$ 的第 2 行元素，$\boldsymbol{Z}_{cp}(2,:)$ 的前 5 个元素值及矢量 $\boldsymbol{P}$ 的前 5 阶声模态幅值如表 5-6 所示。计算可得 $|\boldsymbol{Z}_{cp}(2,2)\boldsymbol{P}(2)|=1.8e-8$，由图 5-23(b)可知，它已非常接近(2,1)模态的位移模态幅值，从而证实了基板 b 中(2,1)模态的能量主要来自空腔第 2 阶(1,0,0)声模态的贡献。

同样，基板 b 中(3,1)模态的模态幅值 $q_{b,(3,1)}=\boldsymbol{Z}_{cp}(4,:)\boldsymbol{P}$，$\boldsymbol{Z}_{cp}(4,:)$ 为阻抗矩阵 $\boldsymbol{Z}_{cp}$ 的第 4 行元素，$\boldsymbol{Z}_{cp}(4,:)$ 的前 5 个元素值如表 5-6 所示。计算可得 $|\boldsymbol{Z}_{cp}(4,2)\boldsymbol{P}(2)|=0.8e-8$，由图 5-23(b)可知，它非常接近基板(3,1)模态的模态幅值，说明(3,1)模态所含能量也主要来自空腔第二阶(1,0,0)声模态的贡献。但这两模态之间没有耦合且不会有直接的能量传递，因而能量只能由筋的耦合作用从固支基板的(2,1)模态传输而来，且能量的根源也来自于空腔(1,0,0)声模态。由于筋的耦合作用影响，双层加筋结构中声能量的传输较特殊，控制时只需抑制对声能量传输起主导作用的(1,0,0)声模态即可获得较大的降噪量。

表 5-6　$\boldsymbol{Z}_{cp}$ 与 $\boldsymbol{P}$ 的元素值

序数	$\boldsymbol{Z}_{cp}(2,i)$	$\boldsymbol{Z}_{cp}(4,i)$	$\boldsymbol{P}(i)$
$i=1$	−2.37e−8+8.81e−10i	1.46e−9+3.58e−10i	0.003+0.013i
$i=2$	9.77e−8−6.29e−9i	4.35e−8−2.86e−9i	−0.093−0.161i
$i=3$	1.15e−10−4.29e−12i	−7.12e−12−1.74e−12i	0.421+0.178i
$i=4$	−4.76e−10+3.06e−11i	−2.12e−10+1.39e−11i	−0.119−0.052i
$i=5$	5.82e−8−3.52e−9i	2.85e−8−1.66e−9i	−0.009+0.008i

(3)初级激励为加筋板 b 的共振频率。设初级激励频率 $f=174$Hz，加筋板 b 的第 1 阶模态产生共振，相应基板 b 的(1,1)与(2,1)模态被激起。控制前、后空腔声模态幅值及固支基板 b 的模态幅值如图 5-24 所示。控制前，空腔第 1 阶与第 2 阶声模态被激起，基板中(1,1)与(2,1)模态所含的声能量主要来自这两个声模态。

(1,1)模态的模态幅值 $q_{b,(1,1)}=\boldsymbol{Z}_{cp}(1,:)\boldsymbol{P}_{bef}$，$\boldsymbol{P}_{bef}$ 为控制前空腔声模态幅值。此频点 $\boldsymbol{Z}_{cp}(1,:)$ 的前 5 个元素值及 $\boldsymbol{P}_{bef}$ 的前 5 阶声模态幅值如表 5-7 所示。空腔第 1 阶与第 2 阶声模态对固支基板 b 中(1,1)模态的能量贡献及两模态耦合作用的总贡献分别为 $|\boldsymbol{Z}_{cp}(1,1)\boldsymbol{P}_{bef}(1)|=1.2e-7$，$|\boldsymbol{Z}_{cp}(1,$

2)$\boldsymbol{P}_{\mathrm{bef}}(2)$ |=0.73e−7 和 | $\boldsymbol{Z}_{\mathrm{cp}}(1,1)\boldsymbol{P}_{\mathrm{bef}}(1)+\boldsymbol{Z}_{\mathrm{cp}}(1,2)\boldsymbol{P}_{\mathrm{bef}}(2)$ |=1.5e−7。对比图 5-24(b)中(1,1)模态的幅值，可知此模态的大部分能量来自空腔第 1 阶(0,0,0)声模态，同时也有较少部分能量来自(1,0,0)声模态，即通过筋的耦合作用从(2,1)模态传输而来。同样(2,1)模态的幅值为 $q_{\mathrm{b},(2,1)}=\boldsymbol{Z}_{\mathrm{cp}}(2,:)\boldsymbol{P}_{\mathrm{bef}}$，$\boldsymbol{Z}_{\mathrm{cp}}(2,:)$ 的前 5 个元素值如表 5-7 所示。计算获得 | $\boldsymbol{Z}_{\mathrm{cp}}(2,1)P(1)$ |=0.41e−7，| $\boldsymbol{Z}_{\mathrm{cp}}(2,2)\boldsymbol{P}(2)$ |=0.24e−7 和 | $\boldsymbol{Z}_{\mathrm{cp}}(2,1)\boldsymbol{P}(1)+\boldsymbol{Z}_{\mathrm{cp}}(2,2)\boldsymbol{P}(2)$ |=0.50e−7。对比图 5-24(b)可知(2,1)模态的能量也主要来自空腔第 1 阶(0,0,0)声模态，即通过筋的耦合作用从(1,1)模态间接传输而来。同时(2,1)模态与空腔第 2 阶(1,0,0)声模态耦合，有小部分声能量从此声模态直接传输而来，能量的交错传递最终激励起加筋板 b 的第 1 阶振动模态。

控制后，空腔前几阶声模态的幅值均增大，但加筋板 b 的第 1 阶模态得到抑制，即基板的(1,1)与(2,1)模态被抑制，模态幅值大幅降低。控制后空腔声场的重构导致基板 b 的模态受到抑制，此时模态的“重构”与“抑制”现象并存，这种特殊的控制规律由筋的耦合作用所致。

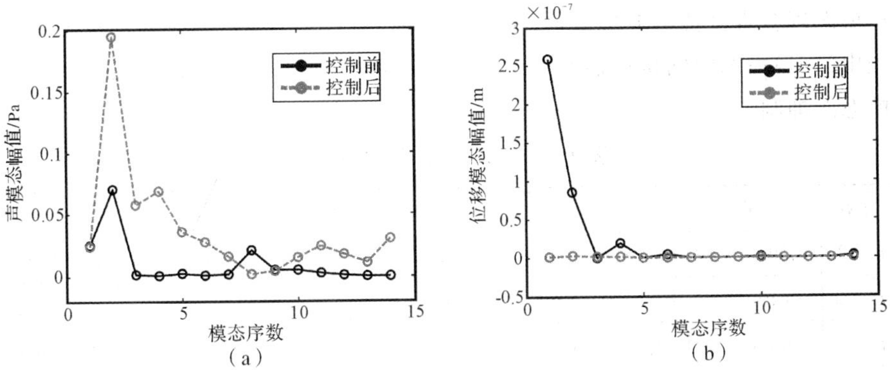

图 5-24 控制前后模态幅值($f=174$ Hz)

(a) 空腔前 14 阶声模态幅值；(b) 固支基板 b 前 14 阶位移模态幅值

控制后基板 b 中(1,1)模态的幅值为 $q_{\mathrm{b},(1,1)}=\boldsymbol{Z}_{\mathrm{cp}}(1,:)\boldsymbol{P}_{\mathrm{aft}}$，$P_{\mathrm{aft}}$ 为控制后的空腔模态幅值，前 5 阶元素值如表 5-7 所示。空腔第 1、第 2、第 5 阶声模态各自对基板(1,1)模态声能量的贡献及它们耦合作用的总贡献分别为 $\boldsymbol{Z}_{\mathrm{cp}}(1,1)\boldsymbol{P}_{\mathrm{aft}}(1)$=1.7e−8−1.2e−7i，$\boldsymbol{Z}_{\mathrm{cp}}(1,2)\boldsymbol{P}_{\mathrm{aft}}(2)$= −2.5e−8+2.0e−7i，$\boldsymbol{Z}_{\mathrm{cp}}(1,5)\boldsymbol{P}_{\mathrm{aft}}(5)$= 6.2e−9−9.5e−8i 和 $\boldsymbol{Z}_{\mathrm{cp}}(1,1)\boldsymbol{P}_{\mathrm{aft}}(1)+\boldsymbol{Z}_{\mathrm{cp}}(1,2)\boldsymbol{P}_{\mathrm{aft}}(2)+$

$\boldsymbol{Z}_{\mathrm{cp}}(1,5)\boldsymbol{P}_{\mathrm{aft}}(5)=-1.4\mathrm{e}-9-1.4\mathrm{e}-8\mathrm{i}$。比较发现，$\boldsymbol{Z}_{\mathrm{cp}}(1,1)\boldsymbol{P}_{\mathrm{aft}}(1)$ 与 $\boldsymbol{Z}_{\mathrm{cp}}(1,5)\boldsymbol{P}_{\mathrm{aft}}(5)$ 的值恰好和 $\boldsymbol{Z}_{\mathrm{cp}}(1,2)\boldsymbol{P}_{\mathrm{aft}}(2)$ 的实部与虚部相消，表明空腔第1阶(0,0,0)声模态与第5阶(2,0,0)声模态对(1,1)模态的能量贡献恰好与空腔第2阶(1,0,0)声模态的贡献抵消，使基板(1,1)模态被抑制。此时空腔第1阶(0,0,0)、第5阶(2,0,0)声模态与固支基板(1,1)模态耦合而进行直接的能量传输，由于筋的耦合作用空腔第2阶(1,0,0)声模态通过基板(2,1)模态将能量传输到(1,1)模态。由于直接传输与间接传输部分的能量反相而相互抵消，最终使(1,1)模态得到抑制。控制后空腔(0,0,0)与(1,0,0)声模态反相，也说明了它们对(1,1)模态的能量贡献应相互抵消。

控制后(2,1)模态的幅值为 $q_{\mathrm{b},(2,1)}=\boldsymbol{Z}_{\mathrm{cp}}(2,:)\boldsymbol{P}_{\mathrm{aft}}$。空腔第1阶、第2阶与第5阶声模态各自对(2,1)模态的能量贡献及耦合总贡献为 $\boldsymbol{Z}_{\mathrm{cp}}(2,1)\boldsymbol{P}_{\mathrm{aft}}(1)=5.5\mathrm{e}-9-3.8\mathrm{e}-8\mathrm{i}$，$\boldsymbol{Z}_{\mathrm{cp}}(2,2)\boldsymbol{P}_{\mathrm{aft}}(2)=-9.6\mathrm{e}-9+6.7\mathrm{e}-8\mathrm{i}$，$\boldsymbol{Z}_{\mathrm{cp}}(2,5)\boldsymbol{P}_{\mathrm{aft}}(5)=1.9\mathrm{e}-9-3.0\mathrm{e}-8\mathrm{i}$ 和 $\boldsymbol{Z}_{\mathrm{cp}}(2,1)\boldsymbol{P}_{\mathrm{aft}}(1)+\boldsymbol{Z}_{\mathrm{cp}}(2,2)\boldsymbol{P}_{\mathrm{aft}}(2)+\boldsymbol{Z}_{\mathrm{cp}}(2,5)\boldsymbol{P}_{\mathrm{aft}}(5)=-2.3\mathrm{e}-9-2.2\mathrm{e}-9\mathrm{i}$。空腔第1阶与第5阶声模态的能量贡献也恰好与第2阶声模态的贡献抵消，即空腔第2阶(1,0,0)声模态与(2,1)模态耦合直接传输的能量，与由于筋的耦合作用空腔第1与第5阶声模态经由(1,1)模态而间接传输到(2,1)模态的声能量相互抵消，从而达到对(2,1)模态的抑制。

表5-7　$\boldsymbol{Z}_{\mathrm{cp}}$ 与 $\boldsymbol{P}$ 的元素值

序数	$\boldsymbol{Z}_{\mathrm{cp}}(1,i)$	$\boldsymbol{Z}_{\mathrm{cp}}(2,i)$	$\boldsymbol{P}_{\mathrm{bef}}(i)$	$\boldsymbol{P}_{\mathrm{aft}}(i)$
$i=1$	4.19e−6−2.80e−6i	1.35e−6−9.02e−7i	−0.018−0.018i	0.016−0.018i
$i=2$	8.61e−7−5.78e−7i	2.91e−7−1.86e−7i	−0.046+0.054i	−0.128+0.147i
$i=3$	−2.04e−8+1.36e−8i	−6.57e−9+4.40e−9i	−0.001−0.001i	−0.038+0.045i
$i=4$	−4.20e−9+2.82e−9i	−1.42e−9+9.09e−10i	4.798e−4+6.919e−5i	−0.043+0.054i
$i=5$	−2.18e−6+1.46e−6i	−6.97e−7+4.69e−7i	−0.002−0.0004i	−0.022+0.029i

总的来说，控制后基板b中(1,1)与(2,1)模态中能量的直接传输部分与由于筋耦合产生的间接传输部分相互抵消，从而达到模态的抑制。

(4)初级激励为特殊的共振频点。设初级激励频率 $f=245\mathrm{Hz}$，加筋板a的第2阶模态被激起，控制前、后空腔的声模态幅值与基板b的模态幅值如图5-25所示。激励频率介于加筋板b的第1与第2阶模态之间，因而这两模态被同时激起，相应基板 b 的(1,1)(2,1)与(3,1)模态被激起。

控制后空腔前几阶声模态的幅值均增大，空腔声场重构。对于基板 b 的(1,1)模态，空腔第 1 阶与第 2 阶声模态对其声能量贡献相互抵消而使其被抑制。由于(2,1)模态幅值大幅提高，导致控制后加筋板 b 的表面振动位移大幅增加，如图 5-26 所示为控制前、后加筋板 b 的位移分布图。但控制后此频点的辐射声功率大幅下降，说明通过控制对基板 b 的模态进行了重构使加筋板 b 成为弱的辐射体。这就是“重构”机理，即空腔声场重构使基板 b 的模态重构。此时尽管(2,1)模态的幅值增大，但其辐射效率与(1,1)模态相比却较小[18]。虽然结构振动增强，但其辐射声的能力却降低，这是此频点降噪的根源。

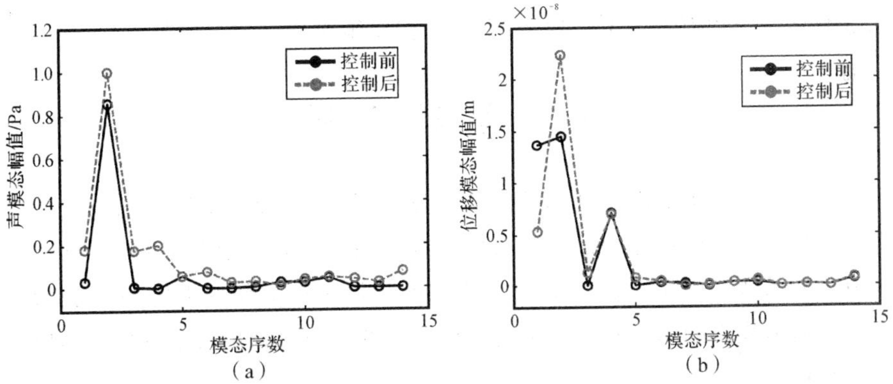

图 5-25 控制前、后模态幅值的变化($f=245$ Hz)

(a)空腔前 14 阶声模态幅值;(b)固支基板 b 前 14 阶位移模态幅值

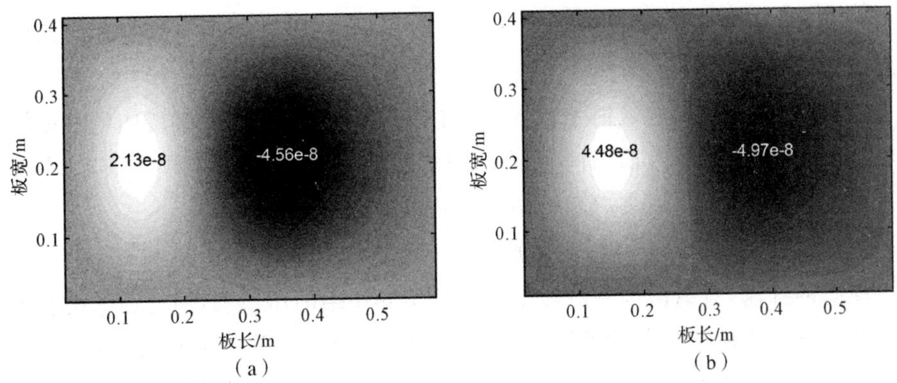

图 5-26 控制前、后加筋板 b 的表面位移($f=245$ Hz)

(a) 控制前;(b) 控制后

(5)初级激励为非共振频点。经分析知，非共振频点的控制机制主要有两种，即由空腔声场的抑制形成的基板模态抑制和由空腔声场重构形成的基板模态抑制。这两种控制机制均大幅抑制了基板 b 的模态幅值，从而有效降低了加筋板 b 的辐射功率，使得空腔控制策略在非共振频点亦能获得较好的降噪效果。

正如 5.1.3 节所述，加筋板任意频点的声辐射均由基板的多阶模态所主导，因而力控制策略下的有源隔声难度增大。相比而言，由于筋的耦合作用，空腔声控制策略能通过调整有限几个空腔声模态而达到对辐射加筋板中基板模态的抑制与重构，所需次级声源数目较少且能获得较好的降噪效果。因而从有源隔声的物理本质不难理解，空腔声控制策略应优于力控制策略。

5.3 本章小结

本章首先对单层加筋有源隔声结构进行建模，并分析了有源隔声性能及隔声机理。然后用模态叠加与声振耦合理论对双层加筋有源隔声结构建模，分析了筋条数目及布放位置对双层结构低频隔声性能及有源隔声性能的影响。最后从模态的角度对双层加筋结构的有源隔声机理进行了分析。得出的主要结论有：

(1)对于单层加筋板，其任意阶共振模态均由基板的有限几阶模态构成，这些基板模态需同时被抑制才能获得加筋板共振频点的有源降噪效果。加筋板非共振频点的声辐射是很多阶基板模态的总贡献，需多点力控制才能使模态重构机理起作用。

(2)筋条数目增多或筋条靠近基板的中间位置，加筋板低频段内的共振峰数目减少，这有益于双层结构隔声性能的提高。由于筋复杂的耦合作用，有源控制效果有所减弱，需多点源控制才能获得良好的隔声效果。

(3)空腔控制策略下的双层加筋有源结构存在三种隔声机制[19]：①空腔声模态的抑制，且只需抑制对能量传输其主导作用的声模态，使得辐射加筋板中基板的若干阶模态受到抑制；②空腔声模态重构，由于筋的耦合作用，不同的声模态对基板同一模态的能量贡献相互抵消，从而抑制基板模态的振动，此时“重构”与“抑制”机理并存；③空腔声模态重构，使得基板的模态重构，降低辐射板的辐射效率而使其变为弱的辐射体。

参考文献

[1] Dozio L, Ricciardi M. Free vibration analysis of ribbed plates by a combined analytical-numerical method [J]. J. Sound Vib., 2009, 319(1-2): 681-697.

[2] Graham W R. Boundary layer induced noise in aircraft, Part Ⅱ: The trimmed flat plat model [J]. J. Sound Vib., 1996, 192(1): 121-138.

[3] Grosveld F W. Field-incidence noise transmission loss of general aviation aircraft double-wall configurations [J]. J. Aircraft, 1985, 22(2): 117-123.

[4] Barrette M, Berry A, Beslin O. Vibration of stiffened plates using hierarchical trigonometric functions [J]. J. Sound Vib., 2000, 235(5): 727-747.

[5] Zeng H, Bert C W. A differential quadrature analysis of vibration for rectangular stiffened plates [J]. J. Sound Vib., 2001, 241(2): 247-252.

[6] Remillieux M C, Burdisso R A. Vibro-acoustic response of an infinite, rib-stiffened, thick-plate assembly using finite-element analysis [J]. J. Acoust. Soc. Am., 2012, 132(1): 36-42.

[7] Gardonio P, Elliott S J. Active control of structure-borne and airborne sound transmission through double panel [J]. J. Aircraft, 1999, 36(6): 1023-1032.

[8] Xin F X, Lu T J. Transmission loss of orthogonally rib-stiffened double-panel structures with cavity absorption [J]. J. Acoust. Soc. Am., 2011, 129(4): 1919-1934.

[9] Lin T R, Pan J. A closed form solution for the dynamic response of finite ribbed plates [J]. J. Acoust. Soc. Am., 2006, 119(2): 917-925.

[10] Lin T R. A study of modal characteristics and the control mechanism of finite periodic and irregular ribbed plates [J]. J. Acoust. Soc. Am., 2008, 123(2): 729-737.

[11] Lin T R. An analytical and experimental study of the vibration response of a clamped ribbed plate [J]. J. Sound Vib., 2012, 331(4): 902-913.

[12] Ma Xiyue, Chen Kean, Ding Shaohu, et. al. Some physical insights for active control of sound radiated from a clamped ribbed plate [J]. Appl. Acoust.,2015,99:1－7.

[13] Lin T R. Vibration of finite coupled structures, with applications to ship structures [D]. Perth, Australia: The University of Western Australia, 2005.

[14] 马玺越，陈克安，丁少虎，等. 双层加筋板低频声的隔离与有源控制 [J]. 声学学报，2014，39(4)：479－488.

[15] Bao C, Pan J. Experimental study of different approaches for active control of sound transmission through double walls [J]. J. Acoust. Soc. Am., 1997, 102(3): 1664－1670.

[16] 马玺越，陈克安，丁少虎，等. 双层加筋结构有源隔声物理机制研究 [J]. 声学学报，2015，40(4)：585－597.

[17] 靳国永，杨铁军，刘志刚，等. 弹性板结构封闭声腔的结构-声耦合特性分析 [J]. 声学学报，2007，32(2)：178－188.

[18] Currey M N, Cunefare K A. The radiation modes of baffled finite plates [J]. J. Acoust. Soc. Am., 1995, 98(3): 1570－1580.

[19] Ma Xiyue, Chen Kean, Ding Shaohu, et. al. Physical mechanisms of active control of sound transmission through rib stiffened double－panel structure [J]. J. Sound Vib.,2016,371(4): 2－18.

第6章 双层加筋结构隔声实验研究

本章以第5章的理论研究为基础，开展相关实验研究来验证各结论。受限于实验室条件及模型加工的偏差，实验所用的双层加筋结构的尺寸与理论模型稍有不同，同时模型中对筋条的边界未作处理，即它具有自由边界条件。结构尺寸及筋条边界改变，相应加筋板模态的共振频率将改变，因而测量获得的双层加筋结构的隔声量与理论结果会有差异。但加筋对双层结构低频隔声性能及有源隔声性能的影响等这些本质性的规律，并不随模型参数的变化而改变。因而本章没有对理论与实验获得的绝对隔声量值进行对比，而是着重对上述规律进行实验验证。

根据第5章的研究内容，本章主要完成三部分实验，即共振频率测试实验、平板与加筋板（单层与双层）的隔声性能对比实验及双层平板与双层加筋板的有源隔声性能对比实验。通过实验对理论研究获得的各结论进行定性的、规律性验证。

6.1 实验内容与实验系统

6.1.1 实验内容

(1)共振频率测试。分别测量500 Hz内固支平板、加筋板a与加筋板b的共振频率。分析加筋对基板共振频率的影响，为后续隔声量测量及有源隔声实验打下基础。

(2)隔声性能对比。通过隔声量的现场测量方法，测量初级激励为斜入射平面波时单层平板、单层加筋板、双层板及双层加筋板的隔声量。分析并总结加筋对单层及双层平板隔声性能的影响规律。

(3)双层平板与双层加筋板的有源隔声性能对比。测量并计算双层平板与双层加筋板在共振频点的降噪量，对比降噪量的变化并分析加筋对双层结构有源隔声性能的影响规律。

6.1.2 实验原理及实验系统

6.1.2.1 共振频率测试实验

1.测量原理及实验系统

用力锤敲击加筋板，由于瞬时激励的频率范围较宽，能激起被测构件低频段内的各振动模态。用加速度传感器测量构件表面的加速度信号并作 FFT 分析，提取频谱图中各加速度峰值所对应的频率即得共振模态的频率。只要力锤的敲击位置选取合适且加速度传感器的位置避开所测模态的结线(或结面)区域，构件在低频段内共振模态的频率均可测量获得，测量流程图如图6-1所示。

图 6-1 测量流程图

2.测量仪器

实验测量构件为平板、加筋板 a 与加筋板 b，其实物如图 6-2 所示，测量所需仪器如表 6-1 所示。平板为铝板且厚度为 0.003 m，两加筋板的基板也为厚度为 0.003 m 的铝板。平板的尺寸及加筋板中筋条的布放方式与位置如图 6-2 所示。筋条的截面为矩形，且宽×长尺寸为 0.003 m×0.03 m，筋条具有自由边界条件。将构件安装于双层框架上，并用螺钉将四边拧紧来模拟固支边界条件，如图 6-2(a)所示。

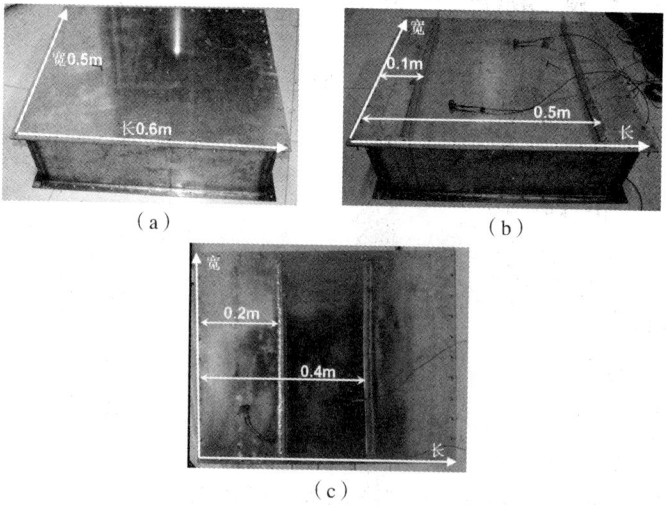

图 6-2 被测构件

(a)平板；(b)加筋板 a；(c)加筋板 b

表 6-1 实验所需测量仪器清单

仪器名称	个数
PULSE3560B 采集前端	1
计算机及 PULSE 软件	1
B&K 加速度传感器	2
力锤	1

PULSE3560B 采集前端如图 6-3 所示，它具有 1 个输出通道和 5 个输入通道，PULSE 软件中有激励信号源模块，将设定的信号通过前端输出并经功率放大器后激励扬声器发声可产生初级声场，5 个输入通道可采集声压及加速度等信息。

图 6-3 PULSE3560B 采集前端

3.测量步骤

(1)通过 B&K PULSE3560B 前端采集结构的加速度时域数据，并用 PULSE 软件进行 FFT 分析。

(2)由于结构具有阻尼，在瞬态激励下构件的振动响应衰减很快，因而在进行 FFT 分析时将 PULSE 软件中 FFT 分析模块的平均方式(Averaging Mode)设定为“Peak”模式。此种方式只将结构振动响应最大时的频谱数据记录并作平均，因而可以完整记录力锤敲击瞬间加速度的频谱信息。

(3)最后读取加速度频谱图中各峰值所对应的频率就可获得平板及加筋板的共振频率。

6.1.2.2 隔声量测量实验

1.测量原理及实验系统

用现场测量法[1]测量构件在斜入射平面波激励下的隔声量，实验在西北工业大学航海学院的混响室与消声室进行。将被测构件安装于混响室与消声室的中间开口处，扬声器放置于消声室内并靠近被测材料。设指向被测构件中心的扬声器轴和构件表面法线之间的夹角为 θ，当被测构件表面各部分的声压级差别不超过 5 dB 时，可将入射波近似为平面波，则扬声器入射的声能密度 ε_1 为

$$\varepsilon_1=\frac{W_1}{c_0 S\cos\theta} \tag{6-1}$$

式中，W_1 为入射到构件的声功率，即消声室开口处不装构件时入射到开口区域的功率；c_0 为声传播速度；S 为被测构件的表面积。假设消声室开口位置平面波的有效声压为 p_1，则入射波的声能密度又可表示为

$$\varepsilon_1=\frac{p_1^2}{\rho_0 c_0^2} \tag{6-2}$$

式中，ρ_0 为空气的密度。由式(6-2)可得入射到被测构件的声功率为

$$W_1=\frac{p_1^2}{\rho_0 c_0}S\cos\theta \tag{6-3}$$

声能通过构件入射到混响室并形成混响声场，假设透过被测构件入射到混响室的声功率为 W_2，则混响室的平均声能密度 ε_2 为

$$\varepsilon_2=\frac{4W_2}{c_0 R_2} \tag{6-4}$$

式中，R_2 为混响室的房间常数，$R_2=S_2\bar{\alpha}/(1-\bar{\alpha})$。其中 S_2 为混响室的表面积，$\bar{\alpha}$ 为混响室壁面的吸声系数。当 $\bar{\alpha}$ 很小时，可作近似 $R_2\approx S_2\bar{\alpha}$，称为混响室的等效吸声量。在修正的赛宾公式中忽略介质吸声，可获得等效吸声量为

$$A=0.161\frac{V_2}{T_2} \tag{6-5}$$

式中，V_2 与 T_2 分别为混响室的体积与混响时间。根据混响室内的平均声能密度 ε_2 和有效声压 p_2 的关系：

$$\varepsilon_2=\frac{p_2^2}{\rho_0 c_0^2} \tag{6-6}$$

可获得传到混响室内的声功率为

$$W_2=\frac{1}{4}\frac{p_2^2}{\rho_0 c_0}A \tag{6-7}$$

最后根据隔声量的计算公式，可得斜入射平面波激励下被测构件的隔声量为

$$\mathrm{TL}=10\lg\frac{W_1}{W_2}=L_1-L_2+10\lg\frac{4S\cos\theta}{A} \tag{6-8}$$

式中，L_1 为未加被测构件时消声室开口处的平均声压级；L_2 为安装被测构件后混响室的平均声压级。测量时在消声室的开口处(或混响室内)布置多个检测传声器测量多点的有效声压 $(p_{1,1},p_{1,2},\cdots,p_{1,N})^{\mathrm{T}}$ (或 $(p_{2,1},p_{2,2},\cdots,p_{2,N})^{\mathrm{T}}$)，这些测点的平均声压级可按以下公式计算：

$$L_1=10\lg\frac{p_{1,1}^2+p_{1,2}^2+\cdots+p_{1,N}^2}{Np_0^2} \tag{6-9}$$

式中，$p_0=2\times10^{-5}$ Pa 为参考声压；N 为检测点个数。整个测量系统示意图如图 6-4 所示。

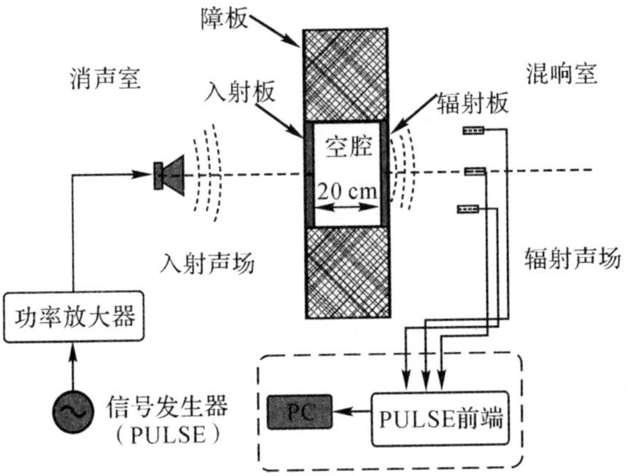

图 6-4　测量系统示意图

2.测量仪器

实验的被测构件为单层平板、加筋板 a、双层平板及双层加筋板，其中双层平板由两块相同的单层平板构成，双层加筋板由加筋板 a 与 b 构成。实验所需的测量仪器如表 6-2 所示，入射侧及辐射侧的现场布置图如图 6-5 所示。

表 6-2　实验所需仪器清单

实验仪器	数量
PULSE3560B 采集前端	1
PC 与 PULSE 软件	1
B&K 球形声源	1
B&K 功率放大器	1
声望 MA211 传声器	5

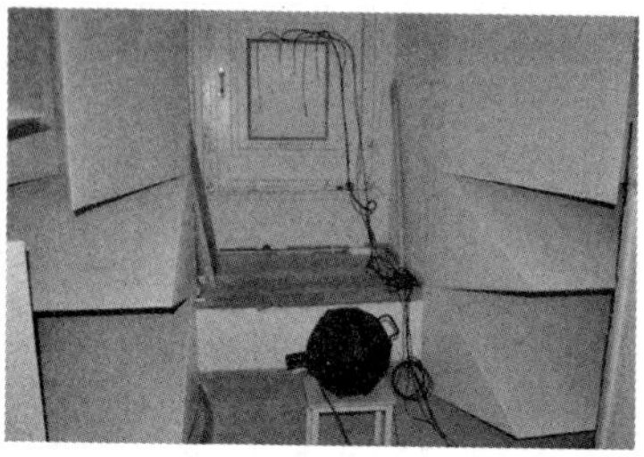

(a)

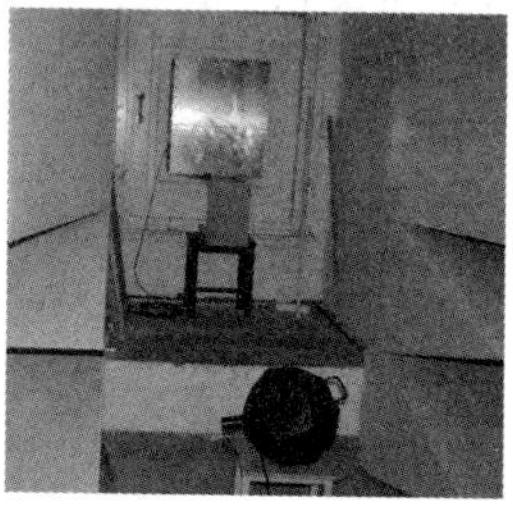

(b)

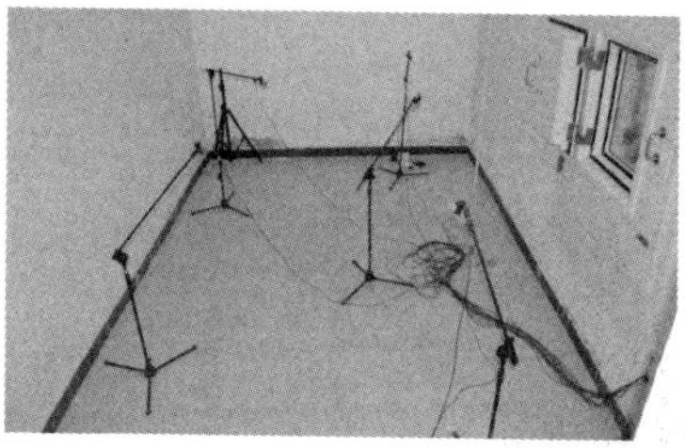

(c)

图 6-5　隔声量测量现场布置

(a)入射侧开口;(b)入射侧安装构件;(c)混响室测点布置

3.测量步骤

(1)将 B&K 球形声源放置于消声室开口处正前方 1.9 m 处,它与开口中间位置的连线与开口平面法线的夹角为 60°。在 PULSE 软件中设定初级激励的频率及幅值,并将 PULSE3560B 前端的输出信号通过功率放大器驱动球形声源发声,在消声室开口平面上布置 5 个检测传声器,用 PULSE3560B 前端测量并记录 5 个测点 5 s 的声压时域数据。

(2)在开口处安装被测构件(单层平板、加筋板 a、双层平板及双层加筋板),设定同样的初级激励信号,在混响室检测并记录 5 个位置 5 s 的声压时域数据。

(3)用 PULSE 软件中混响时间测量模块测量并计算混响室的混响时间曲线。

(4)将 PULSE 软件中激励信号的频率设定为其它待测频点,重复上述测量并记录检测点的声压时域数据。通过测量数据计算平均声压级及混响时间,代入式(6-8)可获得不同频点斜入射平面波激励下构件的隔声量。

6.1.2.3　有源隔声实验

1.实验原理及系统

实验采用次级声源控制空腔声场的方法提高双层平板及双层加筋板的低

频隔声性能。有源隔声实验系统示意图如图 6－6 所示，将球形声源布置于混响室产生初级噪声场，部分声能量透过双层结构传到消声室内。将一个次级扬声器至于双层结构中间，在消声室内靠近辐射板的正前方 0.75 m 的位置布放两个误差传感器采集误差信号，同时将 PULSE3560B 前端的输出激励源信号作为参考信号。将参考及误差信号输入到控制系统，经多通道 LMS 算法迭代获得最优的次级信号，然后驱动次级扬声器发声来抵消空腔声场进而提高双层结构的隔声量。

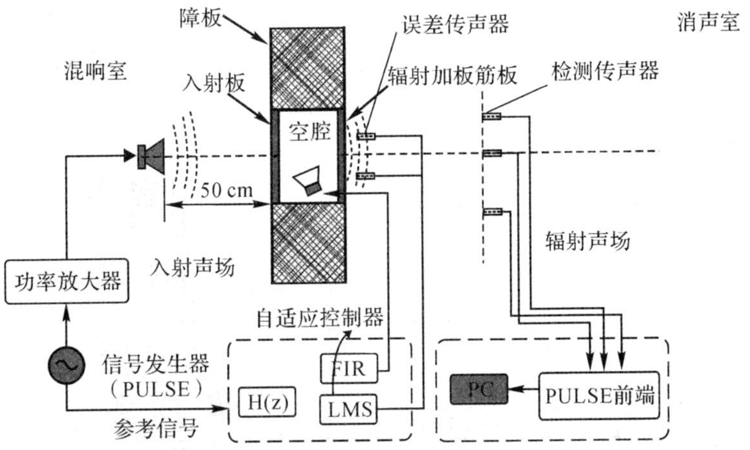

图 6－6　有源隔声实验系统示意图

在消声室内靠近辐射板的正前方 2.35 m 的位置选取测量面，在测量面上均匀选取 4×3 个检测点，用 PULSE3560B 前端测量控制前、后各测点 5 s 的时域声压数据，并计算控制前、后各测点的有效声压 $p_{b,i}$ 与 $p_{a,i}$ 。引入平均降噪量的概念(Averaged Reduction Level, ARL)，即控制前、后所有检测点平均声压级的差：

$$\text{ARL}=10\lg\left(\frac{\sum_{i=1}^{N}p_{b,i}^{2}}{Np_{\text{ref}}^{2}}\right)-10\lg\left(\frac{\sum_{i=1}^{N}p_{a,i}^{2}}{Np_{\text{ref}}^{2}}\right)\qquad(6-10)$$

来评估控制后双层结构的有源降噪量。式中，$N=12$ 为检测点个数；$p_{\text{ref}}=2\times10^{-5}$ Pa 为参考声压。

2.测量仪器

实验所需的测量仪器如表 6－3 所示，其中控制系统如图 6－7 所示，实验现场的仪器布置如图 6－8 所示。

表 6－3　实验所需仪器清单

实验仪器	数量
PULSE3560B 采集前端	1
PC 及 PULSE 软件	1
B&K 球形声源	1
B&K 功率放大器	1
声望 MA211 传声器	7
有源控制系统硬件	1
PC 及控制算法	1
控制系统电源	1

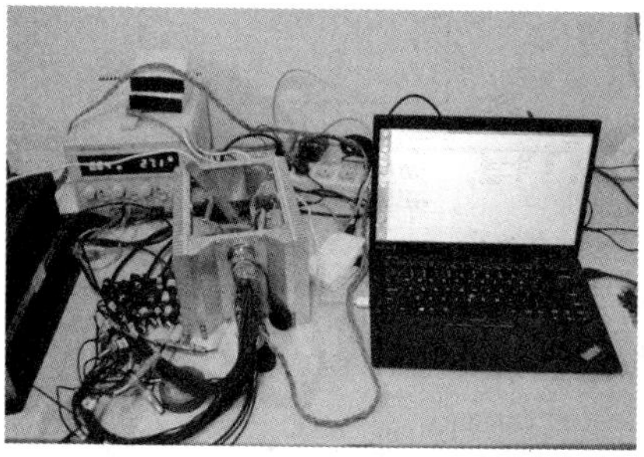

图 6－7　有源控制系统硬件及软件

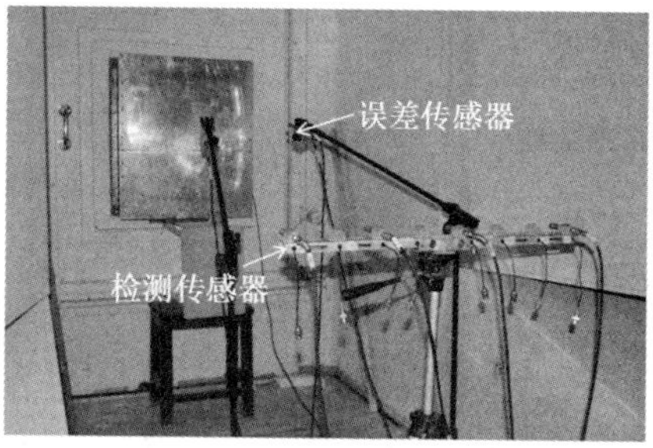

图 6－8　有源隔声实验现场布置图

6.2　实验结果及分析

6.2.1　共振频率测试实验

在进行隔声测量及有源隔声实验之前，需先测量平板、加筋板 a 及加筋板 b 的固有频率。由于实验模型中筋条具有自由边界条件，因而无法直接用第 5 章的建模方法获得加筋板共振频率的理论值，此处用有限元软件 ANSYS 计算并与实测数据进行对比。实验测量获得的固支平板、加筋板 a 及加筋板 b 的固有频率与 ANSYS 获得的理论值分别如表 6－4～表 6－6 所示。固支平板的前 8 阶模态对应的模态序数如表 5－2 所示，对于加筋板 a 与 b，由于模态振型复杂，只能用模态序号表示前 7 阶模态。

表 6-4 平板固有频率的实测值与 ANSYS 计算值的比较

模态序号	频率/Hz							
	1	2	3	4	5	6	7	8
测量值	64.0	116.8	196.4	288.7	328.6	388.3	392.0	416.9
理论值	91.5	165.4	205.8	273.6	284.4	381.0	386.8	444.6
误差	30.1%	29.4%	4.6%	−5.5%	−15.5%	−1.9%	−1.3%	6.2%

表 6-5 加筋板 a 固有频率的实测值与 ANSYS 计算值的比较

模态序号	频率/Hz						
	1	2	3	4	5	6	7
测量值	80.6	144.9	180.8	284.6	408.2	412.0	472.8
理论值	111.7	217.7	232.8	343.4	373.3	407.8	470.4
误差	28.4%	33.4%	22.3%	17.1%	−9.3%	−1.0%	−0.5%

表 6-6 加筋板 b 固有频率的实测值与 ANSYS 计算值的比较

模态序号	频率/Hz						
	1	2	3	4	5	6	7
测量值	208.2	288.0	316.2	350.9	392.9	464.0	492.4
理论值	209.9	264.2	293.2	380.3	450.7	457.6	477.2
误差	0.8%	−9.0%	−7.8%	7.7%	12.8%	−1.4%	−3.2%

分析可知，对于平板与加筋板 a，前 2 阶共振频率的实测值与理论值偏差较大，500 Hz 内的其余共振频率的偏差较小。产生偏差的主要原因在于，通过螺钉固定构建的边界无法模拟理论的固支边界。特别是前两阶模态，由于其共振频率较低，平板的弯曲振动波长(bending wavelength)与平板的尺寸相比较长[2]。此时用有限个螺钉将平板边界固定已达不到固支边界的效果，且这种处理方式效果上更接近简支边界，因而实测的固有频率偏低。而对于加筋板 b，第一阶共振频率较高，上述因素对共振频率测量值的影响较小，因而偏差较小。

根据筋的不同布放位置，加筋板的模态可分为两类[2]，即筋条刚度控制的模态(rib - stiffness control modes)和平板刚度控制的模态(plate - stiffness control modes)。以加筋板 a 为例介绍，如图 6 - 9 所示为通过 ANSYS 模态分析获得的前 6 阶模态振型。筋条刚度控制的模态中筋条位于模态振型的反结线附近或反结线上，如第 1，2 及 4 阶模态，此时筋条自身参数的改变对结构模态的振动影响较大。而平板刚度控制的模态中筋条位于模态振型的结线附近或结线上，此模态中筋条振动较小因而自身参数的改变对加筋板模态振动的影响亦较小。加工过程中筋条焊接位置的偏差,及高温焊接导致筋条变形等因素对筋条刚度控制模态的影响较大,从而使加筋板 a 中第 1,2 及 4 阶模态频率的测量值与理论值偏差较大。同样加筋板 b 中第 1,2,3 及 5 阶模态的测量值与理论值偏差较大,也是由于上述原因。

为凸显加筋对结构的被动隔声及有源隔声的影响规律,后续隔声测量及有源隔声实验中的单频初级激励,选取结构各共振频率的测量值。

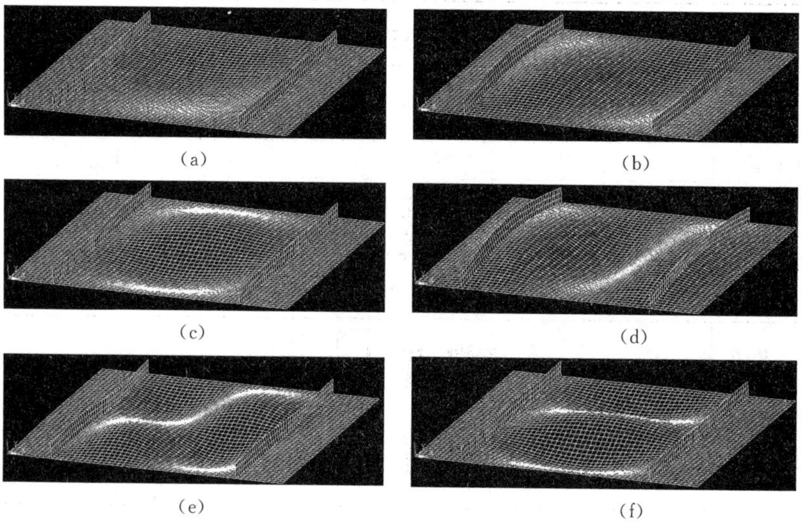

图 6-9　加筋板 a 前 6 阶模态的振型

(a)第 1 阶;(b)第 2 阶;(c)第 3 阶;

(d)第 4 阶;(e)第 5 阶;(f)第 6 阶

6.2.2　隔声性能对比实验

通过测量数据计算获得的单层平板与单层加筋板 a 及双层平板与双层加筋板在一系列单频点的隔声量,如表 6-7 与 6-8 所示。单层平板与单层加筋板的隔声性能对比实验中,初级激励频率选平板及加筋板 a 的有限几阶共振频率。类似地,在双层结构的隔声量测量实验中,初级激励选取平板、加筋板 a 及加筋板 b 的有限几阶共振频率。对于单层平板,加筋后的结构使原来的共振频点成为非共振频点,如表 6-7 中的 64 Hz、116 Hz、328 Hz 及 388 Hz,因而加筋板在这些共振频点的隔声量显著提高。但在加筋板新的共振频点如 80 Hz、144 Hz、180 Hz 及 408 Hz,其隔声量有所下降。上述结论与理论规律相符,且筋条的数目越增多,500 Hz 内加筋板的模态将越少,结构的隔声性能会进一步提高。

对于双层结构,整体的隔声性能与单层结构相比有所提高,且加筋后双层结构的隔声性能进一步提高。尤其在双层平板的共振频点处，如表 6－8 中的 60 Hz、116 Hz 及 196 Hz，隔声量大幅提高。但在加筋板的新共振峰频点，隔声性能依旧较低，需引入有源措施进一步改善，这些结论均与现有理论相符。

表 6－7　单层平板与单层加筋板的隔声量对比

结构	隔声量/dB							
	64 Hz	80 Hz	116 Hz	144 Hz	180 Hz	328 Hz	388 Hz	408 Hz
平板	12.9	24.0	20.5	26.8	27.1	17.0	19.8	26.4
加筋板 a	34.3	15.9	29.8	18.4	20.6	28.3	29.5	17.5

表 6－8　双层平板与双层加筋板的隔声量对比

结构	隔声量/dB								
	60 Hz	80 Hz	116 Hz	196 Hz	208 Hz	288 Hz	316 Hz	392 Hz	472 Hz
双层平板	18.0	35.9	27.1	26.5	36.0	32.9	37.7	40.2	36.5
双层加筋板	38.4	26.8	35.5	37.6	25.3	26.4	30.4	32.5	27.6

6.2.3　有源隔声性能对比实验

为获得较好的有源隔声效果，双层平板及加筋板的有源隔声实验中初级激励频率选取平板或加筋板的前几阶共振频率。如图 6－10 所示为激励频率为 116 Hz 时，双层平板有源隔声实验中误差信号的收敛曲线，对于单频激励控制系统，开启后误差信号可快速收敛到本底噪声。由测量数据计算获得两次实验中检测面的平均降噪量及误差传感点的降噪量分别如表 6－9 与 6－10 所示。

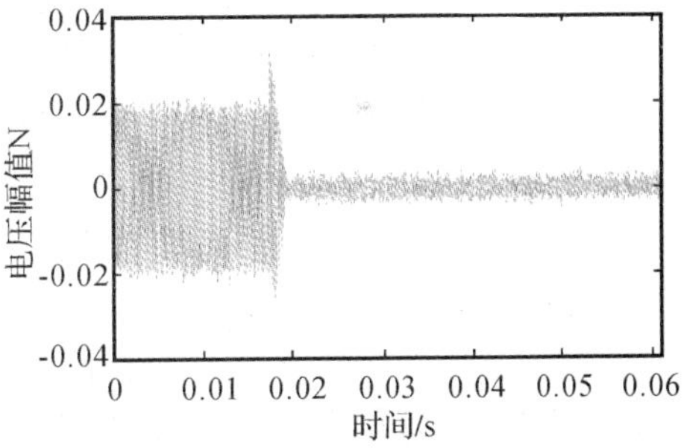

图 6－10　误差信号收敛曲线

对比发现，无论是双层平板还是双层加筋板，误差传感点的降噪效果显著，而检测点的平均降噪量却较低。主要原因在于，实验中有源控制系统所需的误差信号仅通过两个传声器采集辐射板附近的声压信息获得，它无法包含结构总的辐射声功率信息，因而仅用有限点的声辐射信息获得的降噪效果也非常有限。

表 6－9　双层平板有源控制后的降噪量

频率/Hz	64	116	196	288	328	388
误差传感点	23.6	20.5	16.8	6	18.4	13.2
ARL/dB	10.6	7.4	5.4	−1.2	8	4

表 6－10　双层加筋板有源控制后的降噪量

频率/Hz	80	144	208	288	316	350	408
误差传感点	22.8	6.7	25.5	11.5	10.4	12.8	8.5
ARL/dB	9.7	－1.7	8.4	3.0	－1.9	2.9	－2.6

表 6－9 中，64 Hz 与 116 Hz 为平板的前两阶共振频率；表 6－10 中，80 Hz 与 208 Hz 分别为加筋板 a 与 b 的第一阶共振频率。这些共振模态的振型简单，仅用两点的声压信息就能获得与结构辐射功率相关性较强的误差信号，因而能获得较好的降噪效果。对于平板的其余共振频点，由于模态振型较复杂，因而两点误差传感下的降噪效果减弱。但对于双层加筋结构，除两加筋板的第一阶共振频点外，其余共振频点的降噪量很小，降噪效果并不明显。即双层加筋结构有源隔声的难度增大，从而验证了加筋对双层结构有源隔声的影响规律。在某些加筋板的共振频点，控制后检测面的声压级甚至增大（即平均降噪量为负值），说明加筋板的共振较为复杂，仅凭控制权度有限的单通道系统已无法实现降噪效果。

6.3　本章小结

通过共振频率测试实验、平板与加筋板的隔声性能对比实验及双层平板与双层加筋板的有源隔声性能对比实验验证了第 5 章的相关结论。构件的加工偏差及实验难以模拟固支边界条件，平板与加筋板共振频率的测量值与理论值存在偏差。筋条参数的变化对筋条刚度控制模态的振动影响较大，因而构件加工及实验操作误差对这类模态共振频率的影响较大。加筋板较平板（单层或双层）而言，隔声性能显著提高，尤其在平板的共振频点位置，但在加筋板新出现的共振频点隔声性能仍较低。双层加筋结构的有源隔声性能下降，需多点次级源控制才能获得较好的降噪效果。

参考文献

[1] 陈克安，曾向阳，杨有粮．声学测量［M］．北京：机械工业出版社，2010.
[2] Lin T R. An analytical and experimental study of the vibration response of a clamped ribbed plate [J]. J. Sound Vib., 2012, 331(4): 902－913.

第7章 全书总结

7.1 主要工作总结

本书将平面声源作为次级控制源引入双层结构用于提高低频隔声性能，同时采用有源措施提高双层加筋结构的低频隔声性能。主要工作如下：

(1)含平面声源的双层有源隔声结构建模、有源隔声性能分析及系统优化。用模态展开和声-振耦合理论对三层有源隔声结构进行建模，分析了平面声源的引入对双层结构低频隔声性能的改善。同时用遗传算法优化了平面声源的布放位置。

(2)有源隔声物理机理分析。从控制后三层结构中声能量传输变化的角度解释了有源隔声的物理机理。具体工作有：①用数值方法获得了向封闭空间辐射声的结构传输阻抗及计算了结构的声能流；②分析了三层结构中各模态组的辐射声功率与各子系统所含的能量，获得了能量传输的特殊规律；③分析了有源控制后各通道能量传输规律的变化，揭示了有源隔声的物理机理。

(3)误差传感策略的构建。具体工作有：①对检测辐射模态幅值的分布式PVDF薄膜的形状进行了分频段设计；②对辐射板c的模态精选后，对矩形PVDF薄膜阵列检测辐射模态幅值的传感策略进行了优化设计；③通过矩形PVDF薄膜阵列检测结构振动信息作离散波数变换，构建了与超声速区域的辐射功率信息相关的误差信号。

(4)双层加筋有源隔声结构研究。具体工作有：①采用模态展开理论对单层加筋有源隔声结构建模并进行了隔声机理分析；②采用模态展开与声-振耦合理论对双层加筋有源隔声结构进行了建模；③分析了筋条数目及布放位置对双层加筋结构低频隔声性能、有源控制策略选取及有源隔声性能的影响；④考虑到筋的耦合作用，对现有的双层结构有源隔声机理进行了修正和补充，解释了加筋结构有源隔声的物理本质。

(5)双层加筋结构隔声实验研究。具体实验包括：①单层结构的共振频率测试实验；②单层平板与单层加筋板及双层平板与双层加筋板的隔声性能对比实验;③双层平板及双层加筋板的有源隔声性能对比实验。

7.2 主要贡献及创新点

(1)采用模态展开和声-振耦合理论对三层有源隔声结构建模,分析了分布式次级声源对双层结构隔声性能的改善。结合有源与被动隔声性能,用遗传算法对平面声源的位置进行了宽频带内的折中寻优。

(2)通过分析各层平板四类模态组的声能流及各子系统四类模态组所占的能量,得出三层结构中声能量传输的“四通道”与“带通”特性,然后通过分析控制后能量传输规律的变化揭示了有源隔声的物理机理。

(3)根据能量传输的带通特性,对检测前 3 阶辐射模态幅值的分布式 PVDF 薄膜进行了分频段设计,保证了传感精度且简化了 PVDF 形状。对矩形 PVDF 薄膜阵列检测辐射模态幅值的传感策略进行了优化设计,所需 PVDF 薄膜数少且布放位置较灵活。通过采集离散点的结构振动信息作波数变换构建波数域传感策略,仅需少量采样点即可构建出与超声速区域辐射功率相关度高的误差信号。

(4)用模态展开和声振耦合理论对双层加筋有源隔声结构建模,获得了筋条数目及布放位置对低频隔声及有源隔声性能的影响规律,对现有声模态抑制与重构机理进行了修正和补充,解释了双层加筋结构有源隔声的物理本质。

(5)通过实验验证了加筋对双层结构的低频隔声及有源隔声性能的影响规律。

7.3 今后工作展望

虽然本书的研究工作涵盖了有源隔声结构实现时需解决的各关键问题,但相比实际的飞机、船舶等的舱壁结构,本书的理论模型还较简单,仍有许多工作需要进一步研究和完善,具体如下:

(1)针对飞机、船舶等复杂舱壁结构,需对具有复杂机械连接与特定声学边界条件的双层有源隔声结构的系统优化设计进行研究。

(2)针对舱壁大面积隔声的需求,需对由多个隔声单元构成的大面积集群式有源隔声结构的隔声性能及稳定性进行研究。

(3)针对实际的噪声频率特性,需设计相应的自适应有源算法,在满足控制性能的同时尽量减少算法的运算量,以便能实时跟踪变化的随机噪声。